普通高等教育房地产开发管理类专业"十三五"规划教材

本书得到"嘉应学院出版基金"资助

# 建设工程项目管理

主　编　张　豫
副主编　何奕霏　　袁中友　　刘　艳
　　　　边　艳　　雷汝林　　张晓娟
　　　　孙海鹄　　张慧毅　　孙传谆
主　审　谢正峰

中国轻工业出版社

**图书在版编目（CIP）数据**

建设工程项目管理/张豫主编 . —北京：中国轻工业出版社，
2018. 1
普通高等教育房地产开发管理类专业"十三五"规划教材
ISBN 978 - 7 - 5184 - 1748 - 3

Ⅰ. ①建…　Ⅱ. ①张…　Ⅲ. ①建筑工程—工程项目管理—高等
学校—教材　Ⅳ. ①TU712. 1

中国版本图书馆 CIP 数据核字（2018）第 021477 号

责任编辑：张文佳　责任终审：张乃东　封面设计：锋尚设计
版式设计：王超男　责任校对：吴大鹏　责任监印：张　可

出版发行：中国轻工业出版社（北京东长安街 6 号，邮编：100740）
印　　刷：河北鑫兆源印刷有限公司
经　　销：各地新华书店
版　　次：2018 年 1 月第 1 版第 1 次印刷
开　　本：787×1092　1/16　印张：17
字　　数：350 千字
书　　号：ISBN 978-7-5184-1748-3　定价：38.00 元
邮购电话：010 - 65241695
发行电话：010 - 85119835　传真：85113293
网　　址：http：//www. chlip. com. cn
Email：club@ chlip. com. cn
如发现图书残缺请与我社邮购联系调换
171364J1X101ZBW

# 前　言

在当今社会，工程项目十分普遍，可以说政府和企业的各部门、各层次的管理人员和工程技术人员都会以某一种身份参与工程项目和项目管理工作。特别是在最近几年中，工程量清单的执行迫使企业严格降低工程成本。因此，工程项目管理受到大众的关注，对它的研究、教育和实际应用都得到了长足的发展，成为国内外管理领域中的一大热点。

近年来，国内外工程项目管理的学术研究与实践不断取得新的成就和发展，我国的项目管理的国际化进程加快，有许多新的管理理念、理论和方法在工程项目中得以应用。本书尽可能地反映这些最新的知识点。

本书对一般的管理原理和方法、项目管理中常用的一些表格和公式未进行详细阐述，而是本着系统管理原则，以工程项目为对象，以工程项目整个生命期为主线，全面论述项目的前期策划、系统分析、组织、各种计划和控制方法、协调和信息管理方法，使读者能对工程项目管理的特殊性有深刻的认识，能对工程项目形成一种系统的、全面的、整体优化的管理观念，掌握常用的项目管理方法和技术。

本书是在编者多年从事工程项目管理课程的教学工作和工程实践经验基础上编写的。本书结合一级注册建造师执业资格考试，力求有利于教师讲课和学生自学，满足案例式、讨论式和启发式等教学需求和宽口径、少学时的人才培养模式。本书同时注重内容更新，介绍工程项目管理的最新理论和发展动态，与国家现行的法律法规、标准规范相一致，一方面注重运用相关理论对施工企业管理中的实际问题进行分析；另一方面也努力对项目管理实践中出现的一些新问题进行总结，以求提炼出一些新的理论和方法，具有鲜明的时代特征。

本书由张豫任主编，何奕霏、袁中友、刘艳、边艳、雷汝林、张晓娟、孙海鹄、张慧毅、孙传谆任副主编，谢正峰任主审。

本书在编写过程中，参考了大量的国内外书籍、资料和文献，在此向它们的作者表示衷心的感谢！在编写此书的过程中，得到了嘉应学院、华南农业大学、广州大学、塔里木大学、广西水利水电职业技术学院相关部门和个人的大力支持，在此一并表示由衷的谢意！

由于编者水平有限，书中不足之处在所难免，恳请广大读者批评指正。

编　者

2017 年 10 月

# 目　录

# 1　绪论

## 1.1　工程项目管理的基础知识

工程项目管理是指工程建设者运用系统工程的特点、理论和方法对工程进行全过程和全面的过程管理。其基本特征是面向工程，实现生产要素在工程项目上的优化配置，为用户提供优质产品。由于管理主体和管理内容不同，工程项目管理可分为建设工程项目管理（由建设单位进行管理）、设计项目管理（由设计单位进行管理）、施工项目管理（由建筑单位进行管理）和工程建设监理（由工程监理单位受建设单位的委托进行建设项目监理）。本书以施工项目管理为主，也涉及其他工程项目管理。

项目的最显著特征是一次性，即有具体的开始日期和完成日期，一次性决定了项目的单件性和管理的艰巨性。工程项目是项目中最主要的一大类，除了具有项目的共性外，还具有流动性、露天性，项目产品固定性，体形庞大等特点，对它的管理要求是实现科学化、规范化、程序化和法制化。工程项目管理具有市场性，既是市场经济的产物，又要在市场中运行。

## 1.2　工程项目管理的发展史

工程项目已有久远的历史。随着人类社会的发展，社会的各方面（如政治、经济、文化、宗教、生活、军事）对某些工程产生需要，而当时社会生产力的发展水平又能实现这些需要，就出现了工程项目。历史上的工程项目最主要的是建筑工程项目，主要包括房屋（如皇宫、庙宇、住宅等）建设，水利（如运河、沟渠等）工程建设，道路、桥梁工程建设，陵墓工程建设，军事工程（如城墙、兵站等）建设。

上述工程项目又都是当时社会的政治、军事、经济、宗教、文化活动的一部分，体现着当时社会生产力的发展水平。现存的许多古代建筑（如长城、都江堰水利工程、大运河、故宫等）规模宏大、工艺精湛，至今还发挥着经济和社会效益。

有项目必然有项目管理，在如此复杂的项目中必然有相当高的项目管理水平与之相配套，否则将难以想象。虽然现在从史书上看不到当时项目管理的情景，但可以肯定，在这些工程建设中各工程活动之间必然有统筹的安排，必有一套严密的甚至是军事化的组织管理，必有时间（工期）上的安排（计划）和控制，必有费用的计划和核算，必有预定的质量要求、质量检查和控制。但是受当时科学技术水平和人们认识能力的限制，项目管理是经验型的、不系统的，不可能有现代意义上的项目管理。

项目管理作为一门科学，是 20 世纪 60 年代以后在西方发展起来的，当时大型建设项目、复杂的科研项目、军事项目和航天项目大量出现，国际承包事业大发展，竞争非常激烈。人们认识到，由于项目的一次性和约束条件的确定性，要取得成功就必须对项目加强管理，引进和开发科学的管理方法。于是，项目管理学科作为一种客观需要被提出来了。

第二次世界大战后，科学管理方法大量出现，逐步形成了管理科学体系，被广泛应用于生产和管理实践，产生了巨大的效益。网络计划在 20 世纪 50 年代末的产生、应用和迅速推广，对管理理论和方法是一次突破，它特别适用于项目管理，有大量成功应用的范例，引起了世界性的轰动。人们把成功的管理理论和方法引进到项目管理中，作为动力，使项目管理越来越具有科学性，最终作为一门学科迅速发展起来，跻身于管理科学的殿堂。项目管理学科是一门综合学科，应用性很强，很有发展潜力。与计算机的应用相结合，更使项目管理这门学科呈现出勃勃生机，成为人们研究、发展、学习和应用的热门学科。20 世纪 90 年代以后发展起来的现代项目管理具有四大特点：运用高科技，应用领域扩展到各行业，各种科学理论（信息论、系统论、控制论、组织论等）被广泛采用，向职业化、标准化和集成化发展。可以得出这样的结论：理论的不断突破、技术方法的开发和运用使项目管理发展为一门完整的学科，而工程项目管理是这门学科的一个重要分支。

## 1.3 工程项目管理在我国的发展

我国进行工程项目管理的实践源远流长，至今有两千多年的历史。我国许多伟大的工程（如都江堰工程、京杭大运河工程、北京故宫工程等）都是名垂史册的工程项目管理实践活动，并运用了许多科学的思想和组织方法，反映了我国古代工程项目管理的水平和成就。中华人民共和国成立以后，随着国民经济和建设事业的迅猛发展，我国进行了数量庞大、规模宏伟、成就辉煌的工程管理项目实践活动，如第一个五年计划的 156 项重点工程、国庆 10 周年北京的十大建筑工程、大庆石油化工工程、南京长江大桥工程、上海宝钢工程等，只是没有系统地上升到工程项目管理理论和学科的高度，是在不自觉地进行"工程项目管理"。在计划经济体制下，许多做法违背了项目管理的规律而导致效益低下。长时间以来我国在项目管理学科理论上是一片盲区，更谈不上按项目管理模式组织建设。

在改革开放的大潮中，根据我国建设领域改革的需要，作为市场经济下适用的工程项目管理理论从国外被引进，是十分自然和合乎情理的事。20 世纪 80 年代初，工程项目管理理论首先从原联邦德国传入我国。其后，其他发达国家，特别是美国、日本和世界银行的项目管理理论与实践经验随着文化交流和项目建设陆续传入我国。1987 年，对由世界银行投资的鲁布革引水隧洞工程进行工程项目和工程监督取得成功，并迅速在我国形成了鲁布革冲击波。1988—1993 年，在原建设部的领导下，对工程项目管理和工程监理进行了 5 年试点，于 1994 年在全国全面推行，取得了巨大的经济效益、社会效益、环境效益和文化效益。2001 年和 2002 年，我国分别实施了《建设工程监理规范》（GB 50319—2000）和《建设工程项目管理规范》（GB/T 50326—2001），使工程项目管理实现了规范化。纵观这么多年来我国推行工程项目管理的实践，这项事业及学科发展体现了以下特点：

1）项目管理理论被引进时，改革开放已经起步并开始向纵向发展。探究项目管理与企业体制改革相结合，在改革中发展我国的项目管理科学，这是当时的现实。

2）由于实行开放政策，国外投资者和承包商给我国带来了项目管理经验，又做出了项目管理的典范，使我们少走了许多弯路。我们自己的队伍也走出国门，迈入世界建筑市场，在国外进行项目管理的学习和实践。

3）我国推行项目管理是在政府的统一领导和推动下，有规划、有步骤、有法规、有制度、有号召地进行。

4）项目管理学术活动非常活跃（包括学会的学术活动、学者的研究活动、学校开设课程及国内外的学术交流活动），一批批很有价值的项目管理研究成果开花结果，形成了我国的工程项目管理学科体系。

5）产生了许多工程项目管理的成功典型，并带动了全面性的工程项目管理活动的开展，形成科学管理促进生产实践和提高效益的良好状态，理论和实践得到了有效的统一。

6）教育与培训先导。我国推行工程项目管理，把教育与培训放到了先导的位置，编写教材，培训师资，设立培训点，进行有计划的岗前培训，并坚持对注册项目经理进行继续教育，有力地促进项目管理人员水平的提高。

我国工程项目管理正沿着科学化的方向发展，具体表现在六个方面：一是正在实现项目工程管理规范化；二是大力开展工程项目管理创新；三是坚持使用科学的工程项目管理方法；四是大力推行工程项目管理计算机化；五是广泛学习和吸收国外的先进项目管理理论思想、知识、方法与人员认证标准，并努力与国际惯例接轨；六是把工程项目管理与建设社会主义建筑市场紧密结合起来，相互促进与发展。

## 1.4　学习工程项目管理课程的目的和方法

工程项目管理课程具有很强的理论性和实践性，学习本课程是学习掌握专业理论知识和培养业务能力的主要途径，是学生毕业后从事专业工作的知识源泉。

本课程的任务是使学生具有工程建设的项目管理知识，掌握工程管理的理论和方法，具有进行施工企业项目管理的能力，具有从事建设项目管理的初步能力，以及具有其他有关工程实践的能力。

工程项目管理课程的性质和任务决定其在工程管理中的地位，所以必须在学完了工程经济学、土木工程施工技术等主干课程后才能学习工程项目管理；在它之后或可部分搭接学习建筑企业管理、工程造价管理、土木工程合同管理及国际工程管理实务；等等。

在学习工程项目管理课程时，对于理论问题要融会贯通；对于方法问题，要结合实际牢固掌握。

# 2 工程项目和项目管理

世界银行和一些国际金融机构要求接受贷款的国家应用项目管理的思想、组织、方法和手段组织实施工程项目。这对我国从 20 世纪 80 年代初期开始引进工程项目管理起着重要的推动作用。我国于 1983 年由原国家计划委员会提出推行项目前期项目经理负责制，于 1988 年开始推行建设工程监理制度，1995 年原建设部颁发了《建筑施工企业项目经理资质管理办法》，推行项目经理负责制，2003 年原建设部发出《关于建筑业企业项目经理资质管理制度向建造师执业资格制度过渡有关问题的通知》，鼓励具有工程勘察、设计、施工、监理资质的企业，通过建立与工程项目管理业务相适应的组织机构、项目管理体系，充实项目管理专业人员，按照有关资质管理规定在其资质等级许可的工程项目范围内开展相应的工程项目管理业务。

## 2.1 工程项目

### 2.1.1 项目的定义

"项目"一词已越来越广泛地被人们应用于社会经济和文化生活的各个方面。人们经常用项目来表示一类事物。项目的定义有很多，许多管理专家都企图用简单通俗的语言对项目进行抽象性概括和描述。在许多文献中常引用 20 世纪 60 年代 Martino 对项目的定义："项目为一个具有规定开始和结束时间的任务，它需要使用一种或多种资源，具有许多个为完成该项目所必须完成的互相独立、互相联系、互相依赖的活动。"

但是，上述定义还不能将项目与常见的一些生产过程区别开来。因此，人们常通过对项目的特征描述来定义项目。例如，ISO 10006 定义项目"具有独特的过程，有开始和结束日期，由一系列相互协调和受控的活动组成。过程的实施是为了达到规定的目标，包括满足时间、费用和资源等约束条件"。

欧洲部分发达国家标准定义"项目是指在总体上符合如下条件唯一性的计划：具有预定的目标，具有时间、财务、人力和其他限制条件，具有专门的组织"。

### 2.1.2 项目的广义性和广泛性

（1）项目的广义性

在现代社会生活中符合上述定义的"任务""项目"是很普遍的，最常见的有以下几种：

1）开发项目：资源开发项目、地区经济开发项目、小区开发项目和新产品开发项目。

2）建设工程项目：各类工业与民用建筑工程、城市基础设施建设工程、机场工程、港口工程和高速公路工程。

3）科研项目：基础科学研究项目、应用研究项目、科技攻关项目等。

4）环保和规划项目：城市环境规划、地区规划等。

5）社会项目：星火计划、希望工程、申办奥运会、人口普查、社会调查、举办体育运动会等。

6）投资项目：银行的贷款项目、政府及其企业的各种投资和合资项目等。

7）国防项目：新型武器的研制、"两弹一星"工程、航空母舰的制造、航天飞机计划、国防工程等。

从上述可知，项目已渗入了社会的经济、文化、军事的各个领域，社会的每个层次和每个角落。

（2）项目的广泛性

随着我国社会经济的发展，项目的应用也将越来越广泛，具体表现如下：

1）由于科学技术的进步和我国市场经济体制的逐步建立，市场竞争日趋激烈，产品周期越来越短，企业必须不断地进行产品的更新和开发。因此，企业内的科研项目、新产品开发项目和投资项目必然越来越多，成为企业基本发展战略的重要组成部分。另外，企业将成为投资的主体，为了适应市场、增强竞争能力，必然会更多地采用多种经营和灵活经营方式，进行多领域、多地域的投资。这些都是通过具体的项目进行的。

2）现代企业的创新、发展、生产效率的提高，以及竞争能力的增强一般都是通过项目实现的。许多企业为了适应市场发展，实行"企业再造工程"。将企业划分成分部，以项目部形式各自去适应市场，这种经营更为灵活，竞争能力大大提高。现在有许多企业完全是通过一个项目发展起来的，人们将这种企业称为项目启动型企业，如三峡工程总公司，常见的合资公司，由 BOT、PPP 项目产生的新公司，等等。实质上，一个新的企业，特别是工业企业的建立过程必然是一个项目过程，或包括许多项目。许多企业的业务对象和利润载体本身就是项目，项目也就是这些企业管理的对象，如建筑工程承包公司、船舶制造公司、成套设备生产和供应公司、房地产开发公司、国际经济技术合作公司等。这些企业常常又被称为项目导向型企业。随着我国进一步改革开放，我国企业将逐步走向世界，各种引进项目、合资项目和合营项目将越来越多。

3）随着建设的发展和社会的进步，各地都有许多公共事业项目，用来改善投资环境，提高人民生活水平，如城市规划、旧城改造、基础设施建设、环境保护等项目。

4）随着综合国力的增强，国家投入到科研项目、社会项目和国防项目的资金也在逐年增加。这样的项目也会越来越多。而这些项目的成败关系到企业的兴旺、地区的繁荣，甚至影响国家的发展、社会的进步。

## 2.1.3　工程项目的特点

工程项目是最常见也是最典型的项目类型，是项目管理的重点。工程项目具有如下特点。

（1）有特定的对象

任何项目都应有具体的对象，项目对象确定了项目的最基本特性，是项目分类的依据；同时其又确定了项目的工作范围、规模及界限。整个项目的实施和管理都是围绕着这个对象进行的。

工程项目的对象通常是有着预定要求的工程技术系统。而"预定要求"通常可以用一定的功能要求、实物工程量、质量等指标表达。例如，工程项目的对象可能是：具有生产能力（产量）的流水线，具有生产能力的车间或工厂，具有长度和等级的公路，具有发电量的水力发电站或核电站，具有规模的医院、住宅小区，等等。

工程项目的对象在项目的生命期中经历了由构思到实施、由总体到具体的过程。通常，它在项目前期策划和决策阶段得到确定，在项目的设计和计划阶段被逐渐分解、细化和具体化，并通过项目的施工过程一步步得到实现，在运行中实现价值。

工程项目的对象通常由可行性研究报告、项目任务书、设计图纸、规范、实物模型等定义和说明。

在实际工程中必须将工程项目对象与工程项目本身区别开来。工程项目对象是具有一定功能的技术系统；而工程项目是指完成（如建造）这个对象（技术系统）的任务与工作的总和，是行为系统。混淆两者不仅会产生概念的错误，而且会造成计划和实施控制上的困难。

（2）有时间限制

人们对工程项目的需求有一定的时间限制，希望尽快地实现项目的目标，发挥项目的效用，没有时间限制的工程项目是不存在的。这有以下两方面的意义：

1）工程项目的持续时间是一定的，即任何项目不可能无限期延长，否则这个项目无意义。工程项目的时间限制不仅确定了项目的生命期限，而且构成了工程项目管理的一个重要目标。例如，规定一个工厂建设项目必须在四年内完成。

2）市场经济条件下工程项目的作用、功能、价值只能在一定历史阶段中体现出来，则项目的实施必须在一定的时间范围内进行。例如，企业投资开发一个新产品，只有尽快地将该工程建成投产，及时占领市场，该项目才有价值，否则项目就失去了它的价值。

项目的时间限制通常由项目开始期、持续时间、结束期等构成。

（3）有资金限制和经济性要求

任何工程项目都不可能没有财力上的限制，因此必然存在着与计划相匹配的投资、费用或成本预算。如果没有财力的限制，人们就能够实现当代科学技术允许的任何目标，完成任何工程项目。

工程项目的资金限制和经济性要求常常表现在以下几个方面：

1）必须按企业、国家、地方等投资者所具有的或能够提供的财力策划相应工程范围和规模的项目。

2）必须按项目实施计划安排资金计划并保障资金供应。

3）以尽可能少的投资、成本完成预定的工程目标，达到其预定的功能要求，提高工程项目的整体经济效益。

现代工程项目资金来源渠道较多，投资呈多元化，人们对项目的资金限制越来越严格，对经济性要求也越来越高。这就要求尽可能做到全面地经济分析、精确地预算和严格地投资控制。

在现代社会中，财务和经济性问题已成为工程项目能否立项、能否取得成功的最关键问题。

（4）一次性

任何工程项目作为总体来说是一次性的、不重复的。它经历前期策划、批准、设计和计划、施工、运行的全过程。即使在形式上极为相似的项目（如两个相同产品、相同产量、相同工艺的生产流水线，两栋建筑造型和结构形式完全相同的房屋），也必然存在着差异和区别，如实施时间不同、环境不同、项目组织不同、风险不同，所以它们之间无法等同，无法替代。

项目的一次性是项目管理区别于企业管理显著的标志之一。通常的企业管理工作，特别是企业职能管理工作，虽然有阶段性，但却是循环的、无终了的，具有继承性。而项目是一次性的，这就决定了项目管理也是一次性的：对任何项目都有一个独立的管理过程，它的计划、控制和组织都是一次性的。工程项目的一次性特点对项目的组织和组织行为的影响尤为显著。

（5）特殊的组织和法律条件

由于社会化大生产和专业化分工，现代工程项目都有几十个、几百个，甚至几千个、几万个单位和部门参加。要保证项目有秩序、按计划实施，必须建立严密的项目组织。与企业组织相比，项目组织有它的特殊性。

企业组织按企业法和企业章程建立，组织单元之间主要为行政的隶属关系，组织单元之间的协调和行为规范按企业规章、制度执行，企业组织结构是相对稳定的。而工程项目组织是一次性的，随项目的确立而产生，随项目的结束而消亡；项目参加单位之间主要靠合同作为纽带，建立起组织，同时以经济合同作为分配工作、划分责权利关系的依据；而项目参加单位之间在项目过程中的协调主要是通过合同和项目管理规则实现的；项目组织是多变的，不稳定的。

工程项目适用于与其建设和运行相关的法律条件，如合同法、环境保护法、税法、招标投标法等。

（6）复杂性和系统性

现代工程项目具有复杂性和系统性，越来越具有如下特征：

1）项目规模大、范围广、投资大；有新知识和新工艺的要求，技术复杂、新颖。

2）由许多专业组成，有几十个、上百个甚至几千个单位共同协作，由成千上万个在时间和空间上相互影响、互相制约的活动构成。

3）工程项目经历由构思、决策、设计、计划、采购供应、施工、验收到运行的全过程，项目使用期长，对全局影响大。

4）受多目标限制，如资金限制、时间限制、资源限制、环境限制等。

### 2.1.4　工程项目的生命期

（1）工程项目生命期的划分

工程项目的时间限制决定了项目的生命期是一定的，在这个期限内项目经历由产生到消亡的全过程。不同类型和规模的工程项目生命期是不一样的，但都可以分为以下四个阶段：

1）项目的前期策划和确立阶段。这个阶段的工作重点是对项目的目标进行研究、论证和决策。其工作内容包括项目构思、目标设计、可行性研究和批准立项。

2）项目的设计与计划阶段。这个阶段的工作包括设计、计划、招标投标和各种施工前的准备工作。

3）项目的施工阶段。这个阶段从现场开工直到工程建成交付使用为止。

4）项目的使用（运行）阶段。

工程建设项目的阶段划分如图 2-1 所示。

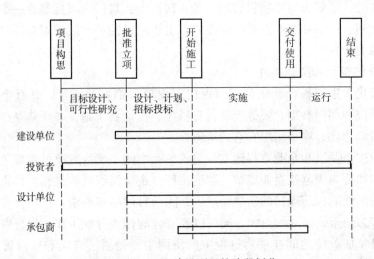

图 2-1　工程建设项目的阶段划分

近几十年来，人们对项目生命期的认识经历了一个过程。早期的项目管理以工程建设为主要目标，人们将工程项目的生命期定义为从批准立项到交付使用为止。随着项目管理实践和研究的深入，项目的生命期不断地向前延伸和向后拓展。首先向前延伸到可行性研究阶段，后来又延伸到项目的构思；向后拓展到运行管理（包括物业管理、资产管理）阶段。这样形成了项目全寿命期的管理，更加保证了项目管理的连续性和系统性。

（2）工程项目的参与者与工程项目生命期的关系

在同一个工程项目中，不同的参与者承担的工作任务不同。这些工作任务属于整个工程项目的不同阶段，但又都符合项目的定义，也都可以独立地作为一个项目。

1）项目投资者。项目投资者（如项目融资单位、BOT 项目的投资者）必须参与项目全过程的管理，从前期策划直到工程的使用阶段结束，工程报废，或合资合同结束，或到达 BOT 合同规定的转让期限。他们的目的不仅是工程建设，更重要的是收回投资和获得预期的投资收益。国外大企业或项目型公司确定的投资责任中心及我国实行的建设项目投资业主责任制中的业主就是要进行全过程的项目管理。

2）工程项目建设的负责人。进行工程项目的建设必须委派专门人员或专门的组织来负责工程项目建设期的管理，如我国的基建部门、建设单位或业主。对于他们，工程项目的生命期是从项目的策划或可行性研究，或者从最广泛意义上讲，从他们接受项目任务委托到项目建成、试运行后交付使用，完成委托书所规定的任务为止。

3）设计单位。在项目被标准后，设计单位进入项目。他们的项目任务是按照项目的设计任务书完成项目的设计工作，提出设计文件并参与设备选型，在施工过程中提供技术服务。

4）工程承包商。一般在项目设计完成后，承包商通过投标取得工程承包资格，按承包合同完成工程施工任务，交付工程，完成工程保修责任。其在项目中的工作范围、责任和持续时间由承包合同确定。

对于参加项目建设的分包商或供应商，其项目生命期一般由其所签订的合同所规定的工期（包括维修期或缺陷责任期）确定。

在现代工程中，业主越来越趋向于将工程项目的全部任务交给一个承包商完成，即采用"设计—施工—供应"总承包方式。这样的承包商在项目批准立项后，甚至在可行性研究阶段或项目构思阶段就介入项目，为业主提供全过程、全方位的服务，甚至包括项目的运行管理，参与项目融资。这样的承包商在项目中的持续时间很长，责任范围很大。

5）咨询公司。咨询公司在不同的项目生命期承担着不同的任务，按咨询合同的规定，一般在可行性研究前，或设计开始前，或工程招标开始前承担项目任务，直到工程交付使用，咨询合同结束为止。

对上述参与者来说，他们的工作任务都符合项目的定义。他们都将自己的工作任务称为项目，都要进行项目管理，也都有自己相应的项目管理组织。例如，在同一个工程项目中业主有项目经理和项目经理部；工程承包商也有项目经理和项目经理部；设计单位、供应商甚至分包商都可能有类似的组织。

由于上述参与者各自在项目中的角色不同，项目管理的内容、范围和侧重点有一定的区别，因而就有业主的项目管理、承包商的项目管理、设计单位的项目管理、监理单位的项目管理等。这在许多专业文献中都能体现出来。

但他们都在围绕着同一个工程对象进行项目管理，所采用的基本的管理理论和方法都是相同的，所遵循的程序和原则又是相近的。例如，业主要进行项目前期策划、设计及计划、采购和供应、实施控制、运行管理等；承包商要有项目构思（得到项目招标信息后）、目标设计，要做可行性研究、环境调查，要做设计和计划，要分包、材料采购，做实施控制，等等。

本书不拘泥于某一个角度，主要针对工程的整个建设过程，从项目构思产生到项目交付使用为止的全过程的项目管理。这是最常见的、涉及各个方面的项目管理。

## 2.2 工程项目管理

### 2.2.1 成功项目的标准

在工程项目中，人们的一切工作都是围绕着一个目的（取得一个成功的项目）而进行的。那么怎么样才算是一个成功的项目呢？对不同的项目类型，在不同的时候，从不同的角度，就有不同的认识标准。通常一个成功的项目从总体上至少必须满足如下条件：

1）满足预定的功能、质量、工程规模等，达到预定的生产能力或使用效果，能经济、安全、高效率地运行，并提供较好的运行条件。

2）在成本或投资范围内完成，尽可能地降低费用消耗，减少资金占用，保证项目的经济性要求。

3）在预定的时间内完成项目的建设，不拖延，及时地实现投资目的，达到预定的项目总目标和要求。

4）能为使用者所接受、认可，同时照顾到社会各方面及各参与者的利益，使各方都感到满意。例如，对承包商来说，业主对工程、对承包商、对双方的合作感到满意，承包商就获得了信誉和良好的形象。

5）与环境协调，即项目能为它的上层系统所接受，包括以下内容：

①与自然环境的协调，没有破坏生态或恶化自然环境，具有好的审美效果。

②与人文环境的协调，没有破坏或恶化优良的文化氛围和风俗习惯。

③项目的建设和运行与社会环境有良好的接口，为法律允许，或至少不能招致法律问题，有助于社会就业、社会经济发展。

6）项目能合理、充分、有效地利用各种资源，具有可持续发展的能力和前景。

7）项目实施按计划、有秩序地进行，变更较少，没有发生事故或其他损失，能较好地解决项目实施过程中出现的风险、困难和干扰。

要想取得完全符合上述每个条件的项目几乎是不可能的，这是因为这些指标之间有许多矛盾。在一个具体的项目中常常需要确定它们的重要性（优先级），有的必须保证，有的尽可能照顾，有的又不能保证。这属于项目目标优化的工作。

### 2.2.2 项目取得成功的前提

要想取得一个成功的项目，有许多前提条件，必须经过各方面的努力。最重要的前提条件有如下三个方面：

1）进行充分的战略研究，制订正确的科学的符合实际（与项目环境和项目参与者能力相称）的有可行性的项目目标和计划。如果项目选择出错，就会犯方向性、原则性错误，给工程项目带来根本性的影响，造成无法挽回的损失。这是战略管理的任务。

2）工程的技术设计科学、经济，符合要求。这里包括工程的生产工艺（如产品方案、设备方案等）和施工（实施）工艺的设计，选用先进的、安全的、经济的、高效率的、符合生产和施工要求的技术方案。

3）有高质量、高水平的项目管理。项目管理者为战略管理、技术设计和工程实施提供各种管理服务，如提供项目的可行性论证、拟订计划、做实施控制。其将上层的战略目标和计划与具体的工程实施活动联系在一起，将项目的所有参与者的力量和工作融为一体，将工程实施的各项活动导演成一个有序的过程。

在现代工程中，项目管理是项目过程中一个必不可少的且十分重要的方面。

## 2.2.3　工程项目管理的基本目标

争取成功的项目是项目管理的总体目标。但对以工程建设作为基本任务的项目管理来说，其具体的目标是在限定的时间内，在限定的资源（如资金、劳动力、设备材料等）条件下，以尽可能快的进度、尽可能低的费用圆满完成项目任务。

英国皇家特许建造学会在《项目管理实施规则》中定义项目管理为"一个建设项目进行从概念到完成的全方位的计划、控制与协调，以满足委托人的要求，使项目得以在所要求的质量标准的基础上，在规定的时间之内，在批准的费用预算内完成"。所以项目管理的目标有三个最主要的方面：专业目标（功能、质量、生产能力等）、工期目标和费用（成本、投资）目标。它们共同构成项目管理的目标体系，如图2-2所示。

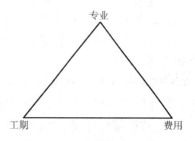

图2-2　项目管理的目标体系

项目管理的三大目标通常由项目任务书、技术设计和计划文件、合同文件（承包合同和咨询合同等）具体定义。这三者在项目生命期中有如下特征：

1）三者共同构成项目管理的目标系统，互相联系、互相影响，某一方面的变化必然引起另两个方面的变化。例如，过于追求缩短工期，必然会损害项目的功能，引起成本增加。所以项目管理应追求三者之间的优化和平衡。

2）这三个目标在项目的策划、设计、计划过程中经历由总体到具体、由概念到实施、由简单到详细的过程。项目管理的三大目标必须分解落实到具体的各个子项目上，这样才能保证总目标的实现，形成一个控制体系，所以项目管理又是目标管理。

3）项目管理必须保证三者结构关系的均衡性和合理性，任何时候强调最短工期、最高质量、最低成本都是片面的。三者的均衡性和合理性不仅体现在项目总体上，而且体现在项目的各个单元上，构成项目管理目标的基本逻辑关系。

## 2.2.4　工程项目管理的工作内容

工程项目管理的目标是通过项目管理工作实现的。为了实现项目管理目标，必须对项目进行全过程的、多方面的管理。从不同的角度，对项目管理有不同的描述：

1）将管理学中对"管理"的定义进行拓展，则"项目管理"就是通过决策、组织、领导、控制、创新等职能，设计和保持一种良好的环境，使项目参与者在项目组织中高效率地完成既定的项目任务。

2）按一般管理工作的过程，项目管理的工作内容有对项目的预测、决策、计划、控制、反馈等工作。

3）按系统工程方法，项目管理可分为确定目标、制定方案、实施方案、跟踪检查等工作。

4）按项目实施过程，项目管理的工作内容如下：

①工程项目目标设计、项目定义及可行性研究。

②工程项目的系统分析。其包括项目的外部系统（环境）调查分析及项目的内部系统（项目结构）分析等。

③工程项目的计划管理。其包括项目的实施方案和总体计划、工期计划、成本（投资）计划、资源计划及其优化。

④项目的组织管理。其包括项目组织机构设置、人员组成，各方面工作与职责的分配，项目业务工作条例的制定。

⑤工程项目的信息管理。其包括项目信息系统的建立、文档管理等。

⑥工程项目的实施控制。其包括进度控制、成本（投资）控制、质量控制、风险控制和变更管理。

⑦项目后工作。其包括项目验收、移交、运行准备，项目后评估，对项目进行总结，研究目标实现的程度、存在的问题，等等。

5）按照项目管理工作的任务，项目管理的工作内容如下：

①成本（投资）管理。其包括如下具体的管理活动：

a. 工程估价，即工程的估算、概算和预算。

b. 成本（投资）计划。

c. 支付计划。

d. 成本（投资）控制，包括审查、监督成本支出，成本核算，成本跟踪和诊断。

e. 工程款结算和审核。

②工期管理。工期管理工作是在工程量计算、实施方案选择、施工准备等工作基础上进行的，包括工期计划、资源供应计划和控制、进度控制等具体的管理活动。

③工程管理。工程管理包括质量控制、现场管理和安全管理。

④组织和信息管理。组织和信息管理包括如下具体的管理活动：

a. 建立项目组织机构和安排人事，选择项目管理班子。

b. 制定项目管理工作流程，落实各方的责权利关系，制定项目管理工作规则。

c. 领导项目工作，处理内部与外部关系，沟通、协调各方关系，解决争执。

d. 信息管理。其包括确定组织成员（部门）之间的信息流，确定信息的形式、内容、传递方式、时间和存档，进行信息处理过程的控制，与外界交流信息。

⑤合同管理。合同管理工作有如下具体管理活动：

a. 招标投标中的管理，包括合同策划、招标准备工作、起草招标文件、进行合同审查和分析、建立合同保证体系等。

b. 合同实施控制。

c. 合同变更管理。

d. 索赔管理。

通常，项目管理组织按上述管理工作的任务设置职能机构。另外，由于工程项目的特殊性，风险是各级、各职能人员都要考虑到的问题。因此，项目管理必然涉及风险管理，其包括风险识别、风险计划和控制。

## 2.2.5　工程项目管理系统

（1）工程项目管理系统的结构

要想取得成功的项目，必须有全面的项目管理，至少应体现在如下几个方面：

1）项目本身是一个非常复杂的系统，由许多子项、分项和工程活动构成，项目管理必须包括对整个项目系统的管理。

2）完整的项目管理工作过程包括预测、决策、计划、控制、反馈等。

3）项目管理应包括全部的管理任务，具体有工期、费用、质量（技术）、合同、资源、组织和信息等管理，忽略任何方面都可能导致项目的失败。因此，项目管理系统至少应是三维的结构体系，如图 2 - 3 所示。

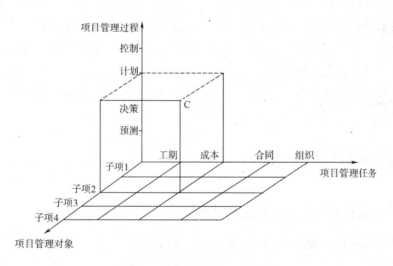

图 2 - 3　项目管理的系统结构

一个完整的项目管理系统应将项目的各职能工作、各参与单位、各项活动和各个阶段融合成一个完整有序的整体，如图 2 - 3 中 C 点为子项 2 的成本计划工作。

（2）项目管理系统流程分析

项目管理的各个职能及各个管理部门在项目过程中形成一定的关系，它们之间有工作过程的联系（工作流），也有信息联系（信息流），构成了一个项目管理的整体。这也是项目管理工作的基本逻辑关系。

可以从许多角度描述项目管理工作流程。例如，图 2 - 4 所示为欧洲发达国家工程项目管理公司的项目管理工作流程图。从图中可以清楚地看出项目管理中成本、合同、进度、组织和信息等主要职能之间的关系。当然这是项目管理公司的管理流程，与一般企业特别是工程承包企业的管理流程还是有很大的区别。

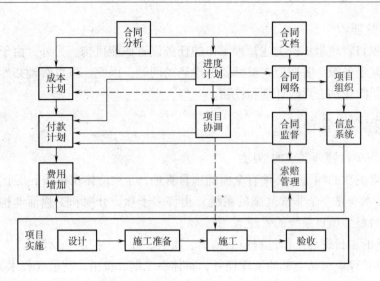

图 2 - 4　欧洲发达国家工程项目管理公司的项目管理工作流程图

还可以将项目各阶段中的管理工作流程定义成项目管理系统的子系统,如项目策划子系统、项目计划子系统、项目实施控制子系统等;或从另一个角度将项目管理系统分解为进度管理子系统、成本(投资)管理子系统、质量管理子系统、合同管理子系统等。这些内容将在后面详细介绍。

管理流程设计是管理系统设计的一个重要部分,只有在此基础上才能进行信息系统设计。

## 2.3　现代项目管理的发展

### 2.3.1　现代项目管理发展的起因和阶段

现代项目管理是在 20 世纪 50 年代以后发展起来的。

(1)起因

现代项目管理发展的起因有以下两方面:

1)由于社会生产力的高速发展,大型及特大型项目越来越多,如航天工程、导弹研制、大型水利工程、交通工程等。项目规模大,技术复杂,参加单位多,又受到时间和资金的严格限制,需要新的管理手段和方法。例如,1957 年北极星导弹计划的实施项目被分解为 6 万多项工作,有近 4000 个承包商参与。现代项目管理手段和方法通常首先是在大型的及特大型的项目实施中发展起来的。

2)由于现代科学技术的发展,产生了系统论、信息论、控制论、计算机技术、运筹学、预测技术和决策技术并日臻完善。这给项目管理理论和方法的发展提供了可能性。

(2)阶段

项目管理在近 50 年的发展中大致经历了如下几个阶段:

1）20世纪50年代，人们将网络技术（CPM和PERT网络）应用于工程项目（主要是美国的军事工程项目）的工期计划和控制中并取得了很大成功。其中，最典型的案例就是美国1957年的北极星导弹研制和后来的登月计划。

2）20世纪60年代，利用大型计算机进行网络计划的分析计算已经成熟，可以用计算机进行工期的计划和控制。但当时计算机不普及，上机费用较高，一般的项目不可能使用计算机进行管理。而且当时有许多人对网络技术还难以接受，所以项目管理尚不十分普及。

3）20世纪70年代初计算机网络分析程序已十分成熟，人们将信息系统方法引入项目管理中，提出项目管理信息系统。这使人们对网络技术有更深的理解，扩大了项目管理的研究深度和广度；同时扩大了网络技术的作用和应用范围，在工期计划的基础上实现用计算机进行资源和成本计划、优化与控制。

项目管理的职能在不断扩展，人们对项目管理过程和各种管理职能进行全面、系统的研究；同时项目管理在企业组织中推广，研究了在企业职能组织中项目组织的应用。

4）20世纪80年代初，计算机得到了普及，这使项目管理理论和方法的应用走向了更广阔的领域。由于计算机及其软件价格降低，数据获得更加方便，计算时间缩短，调整容易，程序与用户友好等优点，项目管理工作大为简化、高效，使寻常的项目管理公司、中小企业在中小型项目中都可以使用现代化的项目管理方法和手段，并取得了很大的成功，收到了显著的经济效益和社会效益。

20世纪80年代中期，人们进一步扩大了项目管理的研究领域，其包括合同管理、项目形象管理、项目风险管理、项目组织行为和沟通。在计算机应用上则加强了对决策支持系统、专家系统和网络技术应用的研究。

随着社会的进步，市场经济的进一步完善，生产社会化程度的提高，人们对项目的需求也越来越大，而项目的目标、计划、协调和控制也更加复杂，这将促进项目管理理论和方法的进一步发展。

## 2.3.2　现代项目管理的特点

（1）项目管理理论、方法和手段的科学化

项目管理理论、方法和手段的科学化是现代项目管理最显著的特点。现代项目管理吸收并使用了现代科学技术的最新成果，具体表现在以下几个方面：

1）现代管理理论的应用，如系统论、信息论、控制论、行为科学等在项目管理中的应用。它们奠定了现代项目管理理论体系的基石。项目管理实质上就是这些理论在项目实施过程中的综合运用。

2）现代管理方法的应用，如预测技术、决策技术、数学分析方法、数理统计方法、模糊数学、线性规划、网络技术、图论、排队论等可用于解决各种复杂的项目问题。

3）管理手段的现代化，最显著的是计算机的应用，现代图文处理技术、精密仪器的使用，多媒体和互联网的使用，等等。目前以网络技术为主的项目管理软件已在工期、成本、资源等的计划、优化和控制方面十分完善，可供用户使用。这大大提高了项目管理的效率。

（2）项目管理的社会化和专业化

由于社会对项目的要求越来越高，项目的数量越来越多，规模越来越大，越来越复杂，按社会分工的要求，现代社会需要职业化的项目管理者。只有这样才能有高水平的项目管理，项目管理发展到今天已不仅是一门学科，而且成为一个职业。

以往进行工程建设时要建立组织机构，如组建基建部门，成立"指挥部"，一旦工程结束，这套领导班子便解散或闲置。因此，管理人员的经验得不到积累，只有一次教训，没有二次经验，这实质上仍是一种"小生产"的项目管理方式。

在现代社会中，由于工程规模大、技术新颖、参加单位多，人们对项目的目标要求高，项目管理过程复杂；就需要专业化的项目管理公司，专门承接项目管理业务，提供全过程的专业化咨询和管理服务。这是世界性的潮流，项目管理（包括咨询、工程监理等）已成为一个新兴产业，而且已探索出许多比较成熟的项目管理模式。这样能取得高效益的工程，达到投资省、进度快、质量好的目标。

（3）项目管理的标准化和规范化

项目管理是一项技术性非常强的十分复杂的工作，应符合社会化大生产的需要，项目管理必须标准化、规范化。这样项目管理工作才有通用性，才能专业化、社会化，才能提高管理水平和经济效益。

项目管理的标准化和规范化体现在许多方面，如规范化的项目管理工作流程；统一的工程费用（成本）项目的划分；统一的工程计量方法和结算方法；信息系统的标准化，如信息流程、数据格式、文档系统、信息的表达形式，网络表达形式和各种工程文件的标准化；使用标准的合同条件、标准的招投标文件；等等。这使得项目管理成为通用的管理技术，逐渐摆脱了经验型管理及管理工作"软"的特征而逐渐硬化。

（4）项目管理的国际化

项目管理的国际化趋势不仅在中国，在全世界也越来越明显。项目管理的国际化即按国际惯例进行项目管理。这主要是因为国际合作项目越来越多，如国际工程、国际咨询和管理业务、国际投资、国际采购等。现在不仅一些大型项目，而且一些中小型项目的项目要素（如参与单位、设备、材料、管理服务、资金等）都呈国际化趋势，这就要求项目管理国际化。

项目国际化带来项目管理的困难，这主要体现在不同文化和经济制度背景，由于风俗习惯、法律背景等的差异，在项目中协调起来很困难。而国际惯例能把不同文化背景的人包罗进来，提供一套通用的程序、通行的准则和方法，统一的文件就使得项目中的协调有一个统一的基础。

工程项目管理国际惯例通常有世界银行推行的工业项目可行性研究指南，世界银行的采购条件，国际咨询工程师联合会颁布的 FIDIC 合同条件和相应的招投标程序，国际上处理一些工程问题的惯例和通行准则，等等。

## 复习思考题

1. 工程项目有哪些分类方法？如何分类较好？
2. 甲、乙双方合资建设一个新的工厂，双方签订合作协议，该工厂建成后作为一个新企业运营。试分析在整个过程中投资项目管理、建设项目管理、企业管理之间的联系与区别。

3. 什么是工程项目的唯一性？其对项目管理有什么影响？

4. 试分析在国际经济合作公司和工程承包公司中项目管理在企业管理中有什么重要地位。

5. 项目管理的国际化有哪些内容？

6. 项目目标和项目管理目标有什么联系与区别？

7. 在一个工程建设项目中，业主、承包商、监理工程师、供应商的项目管理的工作内容、范围、重点有哪些不同？

# 3　工程项目的决策

## 3.1　工程项目构思

项目构思是在项目决策阶段所进行的总体策划，其主要任务是寻找并确立项目目标、定义项目，并对项目进行全面的技术经济论证，使整个项目建立在可靠的、坚实的和优化的基础上。

### 3.1.1　构思的产生

任何工程项目都是从构思开始的，项目构思常常出于项目的上层系统（企业、国家、部门、地方）现存的需求、战略、问题和可能性。根据不同的项目和不同的项目参与者，项目构思的起因可能有以下几种：

1）通过市场研究发现新的投资机会、有利的投资地点和投资领域。例如，通过市场调查发现某种产品有庞大的市场容量或潜在市场，应该开辟这个市场；企业要发展，要扩大销售，扩大市场占有份额，就必须扩大生产能力；企业要扩大经营范围，增强抗风险能力，搞多种经营、灵活经营，向其他领域、地域投资；出现了新技术、新工艺、新专利产品；市场出现新的需求；等等。这些都是新的项目机会。项目应符合市场需求，应有市场的可行性和可能性。

2）上层系统运行存在问题或困难。例如，某地方交通拥挤不堪；住房特别紧张；企业产品陈旧，销售市场萎缩，技术落后，生产成本增加；人们对上层系统有变革和创新的要求；能源紧张，能源供应不足，经常造成工农业生产停止；市场上某些物品供应紧张；环境污染严重；等等。这些问题都产生对项目的需求，必须用项目解决。

3）为了实现上层系统的发展战略。例如，为了解决国家、地方的社会发展问题，使经济腾飞。战略目标和计划常常都是通过项目实施的，所以一个国家或地方的发展战略或发展计划常常包括许多新的项目。在做项目目标设计和项目评价时必须考虑对总体战略的贡献。一个国家、一个地方、一个产业如果正处于发展时期、上升时期，有很好的发展前景，则必然包括或将有许多项目机会。所以通过对国民经济计划、产业结构和布局、产业政策、社会经济增长状况的分析可以预测项目机会。

4）项目业务。许多企业以工程项目作为基本业务对象，如工程承包公司、成套设备供应公司、咨询公司、造船企业、国际合作公司和一些跨国公司，则在其业务范围内的任何工程信息（如招标公告）都是承接业务的机会，都可能产生项目。

5）通过生产要素的合理组合产生项目机会。现在许多投资者、项目策划者常常通过大范围的国际的生产要素的优化组合策划新的项目。其最常见的是通过引进外资、先进的设备、生产工艺与当地的廉价劳动力、原材料、已有的厂房组合，生产符合市场需求的产品，产生高效益的工程项目。在国际经济合作领域，这种"组合"的艺术已越来越被人们重视，通过它能导演出各式各样的项目，能取得非常高的经济效益。在国际工程中，许多承包商通过调查研究，在业主还没有项目意识时就提出项目构思，并帮助业主进行目标设计、可行性研究、技术设计，以获得这个项目的全包权。这样业主和承包商都能获得非常高的经济效益。

项目构思的产生是十分重要的。它在初期可能仅仅是一个"点子"，但却是一个项目的萌芽，投资者、企业家及项目策划者对其应有敏锐的感觉，应有艺术性、远见和洞察力。

### 3.1.2 项目构思的选择

通常针对一种环境（如企业、地方、国家）状况，项目构思是丰富多彩的，有时甚至是"异想天开"的，所以不可能将每一个构思都付诸更深入的研究。对于那些明显不现实或没有实用价值的构思必须淘汰，同时受资源的限制，即使是有一定可实现性和实用价值的构思，也不可能都转化成项目。一般只能选择少数几个构思进行更深入的研究、优化。由于构思产生于对上层系统的直观的了解，而且构思仅仅是比较朦胧的概念，因而对其也很难进行系统、定量的评价和筛选，一般只能从如下几方面来把握：

1）上层系统问题和需求的现实性。即上层系统的问题和需要是实质性的，而不是表象性的，同时预计通过采用项目手段可以顺利地解决这些问题。

2）考虑到环境的制约和充分利用资源，利用外部条件。

3）充分发挥自身已有的长处，运用自己的竞争优势或在项目中达到合作各方竞争优势的最优组合。综合考虑构思—环境—能力之间的平衡，以求达到主观与客观的最佳组合。经过认真的研究后，若认为这个项目的建设是可行的、有利的，经过权力部门的认可，则项目构思转化为目标建议，可做进一步的研究，进行项目的目标设计。

## 3.2 工程项目的可行性研究

工程项目的可行性研究是对前述工作的细化、具体化，是从市场、技术、法律、政策、经济、财力等方面对项目进行全面策划和论证。

### 3.2.1 可行性研究前的工作

除了进行前述的项目目标设计等外，在可行性研究前还要完成以下工作：

1）项目经理的任命。大的工程项目进入可行性研究阶段后，相关的项目管理工作有很多，必须专人负责联系工作，做各种计划和安排，协调各部门工作，文件管理，等等。

2）研究小组的成立或研究任务的委托。若企业自己组织人员做研究，则必须有专门的研究专家小组；对一些大的项目可以委托咨询公司完成这项工作，则必须洽谈商签咨询合同。

3）工作圈子的指定。无论是企业自己组织，还是委托任务，在项目前期常常需要企业的许多部门的配合，如提供信息、资料，提出意见、建议和要求等，因此应建立一个工作的圈子。

4）研究深度和广度要求，以及研究报告内容的确定。这是对研究者提出的任务。

5）可行性研究开始和结束时间的确定及工作计划的安排。这与项目规模，研究的深度、广度、复杂程度，项目的紧迫程度等因素有关。

### 3.2.2 可行性研究的内容

不同的项目，其具体研究内容不同。按照联合国工业发展组织（United Nations Industrial Development Organization，UNIDO）出版的工业可行性研究手册，项目的可行性研究包括以下内容。

（1）实施要点

实施要点包括对各章节的所有主要研究成果的扼要叙述。

（2）项目背景和历史

1）项目的主持者。

2）项目历史。

3）已完成的研究或调查的费用。

（3）市场和工厂生产能力

1）需求和市场。

①该工业现有规模和生产能力的估计（具体说明在市场上领先的产品），其以往的增长情况、今后增长情况的估计（具体说明主要发展计划）；当地的工业分布情况，其主要问题和前景，产品的一般质量。

②以往进口及其今后的趋势、数量和价格。

③该工业在国民经济和国家政策中的作用，与该工业有关的或为其指定的优先顺序和指标。

④目前需求的大致规模、过去需求的增长情况、主要的决定因素和指标。

2）销售预测和经销情况。

①预期现有的及潜在的当地和国外生产者与供应者对该项目的竞争。

②市场的当地化。

③销售计划。

④产品和副产品年销售收益估计（本国货币/外币）。

⑤推销和经销的年费用估计。

3）生产计划。

①产品。

②副产品。

③废弃物（废弃物处理的年费用估计）。

4）工厂生产能力的确定。

①可行的正常工厂生产能力。

②销售、工厂生产能力和原材料投入之间的数量关系。

（4）原材料投入

原材料投入包括投入品的大致需要量、其现有的和潜在的供应情况，以及对当地和国外的原材料投入的每年费用的粗略估计。

原材料包括原料、经过加工的工业材料、部件、辅助材料、工厂用物资和公用设施（特别是电力）。

（5）厂址选择

厂址选择包括对土地费用的估计。

（6）项目设计

1）项目范围的初步确定。

2）技术和设备。

①按生产能力大小所能采用的技术和流程。

②当地和外国技术费用的粗略估计。

③拟用设备（主要部件）的粗略布置。设备包括生产设备、辅助设备、服务设施，还包括备件、易损件和工具。

④按上述分类的设备投资费用的粗略估计（本国货币/外币）。

3）土建工程。

①土建工程的粗略布置，建筑物的安排，所用建筑材料的简略描述。土建工程包括场地整理和开发、建筑物和特殊的土建工程、户外工程。

②按上述分类的土建工程投资费用的粗略估计（本国货币/外币）。

（7）工厂机构和管理费用

1）粗略的机构设置。粗略的机构设置包括生产、销售、行政和管理。

2）管理费用。管理费用包括工厂、行政、财政等管理费用。

（8）人力

1）人力需要的估计可细分为工人、职员，又分为各种主要技术类别。

2）按上述分类的每年人力费用估计，包括关于工资和薪金的管理费用。

（9）制定实施时间安排

1）制定所建议的大致实施时间表。

2）根据实施计划估计实施费用。

（10）财务和经济评价

1）总投资费用估计。

①周转资金需要量的粗略估计。

②固定资产的估计。

③总投资费用，由上述（2）～（10）项所估计的各项投资费用总计得出。

2）项目筹资。

①预计的资本结构及预计需筹措的资金（本国货币/外币）。

②利息。

3）生产成本估计。生产成本是由上述（2）～（10）项所估计的按固定和可变成本分类的各项生产成本的概括。

4）在上述估计值的基础上做出财务评价。财务评价的内容包括清偿期限、简单收益率、收支平衡点和内部收益率。

5）国民经济评价。

①国民经济评价的范围和内容。

②国民经济效益与费用识别。

③影子价格的选择与计算。

④国民经济评价报表编制。

⑤国民经济评价指标计算。

⑥国民经济评价参数。

### 3.2.3　项目可行性研究的基本要求

可行性研究作为项目的一个重要阶段，不仅起细化项目目标的承上启下的作用，而且其研究报告是项目决策的重要依据。只有正确的符合实际的可行性研究，才可能有正确的决策。其要求如下：

1）大量调查研究，以第一手资料为依据，客观地反映和分析问题，不应带任何主观观点和其他意图。可行性研究的科学性常常是由调查的深度和广度决定的。

项目的可行性研究应从市场、法律和技术经济的角度来论证，而不只是论证可行，或已决定实施该项目了，才找一些依据证明决策的正确性。

2）可行性研究应详细、全面，定性分析与定量分析相结合，用数据说话，多用图表分析依据和结果，可行性研究报告应十分透彻和明了。常用一些数学方法、运筹学方法、经济统计和技术经济分析方法，如边际分析法、成本效益分析法等。

3）无论是项目构思，还是市场战略、产品方案、项目规模、技术措施、厂址的选择、时间安排、筹资方案等，都要进行多方案比较。应大胆地设想各种方案，进行精心的研究论证，按照既定目标对备选方案进行评估，以选择经济合理的方案。通常工程项目所采用的技术方案应是先进的，同时又是成熟的、可行的；而研究开发项目则追求技术的新颖性和技术方案的创造性。

4）在可行性研究中，许多考虑是基于对将来情况的预测基础上的，而预测结果中包含着很大的不确定性，如项目的产品市场、项目的环境条件，参与者的技术、经济、财务等各方面都可能有风险，所以要加强风险分析（敏感性分析）。在不确定条件下制定决策时，常用风险分析、决策树、优先理论（效用理论）等方法。

5）可行性研究的结果作为项目的一个中间研究和决策文件，在项目立项后应作为设计和计划的依据，在项目后评价中又作为项目实施成果评价的依据。在由可行性研究到设计工作的转换过程中，要做项目评价和决策，批准立项，提出设计任务书，这是项目生命期中最关键性的一步。

## 复习思考题

1. 如何进行项目构思的选择?
2. 可行性研究的内容有哪些?
3. 项目可行性研究的基本要求有哪些?

# 4 工程项目的策划

## 4.1 工程项目的策划工作

项目策划工作包括项目构思、情况调查、问题定义、提出目标要素、建立目标系统、目标系统优化、项目定义、编制项目建议书、进行可行性研究、项目决策等，是项目的孕育阶段，对项目的整个生命期，甚至对整个上层系统都有决定性的影响。所以项目管理者，特别是上层管理者（决策者）对这个阶段的工作应有足够的重视。

### 4.1.1 工程项目的策划工作概述

工程项目的确立是一个极其复杂而又十分重要的过程。本书将项目构思到项目批准、正式立项定义为项目的前期策划阶段。尽管工程项目的确立主要是从上层系统（如国家、地方、企业），从全局的和战略的角度出发的，这个阶段主要是上层管理者的工作，但其中又有许多项目管理工作。要想取得项目的成功，必须在项目前期策划阶段进行严格的项目管理。当然谈及项目的前期策划工作，许多人一定会想到项目的可行性研究，这是有道理的，但不完全。这是因为尚有如下问题存在：

1）可行性研究的意图是怎么产生的？为什么要做可行性研究？对什么做可行性研究？

2）进行可行性研究需要巨额的资金投入。在国际工程项目中，可行性研究的费用常常需要花几十万、几百万甚至上千万美元，它本身就是一个很大的项目。因此，在此之前就应该有严格的研究和决策，不能有一个项目构思就做一个可行性研究。

3）可行性研究的尺度是如何确定的？可行性研究是对方案完成目标程度的论证，则在可行性研究前就必须确定项目的目标，并以其作为衡量的尺度，同时确定一些总体方案作为研究对象。

项目前期策划工作的主要任务是寻找并确立项目目标、定义项目，并对项目进行详细的技术经济论证，使整个项目建立在可靠、坚实、优化的基础上。

### 4.1.2 项目策划的过程和主要工作

项目的确立必须按照系统方法有步骤地进行。

1）工程项目构思的产生和选择。任何工程项目都起源于项目的构思。而项目构思产生于为了满足解决上层系统（如国家、地方、企业、部门）问题的期望，或为了满足上层系统的需要，或为了实现上层系统的战略目标和计划，等等。这种构思可能有很多，人们可以通过许多途径和方法（项目或非项目手段）达到目的，那么必须在它们中间进行选择，并经权力部门批准，以做进一步的研究。

2）项目的目标设计和项目定义。这一阶段主要通过对上层系统情况和存在的问题进行进一步研究，提出项目的目标因素，进而构成项目目标系统，通过对目标的书面说明形成项目定义。这个阶段包括如下工作：

①情况的分析和问题的研究：对上层系统状况进行调查，对其中的问题进行全面罗列、分析、研究，确定问题的原因。

②项目的目标设计：针对情况和问题提出目标因素；对目标因素进行优化，建立目标系统。

③项目的定义：划定项目的构成和界限，对项目的目标做出说明。

④项目的审查：对目标系统进行评价，做出目标决策，提出项目建议书。

3）可行性研究，即提出实施方案，并对实施方案进行全面的技术经济论证，预测其能否实现目标。它的结果作为项目决策的依据。项目前期策划过程如图4-1所示。

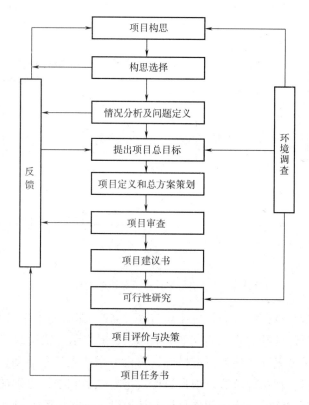

图4-1　项目前期策划过程

## 4.1.3　项目策划应注意的问题

在项目策划过程中要注意如下三个问题：

1）在整个项目策划过程中必须不断地进行环境调查，并对环境发展趋向进行合理的预测。环境是确定项目目标、进行项目定义、分析可行性的最重要的影响因素，是进行正确决策的基础。

2）在整个项目策划过程中有一个多重反馈的过程，要不断地进行调整、修改、优化，甚至放弃原定的构思、目标或方案。

3）在项目前期策划过程中，阶段决策是非常重要的。在整个过程中必须设置几个决策点，对阶段性工作结果进行分析、选择。

## 4.1.4 项目策划工作的重要作用

项目策划工作主要是产生项目的构思，确立目标并对目标进行论证，为项目的批准提供依据。它是项目的决策过程。它不仅对项目的整个生命期，对项目的实施和管理起着决定性作用，而且对项目的整个上层系统都有极其重要的影响。

1）项目构思和项目目标是确立项目方向的问题。方向错误必然导致整个项目的失败，而且这种失败又常常是无法弥补的。图4-2能清楚地说明这个问题。项目的前期费用投入较少，项目的主要投入在施工阶段；但项目前期策划对项目生命期的影响最大，稍有失误就会导致项目的失败，造成不可挽回的损失，而施工阶段的工作对项目生命期的影响很小。

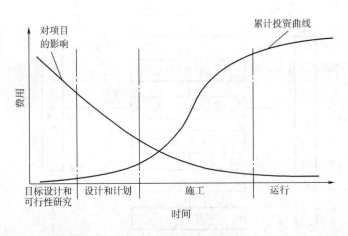

图4-2 项目累计投资和影响对比

当然，人们常常从投资影响的角度来解释图4-2，即前期工作对投资的影响最大；而实质上，对项目整体效益的影响也可以用图4-2来表示。工程项目是由目标决定任务，由任务决定技术方案和实施方案或措施，再由方案产生工程活动，进而形成一个完整的项目系统和项目管理系统。所以项目目标规定着项目和项目管理的各个阶段与各个方面，形成一条贯穿始终的主线。如果目标设计出错，常常会产生如下后果：

①项目建成后无法正常运行，达不到使用效果。

②项目虽然可以正常运行，但其产品或服务没有市场，不为社会所接受。

③项目运营费用高，没有效益，没有竞争力。

④项目目标在工程建设过程中不断变动，造成超投资、超工期等。

2）项目构思和项目目标影响全局。项目的建设必须符合上层系统的需要，解决上层系统存在的问题。如果实行一个新项目，其结果不能解决上层系统的问题，或不能为上层系统所接受，常常会成为上层系统的包袱，给上层系统带来历史性的影响，导致经济损失、社会问题、环境破坏。

例如，某企业决定开发一个新产品，投入一笔资金（其来源是企业多年的利润积余和借贷），结果这个项目是失败的（如产品开发不成功，或市场上已有其他新产品替代，本产品没有市场），没有产生效益，则企业不仅多年的"辛劳"（包括前期积蓄，项目期间人力、物力、精力、资金投入）白费，而且背上一个沉重的包袱，必须在以后许多年中偿还贷款，厂房、生产设备、土地虽都有账面价值，但不产生任何效用，则产品的竞争力下降，企业也许会一蹶不振。

工程实践证明，对不同性质的项目，执行项目策划工作的程序不同。对于全新的高科技工程项目、大型的或特大型的项目，要采取循序渐进的方法；而对于那些技术已经成熟，市场、投资（成本）和时间风险都不大的工程项目，可加快前期工作的速度，简化许多程序。

## 4.2　工程项目的目标设计

### 4.2.1　目标管理方法

目标是对预期结果的描述。要想取得项目的成功，就必须有明确的目标。工程项目不同于一般的研究和革新项目。研究（如科研）和革新项目的目标在项目初期常常是不太明确的，通过在项目过程中分析遇到的新问题和新情况，对项目中间成果进行分析、判断、审查，探索新的解决办法，做出决策，逐渐明确并不断修改目标，最终达到一个结果，可能是成功的、一般的或不成功的，甚至可能是新的成果或意外的收获。因此，对这类项目必须加强变更管理阶段决策和阶段计划工作。

工程项目采用严格的目标管理方法，主要体现在如下几个方面：

1）在项目实施前必须确定明确的目标，精心论证、详细设计、优化和计划。不允许在项目实施中仍存在目标的不确定性和对目标过多地修改。当然在实际工程中，调整、修改甚至放弃项目目标也是有的，但那常常预示着项目的失败。

2）在项目的目标系统设计中应首先设立项目总目标，然后采用系统方法将总目标分解成子目标和可执行目标。目标系统必须包括项目实施和运行的所有主要方面。

项目目标设计必须按系统工作方法有步骤地进行。通常在项目前期进行项目目标总体设计，建立项目目标系统的总体框架，更具体、详细、完整的目标设计在可行性研究阶段及设计和计划阶段进行。所以广义地说，项目的目标设计是一个连续、反复、循环的过程。

3）将项目目标落实到各责任人，将目标管理同职能管理高度地结合起来，使目标与组织任务、组织结构相联系，建立由上而下、由整体到分部的目标控制体系，并加强对责任人的业绩评价，鼓励其竭尽全力、圆满地完成目标。所以采用目标管理方法能使项目目标顺利实现，促进良好的管理。

4）将项目目标落实到项目的各阶段，以项目目标为可行性研究的尺度，经过论证和批准后作为项目技术设计和计划、实施控制的依据，最后作为项目后评价的标准，使计划和控制工作十分有效。

5）在现代项目中强调全寿命期集成管理，其重点在于项目的一体化，在于以项目全寿命期为对象建立项目的目标系统，然后分解到各个阶段，进而保证项目在全生命期中目标、组织、过程、责任体系的连续性和整体性。

6）在项目管理中推行目标管理也有许多问题，主要表现在以下几个方面：

①在项目前期就要求设计完整且科学的目标系统是十分困难的，这是因为：

a. 项目是一次性的，项目目标设计没有直接可用的参照系。

b. 项目初期所掌握的信息还不多，项目决策是根据不全面的信息做出的。

c. 在项目前期，设计目标系统的指导原则、政策不够明确，很难做出正确的综合评价和预测。

d. 人们对问题的认识还不深入、不全面。

e. 项目系统环境复杂，边界不清楚，不可预见的干扰多。

f. 项目目标因素多，其间的关系复杂，容易引起混乱。

因此，项目早期目标系统的合理性和科学性受到限制。

②项目被批准后，如下原因使得目标的刚性非常大，不能随便改动，也很难改动：

a. 目标变更的影响很大，管理者对变更目标往往犹豫不决。

b. 行政机制的惯性使目标变更必须经过复杂的程序。

c. 项目决策者常常不愿意否定过去，不愿意否定自己，等等。

这种目标的刚性对工程项目常常是十分危险的。

③在目标管理过程中，常常注重近期的局部的目标，因为这是管理者的首要责任，是对管理者考核、评价的依据。例如，在建设期常常过于注重建设期的成本目标、工期目标，而较少注重运行问题，有时这会损害项目的总目标。

④其他问题。例如，可能过分使用和注重定量目标，因为对定量目标易于评价和考核，项目的成果显著；但有些重要的和有重大影响的目标很难用数字表示。

## 4.2.2　情况的分析

（1）情况分析的作用

目标设计是以环境和上层系统状况为依据的。情况分析是在项目构思的基础上对环境和上层系统状况进行调查、分析、评价，以作为目标设计的基础和前导工作。工程实践证明，正确的项目目标设计和决策需要熟悉环境与掌握大量的信息。

1）通过对情况的分析可以进一步研究和评价项目的构思，将原来的目标建议引导到实用的理性的目标概念上，使目标建议更符合上层系统的需求。

2）通过情况分析可以对上层系统的目标和问题进行定义，从而确定项目的目标因素。

3）通过情况分析确定项目的边界条件状况。这些边界条件的制约因素常常会直接产生项目的目标因素，如法律规定、资源约束条件和外部组织要求等。如果目标中不包括或忽略了这些因素，则这个项目是极其危险的。

4）为目标设计、项目定义、可行性研究及详细设计和计划提供信息。

5）通过情况分析可以对项目中的一些不确定因素（风险）进行分析，并对风险提出相应的防护措施。

（2）情况分析的内容

情况分析首先要做大量的环境调查，掌握大量的资料，其包括以下内容：

1）拟建工程所提供的服务或产品的市场现状和趋向的分析。在项目的目标设计过程中，市场研究一直具有十分重要的地位。

2）上层系统的组织形式，企业的发展战略、状况及能力，上层系统运行存在的问题。对于拟解决上层系统问题的项目，应重点了解这些问题的范围、状况、影响。

3）企业所有者或业主的状况。

4）为项目提供合作的各个方面（如合资者、合作者、供应商、承包商）的状况，以及上层系统中的其他子系统及其他项目的情况。

5）自然环境及其制约因素。

6）社会的经济、技术、文化环境，特别是市场问题的分析。

7）政治环境和法律环境，特别是与投资、项目的实施过程和项目的运行过程相关的法律、法规。

（3）情况分析的方法

情况分析可以采用调查表、现场观察法、专家咨询法、ABC分类法、决策表、价值分析法、敏感性分析法、企业比较法、趋向分析法、回归分析法、产品份额分析法和对过去同类项目的分析方法等。环境调查应是系统的、尽可能定量的，用数据说话。环境调查主要应着眼于历史资料和现状，并对将来的状况进行合理预测，对目前的情况和今后的发展趋向做出初步评价。

## 4.2.3　问题的定义

经过情况的分析可以认识和引导出上层系统的问题，并对问题进行定界和说明。项目构思所提出的主要问题和需求表现为上层系统的症状，而进一步的研究可以得到问题的原因、背景和界限。问题定义是目标设计的诊断阶段，从问题定义中确定项目任务。

对问题的定义必须从上层系统全局的角度出发，并抓住问题的核心。问题定义的基本步骤如下：

1）对上层系统问题进行罗列、结构化，即上层系统有几个大问题，一个大问题又可能由几个小问题构成。

2）对原因进行分析，将症状与背景、起因联系在一起，可用因果关系分析法。例如，企业利润下降的原因可能是原材料、人工工资上涨，生产工艺落后，废品增加，产品销路不好，产品积压，等等。进一步分析，产品销路不好的原因可能是：该产品陈旧老化，市场上已有更好的新产品出现；产品的售后服务不好，用户不满意；产品的销售渠道不畅，用户不了解该产品；等等。

3）分析问题将来发展的可能性和对上层系统的影响。有些问题会随着时间的推移逐渐减轻或消除；相反，有些问题却会逐渐严重。例如，产品处于发展期则销路会逐渐好转；而如果处于衰退期，则销路会越来越坏。由于工程在建成后才有效用，因而必须分析和预测项目投入运行后的状况。

### 4.2.4 目标因素的提出

（1）目标因素的来源

目标因素通常由如下几方面确定：

1）问题的定义，即按问题的结构解决其中的各个问题的程度，也就是目标因素。

2）有些边界条件的限制也形成项目的目标因素，如资源限制、法律的制约、周边组织的要求等。

3）对于为完成上层系统战略目标和计划的项目，则许多目标因素是由最高层设置的，上层系统战略目标和计划的分解可直接形成项目的目标因素。

问题的多样性和复杂性，以及边界条件的多方面约束，造成了目标因素的多样性和复杂性。但如果目标因素的数目太多，则系统的分析、优化、评价工作将十分困难，同时使计划和控制工作的效率很差。

（2）常见的目标因素

一个工程项目的目标因素可能有如下几类：

1）问题解决的程度。这是项目建成后所实现的功能、所达到的运行状态，如项目产品的市场占有份额，项目产品的年产量或年增加量，新产品开发达到的销售量、生产量、市场占有份额、产品竞争力，拟解决多少人口的居住问题或提高当地人均居住面积，增加道路的交通流量或所达到的行车速度，拟达到的服务标准或质量标准，等等。

2）项目自身的目标。其包括以下内容：

①工程规模，即项目所能达到的生产能力规模，如建成一定产量的工厂、生产流水线，一定规模、等级、长度的公路，一定吞吐能力的港口，一定建筑面积或居民容量的小区。

②经济性目标，主要为项目的投资规模、投资结构、运营成本，项目投产后的产值目标、利润目标、税收和该项目的投资收益率，等等。

③项目时间目标，包括短期（建设性）、中期（产品生命期和投资回收期）、长期（厂房或设施的生命期）的计划。

3）其他目标因素。其包括：工程的技术标准、技术水平；提高劳动生产率，如达到新的人均产量、产值水平；人均产值利润额；吸引外资数额；降低生产成本，或达到新的成本水平；提高自动化、机械化水平；增加就业人数；对自然和生态环境的影响，对烟尘、废气、热量、噪声、污水排放的要求；对企业或当地其他产品、部门的连带影响，对企业或国民经济、地方发展的贡献；节约能源程度；对企业形象的影响；事故的防止和工程安全性要求；其他间接目标，如对企业发展能力的影响、用户满意程度；等等。

目标因素的提出应是全面的，不能遗漏。

（3）各目标因素指标的初步确定

应将目标因素用时间、成本（费用、利润）、产品数量和特性指标来表示，且尽可能明确，以便进一步地定量化分析、对比和评价。在这里仅初步确定各目标因素指标，对项目规模和标准初步定位，然后进行目标因素之间的相容性分析，构成一个协调的目标系统。

确定目标因素指标应注意如下几点：

1）应在情况分析和问题的定义基础上，真实反映上层系统的问题和需要。

2）切合实际，实事求是，既不好大喜功，又不保守，一般经过努力能实现。若指标定得太高，则难以实现，会将许多较好的可行的项目被淘汰；若指标定得太低，则失去优化的可能，失去更好的投资机会。应顾及项目产品或服务的市场状况、自身的能力，顾及边界条件的制约，避免出现完全出自主管期望的指标水平。

3）目标因素指标的提出、评价和结构化并不是在项目初期就可以办到的。按正常的系统过程，在目标系统优化、可行性研究、设计和计划中，还需要对它们做进一步的分析、讨论、对比，并逐渐修改、联系、变异、优化。

4）目标因素的指标要有一定的可变性和弹性，应考虑到环境的不确定性和风险因素，有利、不利条件；应设定一定的变动范围，如划定最高值、最低值区域。这样在进一步的研究论证（如目标系统分析、可行性研究、设计）中可以按具体情况进行适当的调整。

5）项目的目标因素必须重视时间限定。一般目标因素都有一定的时效，即目标实现的时间要求。这个问题通常需要分以下三个层次来考虑：

①通常工程的设计水准是针对项目的对象的使用期，如工业厂房一般为 30～50 年。

②基于市场研究基础上提出的产品方案有其生命期。一般在项目建成并投产后一段时间，由于产品过时或有新产品取代，必须进行更新改造或以新的产品方案取代。所以现有的产品方案一般为 5～10 年。由于竞争激烈和科学技术进步，现在产品方案的周期越来越短。

③项目的建设期即项目实施到工程建成投产的时间，是项目的近期。这要求与时间相关的目标因素的指标应有足够的可变性和广泛的适用性，既防止短期优化行为，如建设投资最省，但投产后运行费极高，项目的优势很快消失，同时又防止在长时间内仍未达到最优的利用（如一次性投资太大，投资回收期过长）。一般工程项目的目标因素的确立以新产品的生命期作为重点。

6）项目的目标是通过对问题的解决而最佳地满足上层系统各方对项目的需要，所以许多目标因素是由与项目相关的各方提出来的。他们是利益相关者，通常有以下分类：

①顾客，即项目产品或服务的接受者、消费者、使用者。

②所有者，即发起该项目的组织，如投资者、业主。

③合伙人，如合资项目的合作者。

④借贷者，如提供资金的金融机构。

⑤承包商，即为项目提供产品或服务的组织。

⑥社会，如政府机关、司法或执法机构、相关的广大公众、工程周边的居民与组织等。

⑦内部人员，如所属上层系统的相关部门及其成员。

只有在目标设计时考虑到各方的利益，项目的实施才可能使各方满意，才能顺利进行。在这一阶段必须向上述各方调查询问，征求他们的意见。在项目初期有些参与者尚未具体确定，则必须向有代表性的或潜在的参与者调查。

7）目标因素指标可以采用相似情况（项目）比较法、指标（参数）计算法、费用/效用分析法、头脑风暴法、价值工程等方法确定。

（4）投资收益率的确定

在工程项目的经济性目标因素中，投资收益率常常占据主要地位，其确定通常考虑如下因素：

1）资金成本。资金成本即投入项目的资金筹集费用和应支付的利息。

2）项目所处的领域和部门。在社会经济系统中不同的部门有不同的投资收益率水平，如电子、化工部门与建筑部门相比投资收益率差别很大，可以在该部门投资收益率基础上调整，但不能摆脱它。当然，一个部门中不同的专业方向的投资收益率水平又不一样，如建筑业中装饰工程项目投资收益率比土建项目高。

3）项目风险的大小。项目风险的大小即在项目实施及其产品的生产、销售中不确定性的大小。一般风险大的项目期望投资收益率应高，风险小的项目期望投资收益率可低一些。一般以银行存款（或国债）利率作为无风险的收益率，作为投资收益率的参照。

4）通货膨胀的影响。通货膨胀造成货币实际购买力的降低。由于在项目过程中资金的投入时间和回收时间不一致，因而要考虑通货膨胀的影响。一般为了达到项目实际的收益，确定的投资收益率一般不低于通货膨胀率与期望的（假定无通货膨胀情况下）投资收益率之和。

5）对于合资项目，投资收益率的确定必须考虑各投资者期望的投资收益率。

6）其他因素。例如，投资额的大小，建设期和回收期的长短，项目对全局（如企业经营战略、企业形象）的影响，等等。

## 4.2.5 目标系统的建立

对目标因素按照性质进行分类、归纳、排序和结构化，形成目标系统；并对目标因素进行分析、对比、评价，使项目的目标协调一致。

（1）项目目标系统的层次

项目目标系统至少有系统目标、子目标和可执行目标三个层次。

1）系统目标。系统目标是对项目总体概念上的确定，由项目的上层系统决定，具有普遍的适用性和影响。系统目标通常可以分为以下几类：

①功能目标，即项目建成后所达到的总体功能。例如，通过一个高速公路建设项目使某地段的交通达到日通行量4万辆，通行速度为每小时120千米。

②技术目标，即对工程总体的技术标准的要求或限定，如该高速公路符合中国公路建设标准。

③经济目标，如总投资、投资回报率等。

④社会目标，如对国家或地区发展的影响等。

⑤生态目标，如环境目标、对污染的治理程度等。

2）子目标。系统目标需要由子目标来支持。子目标通常由系统目标导出或分解得到，或是自我成立的目标因素，或是对系统目标的补充，或是边界条件对系统目标的约束。它仅适用于项目某一方面对某一个子系统的限制。例如，生态目标可以分解为废水、废气、废渣的排放标准，环境的绿化标准，生态保护标准。

有些子目标可用于确定子项目的范围。例如，生态目标（标准）常常决定了"三废"处理装置，以及配套的环境绿化工程（子项目）的要求。

3）可执行目标。子目标可再分解成可执行目标。可执行目标决定了项目的详细构成。可执行目标及更细的目标因素的分解一般在可行性研究及技术设计和计划中形成、扩展、解释、定量化，逐渐转变为与设计、实施相关的任务。例如，为达到废水排放标准所应具备的废水处理装置规模、标准、处理过程、技术等，可执行目标经常与解决方案（技术设计或实施方案）相联系。

（2）目标因素的分类

1）按性质不同分类。按性质不同，目标因素可分为以下几种：

①强制性目标，即必须满足的目标因素。其通常包括法律和法规的限制、官方的规定、技术规范的要求等，如环境保护法所规定的排放标准，事故的预防措施，技术规范所规定的系统的完备性、安全性和设计标准，等等。这些目标是必须纳入项目系统中的，否则项目不能成立。

在实际工作中，不同的强制性目标的强制程度常常是不一样的。

②期望的目标，即尽可能满足的、有一定范围弹性的目标因素，如总投资、投资收益率、就业人数等。

2）按表达不同分类。按表达不同，目标因素可分为以下几种：

①定量目标，即能用数字表达的目标因素，它们常常又是可考核的目标，如工程规模、投资收益率、总投资等。

②定性目标，即不能用数字表达的目标因素，它们常常又是不可考核的目标，如改善企业或地方形象，改善投资环境使用户满意等。

（3）目标因素之间的争执

诸多目标因素之间存在复杂的关系，可能有相容关系和相克关系、其他关系（如模糊关系、混合关系）。相克关系，即目标因素之间存在矛盾，存在争执，如环境保护要求与投资收益率、自动化水平与就业人数、技术标准与总投资等。

通常，在确定目标因素时还不能排除目标之间的争执，但在目标系统设计、可行性研究、技术设计和计划中必须解决目标因素之间的相容性问题，必须对各目标因素进行分析、对比、逐步修改、联系、增删、优化。这是一个反复的过程。

1）强制性目标与期望目标发生争执，如最常见的是环境保护要求和经济性（投资收益率、投资回收期、总投资等），则首先必须满足强制性目标的要求。

2）如果强制性目标因素之间存在争执，则说明本项目存在自身的矛盾性，可能有以下两种处理方法：

①判定这个项目构思是不行的，可以重新构思或重新进行情况调查。

②消除某一个强制性目标或将其降为期望目标。不同的强制性目标的强制程度不一样。例如，国家法律是必须要满足的，但有些地方政府的规定、地方的税费尽管也对项目有强制性，但有时有一定的通融的余地或有一定的变化幅度，则可以通过一些措施将其降为期望目标或降低该目标因素的水准。

3）期望目标因素之间发生争执。这里也有两种情况：

①如果定量的目标因素之间存在争执，可以采用优化的办法，追求技术经济指标最有利（如收益最大、成本最低、投资回收期最短）的解决方案。具体的优化工作是可行性研究的任务。

②定性的目标因素的争执可通过确定优先级（或定义权重）寻求妥协和平衡。有时可以通过定义权重分数将定性的目标转化为定量的目标进行优化。

4）在目标系统中，系统目标优先于子目标，子目标优先于可执行目标。

（4）目标系统设计的几个问题

1）由于许多目标因素是由与项目利益相关的各种群体提出的，因而许多目标争执实质上又是不同群体的利益争执。

①项目参与者之间的利益可能会有矛盾，在项目目标系统设计中必须承认和照顾到项目相关的不同群体与集团的利益，必须体现利益的平衡。没有这种平衡，项目是不可能顺利实施的。

②项目的顾客和投资者的利益（或要求）应优先考虑到，它们的权重较大。当项目的产品或服务的顾客与其他利益相关者的需求发生矛盾时，应首先考虑满足顾客的需求，考虑顾客的利益和心理。

而投资者参与项目及在项目中的行为常常受到其集团利益的影响，对此必须做出充分的估计。

③许多顾客、投资者、业主和其他利益相关者的目标或利益在项目初期常常是不明确的，或是隐含着的，或是随意定义、估计的。甚至在许多项目的初期，业主或决策者对顾客与利益相关者的对象和范围都不清楚，这样的项目的目标设计是很盲目的。应进行认真的调查研究，以界定和评价顾客与其他利益相关者的要求。在整个项目过程中，应一直关注顾客和利益相关者需求的变化。

④在实际工作中，有许多上层系统的部门人员参与项目的前期策划，他们极可能将其部门的利益和期望带入项目的目标设计中，进而造成项目目标设计中部门的讨价还价，容易使子目标与总目标相背离。应防止部门利益的冲突而导致的项目目标因素的冲突。

2）在目标系统设计阶段尽管还没有项目管理小组和项目经理，但其确实是一项复杂的项目管理工作，需要大量的信息、权力和各学科专业知识，应防止盲目性，防止思维僵化和思维的近亲繁殖。

因此，对大型项目应在有广泛代表性的基础上构成一个工作小组负责这方面工作，形成工作圈子；同时吸引许多上层系统的部门工作人员，在它的周围形成一个外围圈子，广泛倾听外围各方的咨询、意见，接收信息。

工作小组应包括目标系统设计的组织和管理（如文件起草、会议组织、协调等）人员，市场分析诊断人员，与项目相关的实施技术、产品开发人员，等等。外部圈子应包括法律（专利、合同）人员，财务人员，销售组织、企业经营、现场、后勤人员，人事管理人员，等等。

3）在确定项目的功能目标时，经常还会出现预测的市场需求与经济生产规模的矛盾：对一般的工业生产项目，工程只有达到一定的生产规模才会有较高的经济效益；但按照市场预测，在一定的时间内，产品的市场容量较小。这对矛盾在许多工程项目中都存在，而且常常不易圆满地解决。例如，按照经济分析，一般光导纤维电缆厂的经济生产规模为年产20万千米以上；在20世纪90年代初，我国每年光导纤维电缆的敷设量为2万多千米；而我国当时共有25个光导纤维电缆制造厂。这种现象在我国许多领域都存在。

对一个有前景的同时又是风险型的项目，特别是对投资回收期很长的项目，最好分阶段实施。例如，一期先建设一个较小规模的工程，然后通过二期、三期追加投资、扩大规模。对近期目标进行详细设计、研究，对远景目标通过战略计划（长期计划）进行安排。其好处如下：

①减少一次性的资金投入，前期工程投产后可以为后期工程筹集资金，降低项目的财务风险。

②逐渐积累建设经验，培养工程管理和运行管理人员。

③使工程建设进度与市场逐渐成熟的过程相协调，降低项目产品的市场风险。

对分阶段实施的工程项目，在项目前期就应有一个总体的目标系统的设计，考虑到扩建改建、自动化的可能性等，使长期目标与近期目标协调一致。当然，分阶段实施工程项目会带来管理上的困难和项目建设成本的增加。

## 4.3　工程项目的确定

### 4.3.1　项目构成定界

上层系统有许多问题，各个方面对项目都有许多需求，边界条件又有很多约束，所以目标因素名目繁多，形成非常复杂的目标系统。但并不是所有的目标因素都可以纳入项目范围的，这是因为一个项目不可能解决所有问题，所以必须对项目范围做出决策。通常所分析出来的目标因素可以通过如下手段解决：

1）由本项目解决。

2）用其他手段解决，如调节上层系统，加强管理，调整价格，加强促销手段。

3）采用其他项目解决或分阶段通过远期安排解决。

4）目前不予考虑，即还不能顾及。

目标因素按性质可以划分为三个范围：

1）最大需求范围。最大需求范围（$U_1$）即包括前面提出的所有目标因素的结合。

2）最低需求范围。最低需求范围（$U_2$）由必需的强制性的目标因素构成，是项目必须解决的问题和必须满足的目标因素的结合。

3）优化的范围。优化的范围（$U_3$）是基于目标优化基础上确定的目标因素的结合。

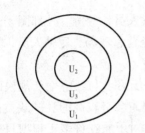

图4-3 目标因素的三个范围关系

可行性研究和设计都在做这个优化工作。通常以 $U_3$ 作为项目的范围。当然，优化的范围必须包括强制性的目标因素。

因此，$U_2 < U_3 < U_1$，如图4-3所示。由 $U_3$ 所确定的项目目标决定了项目的系统范围。

项目的目标系统必须具有完备性和协调性，有最佳的结构。目标的遗漏常常会造成项目系统的缺陷，如缺少一些子项目等。

在确定项目构成中，目标因素应有重点，数目不能太多，否则将造成协调和优化的困难。应避免将不经济的又非必需的附加约束条件引入项目而造成不经济，造成项目膨胀和不切实际，而不能有效地利用资源的结果。例如，企图通过一个项目建设过多地安排企业富余人员，这样的目标因素会导致项目不经济。

我国正处于经济改革时期，社会和企业的问题特别多、特别复杂，各方面的利益平衡十分困难，稍不注意就会干扰项目的目标设置的科学性和经济性。

### 4.3.2 项目定义

项目定义是指以书面的形式描述项目目标系统，并初步提出完成方式。它是将原直觉的项目构思和期望引导到经过分析、选择、有根据的项目建议，是项目目标设计的里程碑。

项目定义以一个报告的形式提出，即项目说明。它是对项目研究成果的总结，是项目目标设计结果的检查和阶段决策的基础。项目定义应足够详细，包括以下内容：

1）提出问题，说明问题的范围和问题的定义。

2）说明解决这些问题对上层系统的影响和意义。

3）项目构成和定界，说明项目与上层系统其他方面的界面，确定对项目有重大影响的环境因素。

4）系统目标和最重要的子目标，近期、中期、远期目标，以及对近期目标的定量说明。

5）边界条件，如市场分析、所需资源和必要的辅助措施、风险因素。

6）提出可能的解决方案和实施过程的总体建议，包括方针或总体策略、组织方面安排和实施时间总安排。

7）经济性说明，如投资总额、财务安排、预期收益、价格水准、运营费用等。

### 4.3.3 项目的审查和选择

（1）项目审查

项目定义后，必须对项目进行评价和审查。这里的审查主要是风险评价、目标决策、目标设计价值评价，以及对目标设计过程的审查。而财务评价和详细的方案论证则要在可行性研究中和设计（计划）过程中进行。在审查中应防止自我控制、自我审查。一般由未直接参加目标设计，与项目没有直接利害关系，但又对上层系统（大环境）有深入的了解的人进行审查。必须有书面审查报告，并补充审查部门的意见和建议。项目经审查后由权力部门批准是否进行可行性研究。

审查的关键问题是指标体系的建立，这与具体的项目类型有关。对一般的常见的投资项目，其审查指标可能有以下几种：

1）问题的定义。

①项目的名称和总目标的介绍。

②与其他项目的界限和联系。

③目标优先级及边界约束条件。

④时间和财务条件介绍。

2）目标系统和目标因素。

①项目的起因和可信度，前提条件、基础和边界条件。

②目标的费用/效用关系研究。

③审查量化的目标因素的可实现性和变更的可能性（如边界因素变化对目标的影响），应分析时间推移、市场竞争、技术进步和经济发展对目标的影响。

④目标因素的必要性，如放弃某个目标因素会带来的问题和缺陷，目标因素是否可以合并。

⑤确定在可行性研究中研究的各个细节和变量。

⑥市场和企业经营期望（长、中、短期）。

⑦对风险定界，如实施风险和环境风险的可能性，避免风险的战略。如果估计系统中有高度危险性及不确定性的部分，应提出要求并做进一步探讨和规划。

⑧项目目标与企业战略目标、项目系统目标与子目标、短期目标与长期目标之间的协调性。

3）项目的初步评价。

①项目问题的现实性和项目产品市场的可行性。

②财务的可能性和融资的可能性。

③人的影响，设计、实施、运营方面的组织和承担能力。

④可能的最终费用、最终投资。

⑤限制条件，如法律、法规、参与者目标和利益的争执。

⑥环境保护和工作保护措施。

⑦其他影响，如实施中出现疏忽或时间推迟的后果，对其他项目的影响。

（2）项目选择

从上层系统（如国家、企业）的角度，对一个项目的决策不仅限于一个有价值的项目构思的选择、目标系统的建立、项目构成的确定，常常面临许多项目机会的选择。由于一个企业面临的项目机会（如许多招标工程信息、许多投资方向）可能很多，但企业资源是有限的，不能四面出击抓住所有的项目机会，一般只能在其中选择自己的主攻方向。选择的总体目标通常有以下几类：

1）通过项目能够最有效地解决上层系统的问题，满足上层系统的需要。对于提供产品或服务的项目，应着眼于有良好的市场前景。

2）使项目符合企业经营战略目标，以项目对战略的贡献作为选择的尺度，如对竞争优势、长期目标、市场份额、利润规模等的影响。有时可由项目达到一个新的战略。由于企业战略是多方面的，如市场战略、经营战略、工艺战略等，因而可以详细并全面地评价项目对这些战略的贡献。

3）企业的现有资源和优势能得到最充分的利用。必须考虑到自身进行项目的能力，特别是财务能力。当然现在常常通过合作（如合资、合伙、国际融资等）进行大型的、特大型的或自己无法独立进行的项目，这是有重大战略意义的。

4）项目本身成就的可能性最大和风险最小，选择成就（如收益）期望值大的项目。在此阶段就必须进行项目的风险分析。

### 4.3.4 提出项目建议书和准备可行性研究

在可行性研究前，必须对工程建设即项目本身进行说明，提出项目建议书。

1）项目建议书是对项目目标系统和项目定义的说明与细化，同时作为后续的可行性研究、技术设计和计划的依据，将目标转变成具体、实在的项目任务。应提出项目的总体方案或总的开发计划，同时对项目经济、安全、高效率运行的条件和运行过程做出说明。

目标设计的重点是针对项目使用期的状况，即项目建成以后运行阶段的效果，如产品市场占有份额、利润率等。而项目的任务是提供达到这种状态所必需的要求和措施。例如，要想增加产品的市场份额，必须增加产品销售数量。项目的任务是提高生产能力，进行生产能力的建设，则必须对生产能力建设的过程、措施、结果做描述。

2）提出要求，确定责任者。项目建议书是项目管理者与可行性研究和设计相关的专家沟通的文件，如果选择责任者，则这种要求即成为责任书。

3）建议书必须包括项目可行性研究、设计和计划、实施所必需的总体信息、方针、说明。其应清楚，不能有二义性，必须顾及以下几方面：

①系统目标应转变为任务，应将系统目标进一步分解成子目标，这样以后能验证任务完成程度，同时使专家组能够明了自己的工作任务和范围，初步确定系统界面；说明支持该系统所需要的人力和其他资源。

②有足够的自由度，有选择的余地和优化的可能，提出可能的方案、风险的定界和量度。

③应提出最有效地实现所提出的目标的可行的备选方案，提出内部和外部的，项目的和非项目的，经济、组织、技术和管理的措施，决定必要的支持条件，对项目实施基本策略、组织做出构想。

④情况和边界条件应清楚说明。

⑤明确区分强制性的和期望的目标、远期目标和近期目标，并将近期目标具体化、定量化。

⑥目标的优先级及目标争执的解决。

⑦可能引起的法律问题、特殊风险及解决办法。检查完成系统目标的各种方法，初步确定系统在技术上、环境上和经济上的可行性和现实性。

建议书起草表示项目目标设计结束，并提交可行性研究。

前述的项目目标设计及项目定义过程如图4-4所示。

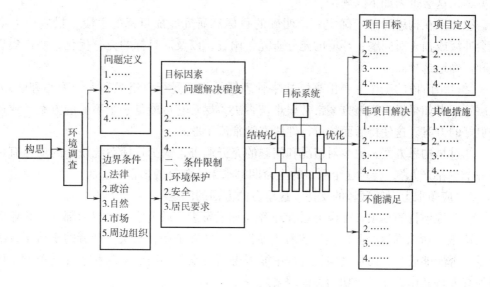

图4-4 项目目标设计及项目定义过程

## 4.4 工程项目策划中的问题

1）重视项目策划工作安排。长期以来，工程项目策划阶段的工作没有引起足够的重视。项目管理专家、财务专家和工程经济专家没有介入，或介入太少，或介入太迟。在许多项目过程中存在如下现象：

①不按科学的程序办事，投资者、政府官员拍脑袋上项目，直接构思项目方案，直接下达指令做可行性研究，甚至直接做技术设计。

②在这个阶段不愿意花费时间、金钱和精力。一旦产生一个构思，立即就要实施这个项目，不做详细的系统的调查和研究，不做细致的目标和方案的论证，常常仅做一些概念性的定性的分析和研究。在我国的建设项目中这个阶段的花费很少，这个阶段的持续时间也很短。

③在做项目目标设计时，过多地考虑自己的局部利益。为了使项目能够获得上层的批准，做非常乐观的计划，甚至罗列和提供假的数据。在我国，在相当长的时间内，上述原因导致项目失败的例子比比皆是。

在现代工程项目中，人们越来越重视这个阶段的工作，项目管理专家介入项目的时间也逐渐提前。在国际工程中，咨询工程师甚至承包商，在项目目标设计，甚至在项目构思阶段就介入项目。这样不仅能够防止决策失误，而且保证项目管理的连续性，进而能够保证项目的成功，提高项目的整体效益。

2）一般在项目的策划阶段，上层管理者的任务是提出解决问题的期望，或将总的战略目标和计划分解，而不必过多地考虑目标的细节及如何去完成目标，更不能立即提出解决问题的方案。

许多上层管理者在项目的早期，甚至在构思阶段就提出具体的实施方案甚至提出技术方案，这会带来如下问题：

①如果在构思时急于确定一个明确的目标和研究完成目标的手段（措施或方案），就会冲淡或损害对问题、环境的充分研究、调查，以及对目标的充分优化，妨碍集思广益和正确地选择。

②这个阶段的工作主要由高层战略管理者承担，受行政组织和人行为心理的影响，上层管理者如果提出实施方案常常很难被否决，尽管它可能是一个不好的方案，或还存在更好的方案。这使得后面的可行性研究常常流于形式。

③过早构思方案，缺少对情况和问题的充分调查，缺少目标系统设计的项目有可能是一个"早产儿"，会对这个项目的生命期带来无法弥补的损害。

3）应争取上层管理者的支持。这里有两方面的问题：

①工程项目的立项必须由上层管理者（如投资者、政府官员、权力部门、企业管理者）决策，所以在这个阶段他们起着主导作用。实践证明，上层管理者的支持不仅决定项目是否能够成立，而且是项目过程中能否得到实施所必需的资源和条件的关键，所以国外有人将其作为项目成功的关键因素之一。

②由于项目是由上层管理者驱动的，因而政治因素常常在左右项目。上层管理者及项目经理的政治目的、形象、政绩要求，甚至他们的知识结构、文化层次、生活水平、与项目的关系都会对项目产生不同的评价，进而影响项目的决策。这种状况会造成项目决策的问题。许多人为了使得项目实施，提出十分诱人的理想化的市场前景和财务数据，忽视工程中潜在的风险，这会导致项目决策的失误。

4）协调好战略层与项目层的关系。上层管理者一般不熟悉项目管理，也不是技术经济或财务专家，但要做项目决策，这是项目的一个基本矛盾。他们决策的依据必须建立在科学的基础上，必须有财务和工程经济、项目管理专家的支持。所以在项目前期就应在组织上、工作责任上和工作流程上建立战略层与项目层之间的关系，使整个前期工作有条不紊地进行。

5）项目的实施和运行、达到项目目标需要许多条件。这些条件构成项目的要素。对一般的工程项目，这些要素包括产品或服务的市场、资金、技术（专利、生产技术、工艺等）、原材料、生产设备、劳动力和管理人员、土地、厂房、工程建设力量等。获得这些要素是使项目顺利实施的必要保证；要使项目有高的经济效益，必须对这些因素进行优化组合。在前期策划中应考虑如何获得这些因素，如何对这些因素进行优化组合。随着国际经济的一体化，人们有越来越多的机会和可能性在整个国际范围内取得这些项目要素。在项目前期策划中应注重充分开发项目的产品市场、边界条件的优化，充分利用环境条件选择有利地址，合理利用自然资源和当地的供应条件、基础设施，充分考虑与其他单位的合作机会和可能性。在实际工作中，人们常常忽视这些问题，常常仅注重对项目评价、设计和计划必要的问题与目标因素的研究。

6）在项目的策划中应注意上层系统的问题、目标和项目的联系与区别。

## 复习思考题

1. 工程项目的目标因素是由什么决定的？

2. 工程项目的目标分哪几个层次？

3. 简述工程项目可行性研究的主要内容。

4. 假设某领导视察某地长江大桥，看到大桥上拥挤不堪，则产生在该地建设长江二桥的构思。他翻阅了该地区长江段地图，指示在大桥下游某处建设长江二桥，并指示做可行性研究。试分析该工程项目构思过程存在的问题。

5. 分析题：在某中外合资项目中，参与者各方有如下目标因素：

（1）外商：注重投资回报率，增加其产品在中国市场的占有份额。

（2）当地政府：发展经济，吸引外资，增加就业，增加当地税收，增加当地政府的收入，改善地方的形象。

（3）法律：环境保护法要求的"三废"排放标准、税法和劳动保护法。

（4）中方企业：吸引外资，对老产品进行更新改造，提高产品的技术水平，增加产品的市场占有率、产品年产量，充分利用现有的厂房、技术人员、工人和土地。

试分析：

（1）在上述目标中，哪些属于期望目标？哪些属于强制性目标？哪些属于定量目标？哪些属于定性目标？

（2）在上述目标因素中，哪些目标因素之间是有紧密联系的？有什么联系？

（3）哪些目标因素之间存在争执？

（4）哪些目标因素可以用项目解决？哪些目标因素不能用项目解决？

6. 按照规模效益的要求，任何一个工程项目必须达到一定的规模才能有经济效益，但是工程项目的规模必须按照将来的市场需求确定。试分析：如果两者之间发生矛盾，应如何解决？

7. 一个企业上一个新产品项目，该项目工程建设期为 3 年，预计该新产品的生命期为投产后 5 年，而厂房的使用寿命为 50 年。试问：如果是你进行该项目的目标设计，你将如何设计与时间相关的目标？

8. 阅读有关战略管理方面的书籍，思考在项目的前期策划阶段，战略管理和项目管理这两个层次有什么区别与联系，其在工作程序上应如何沟通。

# 5 工程项目管理组织

## 5.1 工程项目管理组织概述

所谓工程项目管理组织，是指为了实现工程项目目标而进行的组织系统的设计、建立和运行，建成一个可以完成工程项目管理任务的组织机构，建立必要的规章制度，划分并明确岗位、层次、责任和权力，并通过一定岗位人员的规范化行为和信息流通实现管理目标。

### 5.1.1 项目管理组织的概念

广义的项目管理组织是在整个项目中从事各种管理工作的人员的组合。业主、承包商（甚至分包商）、设计单位、供应单位都有自己的项目经理部和工作人员。他们之间有各种联系，有各种管理工作、责任和任务的划分，形成项目总体的管理组织系统。这个组织系统和项目组织有一致性，所以常常并不十分明确区分项目组织和项目管理组织，而是将它们统一起来。项目组织在前文中已讨论过。在工程项目中，业主建立的或委托的项目经理部居于整个项目组织的中心位置，在整个项目实施过程中起决定性作用。项目经理部以项目经理为核心，有自己的组织结构和组织规则。工程项目能否顺利实施，能否取得预期的效果和实现目标，直接依赖于项目经理部，特别是项目经理的管理水平、工作效率、能力和责任心。下面以其作为主要论述对象。

### 5.1.2 项目管理的主要工作

项目的各个阶段都有相应的项目管理工作。

（1）前期策划阶段

在前期策划阶段，项目管理者作为咨询工程师为业主决策提供信息、咨询意见和建议，包括：项目目标系统的建立与分析，提出实施目标的设想，对已有的问题、条件与资源进行调查，土地价值评价，进度与财务安排，做项目建议书，做可行性研究并提出报告，等等。

（2）项目设计和计划阶段

在项目设计和计划阶段，项目管理者的主要工作内容有：场地选择及调研；项目总体策划，制定项目的方针、策略和总体计划；做项目系统定界和结构分析；提出设计要求和编制设计招标文件；对项目实施做总体安排，做项目的实施计划，包括总体方案、进度表、费用（投资）预算、资金需求计划等；设计工作控制和协调；起草项目手册；建立项目管理系统，选择项目管理人员；等等。

（3）招标投标阶段

在招标投标阶段，项目管理者的主要工作内容有：为业主选择承包者和签订合同提出建议和论证，在业主授权范围内做决策，起草各种文件，召集各种会议；协助业主进行合同策划，提出分标建议和项目管理模式的建议；起草招标文件和合同文件；进行资格预审；处理招标中的各种事务性工作，如组织标前会议，下达各种通知、说明；组织开标；评标、做评标报告；召开澄清会议；参与选择承包商；分析合同风险并制定排除风险的策略，安排各种保险和担保；等等。

（4）工程施工阶段

在工程施工阶段，项目管理者的主要工作内容有：为业主实施过程中的项目管理工作，进行项目目标控制，监督、跟踪项目实施过程，保证项目顺利实施。其具体如下：

1）施工准备。牵头进行施工准备，包括现场准备、技术准备、资源准备等；与各方进行协调；签发开工令。

2）质量控制。审核承包商的质量保证体系和安全保证体系；对材料采购、实施方案、设备进行事前认定；对材料、设备进行进场检查、验收；对工程施工过程进行质量监督、中间检查；对不符合要求的工程、材料、工艺进行处置；对已完工程进行验收；组织整个工程验收、安装调试和移交；为项目运行做各种准备，如使用手册（维修手册）、人员培训、运行物质准备等。

3）进度控制。审核承包商的实施方案和进度计划；监督项目参与者各方按计划开始和完成工作；要求承包商修改进度计划，指令暂停工程或指令加速；处理工期索赔要求。

4）投资控制。对已完工程进行量方；控制项目内部和外部费用支出；指令各种形式的工程变更，并决定变更价格；处理费用索赔要求；审查、批准进度付款，准备竣工结算及最终结算，提出结算报告。

5）合同管理。解释合同，确保项目人员了解合同、遵守合同；对来往信件进行合同审查；审查承包商的分包合同，批准分包单位；调解业主和承包商及承包商之间的合同争执。

6）信息管理。建立管理信息系统，并保证其有效运行；搜集工程过程中的各种信息，并予以保存；起草各种文件；向承包商发布图纸、指令；向业主、企业和其他相关各方提交各种报告。

7）组织、协调、培训项目职能人员，促进团队精神；领导项目经理部工作，积极解决出现的各种问题和争执；协调各参与者的利益和责任，调解争执；向企业领导和企业职能部门经理汇报项目状况；举行协调会议。

（5）项目后期阶段

在项目后期阶段，项目管理者的主要工作内容有：工程建设的总结，提出工程总结报告；项目审计；进行项目后评估；总结项目经验教训；按照业主的委托对项目运行情况、投资回收情况等进行跟踪。

### 5.1.3 项目管理组织设计

上述项目管理工作必须由相应的人员来完成，必须建立相应的项目管理组织。项目管理组织设计是项目组织设计的重要组成部分。

1）项目管理目标的确定。由于项目管理的对象是项目，是为了项目顺利实施和项目的整体效益，因而项目管理目标由项目目标确定，主要体现在工期、质量和成本三大目标上。

2）项目管理模式的确定和项目管理组织形式的选择。上层管理者必须确定哪些管理工作由业主自己完成，哪些必须委托出去由他人完成或包括在工程承包合同中由承包商负责；项目经理部采取什么样的组织形式。

3）项目管理工作任务、责任、权力的确定。业主必须对项目经理授权，这些权力是其完成责任所必需的。这通常由项目管理（咨询）合同，或项目管理委托书，或工程承包合同定义。

4）对由项目经理部所完成的管理工作进行详细分析，确定项目管理工作流程、操作程序和工作逻辑关系。通过流程分析，可以构成一个动态的管理过程。管理工作流程的设计是一个重要环节，对管理系统有秩序地运行及管理信息系统设计有很大影响。

5）确定详细的各种职能管理工作任务，并将工作任务落实到人员或部门。项目经理向各职能人员、部门授权，做管理工作和任务分配表。它确定了项目管理组织成员之间，组织成员与项目组织之间，以及与外界（项目的上层系统）的职责关系、权力界限和工作联系。管理工作不应分解太细，否则工作范围太窄。

6）建立各职能部门的管理行为规范和沟通准则，形成管理规范，作为项目管理组织内部的规章制度。这通常由各参与者协商统一，并在项目手册中说明。

7）项目管理人员的选择和任命（或委托、签订管理合同）。项目管理组织应尽早成立，或尽早委托、尽早投入，在项目进行过程中其应有一定的连续性和稳定性。

8）在上述基础上进行管理信息系统的设计。按照管理工作流程和管理职责，确定工作过程中各个部门之间的信息流通、处理过程，包括信息流程设计，信息（报表、文件、文档）设计，信息处理过程设计，等等。由于项目的一次性，通常项目管理系统设计也都是一次性的。但对一些项目型企业，或采用矩阵式组织的大项目，项目管理系统可成为一个标准化统一的形式。

### 5.1.4 项目管理的社会化

在现代社会中，项目管理越来越趋向社会化。将整个项目管理任务以合同的形式委托出去，让其他单位负责管理事务，这是项目管理的一大特点，其最典型的是建设工程监理制度。我国自20世纪90年代推广建设工程监理制度，这是建设工程管理社会化的一个重要步骤。

（1）监理工程师在工程中的作用

1）作为业主的代理人。监理工程师的首要作用是作为业主的代理人，为业主提供专职的，从咨询、设计、计划到工程实施控制，甚至运行管理等全套的咨询和管理服务，为业主承担工程项目管理的大量事务性工作。其有如下好处：

①方便、简单、省事。业主只需和监理工程师签订监理合同，支付监理费，在工程中按合同检查、监督监理工程师的工作；对承包商的工程只需总体把握，答复请示，做决策，而具体事务性管理工作都由监理工程师承担。

②业主可以获得一个高效益的工程项目。与业主自行管理工程相比较，监理工程师对工程效益的好处如下：

a. 经济上有利，费用省。业主只需按监理合同支付监理费，工程结束则合同失效。

b. 由于监理工程师的管理水平高，计划周密，管理中的失误少，能对投资实施最有效的控制。这能有效地减少业主的违约行为，减少工程索赔，减少投资的追加。

c. 通过监理工程师卓有成效的工作，能排除或降低各种干扰的影响，保证工程按预定计划投入运行，交付使用，及早实现投资目的，业主能获得一个整体效益高的工程。

③促进项目管理的专业化，项目管理经验容易积累，管理水平提高。监理工程师熟悉工程项目的实施过程，熟悉工程技术，精通项目管理知识，有丰富的项目管理经验和经历，能将项目的设计、计划做得十分周密和完美，能够对项目的实施进行最有力的控制。

2）作为承包合同的中间人。监理工程师作为承包合同的第三方、中间人，在合同双方之间起协调、平衡作用，站在公正的立场上对承包合同实施起社会监督作用。其能公正地、公平合理地处理和解决问题，协调各方面的关系，承包商和供应商对其比较信赖。由于承包合同双方利益和立场不一致，会造成双方行为的不一致和矛盾。监理工程师可以在工程中起缓冲作用，调解争执，协调双方的立场，使合同双方的各自利益得到保护和平衡。监理工程师的具体作用如下：

①保证业主能够及时地获得承包合同所确定的合格工程，并保护业主利益。一般业主不精通承包合同和相应的法律，不懂工程技术和管理，所以很难有效地保护自己的利益。监理工程师首先必须保护业主的利益，这不仅因为他受雇于业主进行工程管理，而且通常业主的根本利益是节约投资，尽早实现投资目的，这与工程管理的总目标是一致的。

②使承包商获得合同规定的合理报酬，保护承包商的合法权益。由于利益、立场、专业知识局限、偏见等，业主常常不能公正地对待承包商。在工程中，业主处于有利的主导地位，如通过起草合同条件使合同中的风险分配不平等、不合理；在工程中滥用指令权、检查权、满意权等，苛刻地要求承包商；不承认承包商的合理要求；等等。这一切使得承包商的地位很不利。承包商的权益受到侵害不仅会造成法律上的问题，而且影响承包商的履约积极性，加大承包商的风险，最终对业主、工程的整体效益不利。因此，监理工程师不仅要保护业主利益，而且要劝说业主正确对待承包商的利益。

③从工程整体效益和社会效益的角度出发，客观地、公正地解释合同，处理工程事务。通常承包合同赋予监理工程师许多权力和职责。在工程中，业主和承包商一般不直接交往，具体事务都通过监理工程师联系、转达。因此，监理工程师作为双方的纽带，可以缓冲矛盾，缩短双方的距离，保证双方有一个良好的合作环境和气氛。因此，监理

工程师在工程中不仅仅是业主的雇员，而且是有独立地位、独立解决问题和处理问题权力的人。

（2）监理工程师的任务定义

在不同的工程中，监理工程师的任务、职责、权力不一样。其常常与业主对监理工程师的信任程度、依赖程度、工程需要和业主自身的工程管理能力、水平等因素有关。监理工程师的工作任务由以下三个方面确定：

1）业主与监理工程师的监理合同。业主将工程项目委托给监理工程师，必须与其签订一个监理合同。在该合同中具体规定业主与监理工程师之间的责权利关系。业主赋予监理工程师管理承包合同和工程的职责。

2）承包合同。虽然监理工程师不是承包合同的签约者，但按照惯例，承包合同（如 FIDIC 合同）对监理工程师的作用、权力、责任都有明确、具体的规定。承包合同是在工程过程中解决业主、监理工程师、承包商三者关系的最根本的依据。

3）业主对监理工程师权力的限定。即使使用 FIDIC 这样标准的合同条件，业主仍有权力书面限定监理工程师的权力，或要求监理工程师在行使某些权力时得到业主的批准。

（3）应用监理制度的注意事项

1）监理制度的问题。工程监理制度并不是完美无缺的，它本身也存在着许多问题。其最基本的问题就是项目管理者责权利不平衡，这主要表现在以下几方面：

①承包合同（如 FIDIC 合同）赋予监理工程师很大的权力，但他不作为承包合同的签约方，而是业主的代理人和委托人，对上述行为不承担法律的和经济的责任。尽管监理工程师与业主之间有监理合同，监理工程师的行为必须受监理合同的制约，但监理工程师在工程管理中的工作失误都由业主承担责任。所以监理工程师的权力和经济责任是失衡的。

②项目能否顺利实施，工程能否按期完成，是否符合预定的质量标准和达到预定的功能，业主投资的多少，等等，直接依赖监理工程师的工作能力、经验、积极性、公正性、管理水平等。但监理工程师与工程的最终经济效益无关，同时也没有决策的权力，无权进行合同变更。

③监理工程师必须公正地行事，不偏向任何一方，以没有偏见的立场解释和执行合同。但监理工程师的公正性是很难衡量、评价和责难的。监理工程师的职业道德、工程习惯、文化传统、工作能力、工作的深入程度，甚至民族偏见都可能影响其公正性。监理工程师如果不能公正行事，就会给工程监理制度带来许多弊病。

④监理工程师为业主、为工程提供的是咨询、管理方面的服务，其工作很难用数量来定义，工作质量很难评价和衡量。鉴于以上问题，在国际上，许多人对监理制度提出批评，甚至有人建议取消监理工程师对争执的决定权。但在业主与承包商这两个利益不一致的合同组合体中，又得有一个第三者来协调，这对工程整体利益有利。

2）应注意的其他问题。监理工程师在工程中有极其重要的作用，但工程监理制度本身又有许多问题。这是一对矛盾。无论是社会推广监理制度，还是业主选择监理工程师，或承包商投标报价和进行工程施工，都必须注意这个问题。

①社会要推行监理制度，必须建立一整套管理和制约的机制，以发挥监理制度的优越性，克服不足，扬长避短。

a. 必须建立一套严格的监理工程师资质考核、审查和批准制度。监理工作需要综合性人才，不是一般的工程技术和管理人员（如施工工程师）所能胜任的。推广监理制度需要大量的、合格的监理工程师。如果监理工程师滥竽充数，就会对工程建设带来很大的影响。要做一个合格的、能胜任工作的监理工程师必须从以下两方面着手：

第一，接受系统的工程监理方面专业知识和技能的培训。

第二，有实际工程管理的经验和经历。由于实际工程非常复杂，监理工程师的工作综合性强，因而监理工程师必须具有处理和解决实际工程问题的能力。

国家应从上述两个方面对监理工程师的资质进行培训、考核、审查、批准，建立一套相应的社会机制，从质的方面把握。

b. 监理工程师的工作应程序化、规范化和标准化。其包括许多方面的内容，对工程监理重要的是建立建筑工程项目的工作程序，详细划分工程各阶段的工作，并确定在这些阶段监理工程师的职责、权力和相应的取费标准等，并形成一套惯例或规章、规范。这有以下三方面的好处：

第一，对监理工程师的工作有比较明确的具体的定义和考查，出现问题时比较容易追究责任。

第二，只有监理工程师的工作程序化、规范化和标准化，才能提高监理工程师的项目管理水平。

第三，业主可以根据自身情况、工程需要明确地、有依据地委托监理工程师的工作，或限定其权力；承包商和业主也可以对监理工程师的工作进行监督。这使得工程监理制度比较灵活。在我国，通常业主都有基建部门，具有一定的工程项目管理能力（尽管是不完备的），所以常常不需要将全部工程项目管理的任务委托给监理工程师，可以仅委托一些工程阶段的工作，或由监理工程师提供一些专门的、特殊的工作和服务，这样可以充分利用业主的人力资源。

c. 建立对监理工程师工作的监督、评价、复议的社会机制。对监理工程师（公司）的信誉进行评价、评级，取缔信誉不高、职业道德不好的监理公司；建立监理工程师工作的评价方法和评价指标体系；对监理工程师的工作产生的争执，或合同双方的争执，除了按合同仲裁和按法律诉讼外，还应有一定的社会复议和评审制度；应加强监理工程师的经济责任，对监理工程师人为失误造成的工程损失，除了不支付监理费外，还可以考虑一定的经济赔偿，以保护业主和承包商的利益。在这些方面监理工程师的行业协会应担负起其责任。

d. 监理公司内部应有完善的管理机制。监理公司对自己职员的行为负责，不仅应在管理能力、水平方面把关，而且应加强职业道德教育，建立一整套责任体系和工作监督机制。

②业主委托监理工程师，则把整个工程的具体管理工作交给他。所以作为业主应做到以下几点：

a. 选择资信好、管理水平高、有丰富工程（特别是同类工程）管理经验的监理工程师。

b. 订好监理合同，明确监理工程师的权利和义务。在一定情况下，业主可以书面限制监理工程师的权力，规定有些权力（同时又是工作）归业主，或监理工程师在行使这些权力时必须经过业主同意。

c. 业主应加强对工程必要的参与，经常了解工程问题，了解工程实施状况，提高自己的决策能力和决策水平，这样既监督监理工程师的工作，又充分发挥监理工程师的作用和积极性。

## 5.2　项目经理部

### 5.2.1　项目管理模式

在项目初期，业主必须确定采用什么样的项目管理模式，包括上述项目管理任务的分配与委托，采用什么样的项目管理组织形式。项目管理模式的确定必须依据业主的项目实施战略和项目的分标方式。

1）业主全权管理。项目所有者委托一个业主代表，成立以其为首的项目经理部，以业主的身份进行项目的整个管理工作。业主直接管理承包商、供应商和设计单位。过去我国许多单位的基建处就采用这种管理模式。

2）当工程采用"设计—施工—供应"的总承包方式时，由工程的总承包商负责项目的具体管理工作，业主仅承担项目的宏观管理和高层决策。

3）采用监理制度。业主将项目管理工作以合同形式委托出去，由监理工程师作为业主的代理人，在工程中行使合同（监理合同和承包合同）赋予的权力，直接管理工程。其最典型的是按照 FIDIC 合同规定确定工程师的工作和权力。在这样的项目中，业主主要负责项目的宏观控制和高层决策，一般与承包商不直接接触。业主也可以限定监理工程师的权力，可以把部分权力收归自己，或监理工程师在执行某些权力时必须经业主同意。

4）混合式的管理模式。业主将有些管理工作和权力收归己有，委派业主代表或工程师与监理工程师共同工作。这在我国近阶段的工程建设监理中特别常见。例如，投资控制的权力和合同管理的权力经常由业主承担，或双方共同承担。在我国的施工合同文本中定义"工程师的角色可能有两种人：①业主派驻工地履行合同的代表；②监理单位委派的总监理工程师"。业主可以同时委派他们在现场共同工作。实际上我国大量的工程采用这种管理模式。在英国，按照 NEC 合同确定的项目管理模式也属于这一类，如图 5-1 所示。

监理工程师仅仅负责工程的职能检查与监督，提供质量报告；而项目经理作为业主代表负责整个工程的项目管理工作。

5）代理型 CM 承包模式。CM 承包商接受业主的委托进行整个工程的施工管理，业主直接与工程承包商和供应商签订合同，CM 单位主要从事管理工作，与设计、施工、供应单位没有合同关系，如图 5-2 所示。这种形式在性质上属于管理工作承包。

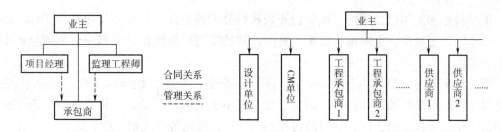

图 5-1　NEC 合同确定的项目管理模式　　　图 5-2　代理型 CM 承包模式

## 5.2.2　项目经理部的结构

对常规的项目设置项目经理部或项目小组。它们的组织或人员设置与所承担的项目管理任务相关。中小型的工程项目管理小组通常有：项目经理，专业工程师（土建、安装、各专业设备等方面技术人员）、合同管理人员、成本管理人员、信息管理员、秘书等；有时还可能有负责采购、库存管理、安全管理、计划等方面的人员。

一般项目小组的职能不能分得太细，否则不仅信息多，管理程序复杂，组织成员能动性小，而且容易造成摩擦。

大型的、特大型的项目，常常必须设置一个管理集团（如项目指挥部），项目经理下设各个部门，如计划部、技术部、合同部、财务部、供应部、办公室等。例如，某大型工程项目经理部的结构如图 5-3 所示。

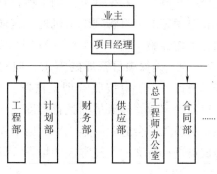

图 5-3　某大型工程项目经理部的结构

## 5.2.3　项目经理部的运作

建设有效的组织是项目经理的首要职责，这是一个持续的过程，需要领导技巧，以及对组织结构、组织界面、权力结构和激励的理解。

1）成立项目经理部。它应结构健全，包括项目管理的所有工作。选择合适的成员，其能力和专业知识应是互补的，形成一个联合的工作群体。项目经理部要保持最小规模，最大可能地使用现有部门中的职能人员。

2）项目经理的目标是把人们的思想和力量集中起来，真正形成一个组织，使他们了解项目目标和项目组织规则，公布项目的工作范围、质量标准、预算及进度计划的标准和限制。

3）明确和磋商项目经理部中的人员安排，宣布对成员的授权，指出职权使用的限制和注意问题。对每个成员的职责及相互间的活动进行明确定义和分类，使其知道各岗位有什么责任，该做什么，如何做，有什么结果，需要什么。确定项目管理工作规范、各种管理活动及优先级关系、沟通渠道。

4）项目管理者各方有有效的、符合计划要求的投入，上层管理者能积极支持项目。

随着项目目标和工作已经明确，成员们开始执行分配到的任务，开始缓慢推进工作。由于任务比预计更繁重、更困难，成本或进度计划的限制可能比预计更紧张，因而会产生许多矛盾。

项目经理要与成员们一起参与解决问题，共同做出决策，做导向工作，解决矛盾；保持对项目经理部的领导和控制，但又不要窒息小组的创新活动。项目经理应创造一种有利的工作环境，激励成员朝预定的目标共同努力，鼓励每个人把工作做好。

项目管理需要采取参与、指导和顾问的领导方式，为项目组提供导向和教练作用，而不能采取等级制的、独断的和指挥性的管理方式。项目经理分解目标、提出要求和限制、制定规则，由组织成员自己决定怎样完成任务。

5）各方应互相信任，进行很好的沟通和公开的交流，形成和谐的相互依赖关系。项目经理应创造和保持一种良好的组织环境，激励员工取得成功，使所有成员士气十足地投入工作，高效率地完成目标，赢得客户的信赖。

6）项目经理部成员经常变化，过于频繁的流动不利于组织的稳定，没有凝聚力，造成组织摩擦大，效率低下。如果项目管理任务经常出现，尽管时间、形式不同，也应设置相对稳定的项目管理组织机构，这样能较好地解决人力资源的分配问题；不断地积累项目工作经验，使项目工作（管理）专业化，而且容易形成良好的项目文化。

7）为了确保项目管理的需求，应对管理人员有一整套招聘、安置、报酬、培训、提升、考评计划。应按照管理工作职责确定应做的工作内容、所需要的技能和背景知识，以此确定对管理人员的教育程度、知识和经验等方面的要求。如果预计这种能力要求在招聘新人时会遇到困难，则应给予充分的准备时间进行培训。在现代工程中要对项目组成员进行特殊的、经常性的培训，以确保知识的更新。

## 5.3  项目经理

### 5.3.1  项目经理的重要性

项目经理部是项目组织的核心，而项目经理领导着项目经理部的工作。所以项目经理居于整个项目的核心地位，对整个项目经理部及整个项目起着举足轻重的作用。

在现代工程项目中，由于工程技术系统更加复杂化，实施难度加大，业主越来越趋向于把选择的竞争移向项目前期阶段，从过去的纯施工技术方案的竞争，逐渐过渡到设计方案的竞争，现在又是以管理为重点的竞争。业主在选择项目管理单位和承包商时应十分注重对其项目经理的经历、经验和能力的审查，并将其作为定标、授予合同的指标之一，赋予一定的权重。许多项目管理公司和承包商将项目经理的选择、培养作为一个重要的企业发展战略。

### 5.3.2  现代工程项目对项目经理的要求

因为项目经理对项目的重要作用，所以对其知识结构、能力和素质的要求越来越高。实践证明，纯技术人员是不能胜任项目经理工作的。根据项目和项目管理的特点，对项目经理有如下几个基本要求。

（1）应具备的素质

在市场经济环境中，项目经理的素质是最重要的，特别是对专职的项目经理。项目经理不仅应具备一般领导者的素质，还应符合项目管理的特殊要求。

1）项目经理必须具有很好的职业道德，必须有工作的积极性、热情和敬业精神，勇于挑战，应具有创新精神、发展精神，有强烈的管理愿望，勇于决策，勇于承担责任和风险，努力完成自己的职责。

项目经理不能因为项目是一次性的，对管理工作不好定量评价和责难，而怠于自己的工作职责，应全心全意地管理工程。

项目经理应努力追求工作的完美，追求高的目标；如果不积极，定较低的目标，做十分保守的计划，则很难有成功的项目。

2）项目经理应为人诚实可靠，讲究信用，有敢于承担错误的勇气，言行一致，正直，办事公正、公平，实事求是，不能因为受雇于业主或受到承包商不正常手段的作用（如行贿）而不公正行事。其行为应以项目的总目标和整体利益为出发点，应以没有偏见的方式工作，正确地执行合同、解释合同，公平、公正地对待各方利益。

3）具有合作精神，能够与他人共事，能够公开、公正、公平地处理事务。

4）具有很高的社会责任感和道德观念，高瞻远瞩，具有全局观念。

（2）应具备的能力

1）具有长期的工程管理工作经历和经验，特别是有同类项目成功的经历，对项目工作有成熟的判断能力、思维能力和随机应变能力。项目经理的技术、技能被认为是最重要的，但又不能是纯技术专家，其最重要的是对项目开发过程和工程技术系统的机理有成熟的理解，能预见问题，能事先估计到各种需要，具有较强的综合能力。

2）处理人事关系的能力。由于项目组织的特点，项目经理应做到以下几点：

①充分利用合同和项目管理规范赋予的权力运行组织。

②注意从心理学、行为科学的角度激励组织成员的积极性。

3）有较强的组织管理能力。例如，能胜任小组领导工作，知人善任，敢于授权；协调好各方面的关系；能处理好与业主的关系；工作具有计划性，能有效地利用好项目时间。

4）较强的语言表达能力和谈判技巧。

5）在工程中能够发现问题、提出问题，能够从容地处理紧急情况，具有应付突发事件的能力，以及对风险、复杂现象的抽象能力和抓住关键问题的能力。

6）由于项目是常新的，因而项目经理必须具有应变能力，工作需要灵活性。个人领导风格的可变性，能够适应不同的项目和不同的项目组织。

7）综合能力。项目经理应能对整个项目系统做出全面观察并能预见到潜在的综合问题。

（3）应具备的知识

项目经理通常应接受过大学以上的专业教育，必须具有专业知识，一般来自工程的主要专业，应接受过项目管理的专门培训或再教育。项目经理需要广博的知识面，能够对所从事的项目迅速设计解决问题的方法、程序，能抓住问题的关键、主要矛盾，识别技术和实施过程逻辑上的联系，具有系统的知识概念。

目前发达国家有一整套项目经理的教育培训的途径和方法，有比较好的、成熟的经验。

## 复习思考题

1. 用框图描述项目组织设计过程。
2. 在目前我国进行建设的工程中，你认为最合理的项目管理模式是什么？为什么？

# 6 工程项目合同管理

## 6.1 工程项目合同管理概述

工程项目合同管理是指对与工程项目建设有关的各类合同，从合同条件的拟定、协商、订立、履行和合同纠纷处理情况的检查与分析等环节进行科学管理工作，以期通过合同管理实现工程项目的目标，维护合同双方当事人的合法权益。工程项目合同管理是随着工程项目管理的实施而实施的，是一个全过程的动态管理。

### 6.1.1 工程项目合同的概念

（1）合同

合同又称契约，是指具有平等民事主体资格的当事人（包括自然人和法人）为了达到一定的目的，经过自愿、平等、协商一致设立、变更或终止民事权利义务关系而达成的协议。从合同的定义来看，合同具有下列法律上的特征：

1）合同是一种法律行为。合同的订立必须是合同双方当事人意思的表示，只有双方的意思表示一致时合同方能成立。任何一方不履行或者不完全履行合同，都要承担经济上或者法律上的责任。

2）双方当事人在合同中具有平等的地位。双方当事人应当以平等的民事主体地位来协商制定合同，任何一方不得把自己的意志强加于另一方，任何单位机构不得非法干预，这是当事人自由表达意志的前提，也是合同双方权利、义务相互对等的基础。

3）合同关系是一种法律关系。这种法律关系不是一般的道德关系，合同制度是一项重要的民事法律制度，它具有强制的性质，不履行合同要受到国家法律的制裁。

综上所述，合同是双方当事人依照法律的规定而达成的协议。合同一旦成立，即具有法律约束力，在合同双方当事人之间产生权利和义务的法律关系；也正是通过这种权利和义务的约束，促使签订合同的双方当事人认真、全面地履行合同。

（2）工程项目合同

工程项目合同是指项目业主与承包商为完成工程项目建设任务而明确双方权利、义务的协议，合同订立生效后双方应当严格履行。建筑工程项目合同也是一种双务、有偿合同，当事人双方在合同中都有各自的权利和义务，在享有权利的同时必须履行义务。

### 6.1.2 工程项目合同的特点

工程项目合同除了具有一般合同所具有的特征以外，还有如下的特点。

（1）严格的法规性

基本建设是国民经济的重要组成部分，工程项目合同的签订和履行应符合国家有关法规的要求，严格遵守国家的法律法规。

（2）工程项目的特殊性

工程项目合同标的物是工程项目。工程具有固定性的特点，由此决定了生产的流动性；工程项目大都结构复杂，建筑产品形体庞大，消耗资源多，投资大；产品具有单件性，同时受自然条件的影响大，不确定因素多。这些决定了工程项目合同标的物有别于其他经济合同标的物。

（3）合同主体的特殊性

对于工程项目合同的承包方，除了特殊工程外，都要实行招标、投标择优选择承建单位与承包单位，谁的工期短、造价低、信誉好谁就能中标，由承包方和发包方签订合同，共同合作完成工程项目的建设任务。

（4）国家严格的监督

双方当事人签订工程项目合同，必须以国家建设计划为前提并经过有关机关批准；在合同执行过程中，要接受国家有关部门的监督，国家行业主管部门应直接参与竣工验收检查。

## 6.1.3  工程项目合同的作用

工程项目合同作为建筑工程项目运作的基础和工具，在工程项目的实施过程中具有重要作用。合同管理不仅对承包商，而且对业主及其他相关各方都是十分重要的。

1）合同分配着工程任务，项目目标和计划的落实是通过合同来实现的。其详细地、具体地描述着与工程任务相关的各种问题，具体如下：

①责任人，即由谁来完成任务并对最终成果负责。

②工程任务的规模、范围、质量、工作量及各种功能要求。

③工期，即时间的要求。

④价格，包括工程总价格、各分项工程的单价和合价及付款方式等。

⑤完不成合同任务的责任等。

2）合同确定了工程项目的组织关系。合同规定着工程项目参与各方的经济责权利关系和工作的分配情况，确定工程项目的各种管理职能和程序，所以它直接影响着项目组织和管理系统的形态和运作。

3）合同作为工程项目任务委托和承接的法律依据，是工程建设过程中双方的最高行为准则。工程实施过程中的一切活动都是为了履行合同，都必须按合同办事，双方的行为主要靠合同来约束。所以合同是工程项目各参与者之间经济关系的调节手段。

4）合同将工程所涉及的生产、材料和设备的供应、运输，各专业设计和施工的分工协作关系联系起来，协调并统一工程各参与者的行为。所以合同及其法律约束力是工程施工和管理的要求和保证，同时又是强有力的项目控制手段。

5）合同是工程建设过程中双方争执解决的依据。合同对争执的解决有如下两个决定性作用：

①争执的判定以合同作为法律依据，即以合同条文判定争执的性质，谁对争执负责，应负什么样的责任，等等。

②争执的解决方法和解决程序由合同规定。

## 6.1.4　工程项目合同管理的重要性及要求

工程项目合同管理是指对合同的签订、履行、变更和解除进行监督检查，对合同履行过程中发生的争议或纠纷进行处理，以确保合同依法订立和全面履行。建筑工程项目合同管理贯穿于合同签订、履行直至归档的全过程。

（1）工程项目合同管理的重要性

工程项目合同管理的目标是通过合同的签订、合同实施控制等工作，全面完成合同责任，保证工程项目目标和企业目标的实现。在现代工程项目管理中合同管理具有十分重要的地位，已成为与进度管理、质量管理、成本管理、安全管理、信息管理等并列的一大管理职能。这主要有以下几方面的原因：

1）在现代工程项目中合同已越来越复杂。

①工程中相关的合同有几十份、几百份，甚至几千份，它们之间有着复杂的关系。

②合同，特别是承包合同的构成文件比较多，包括合同条件、协议书、投标书、图纸、工程量等。

③合同条款越来越复杂。

④合同生命期长，实施过程复杂，受外部影响的因素比较多。

⑤合同过程中争执多、索赔多。

2）因为合同将工期、成本和质量目标统一起来，划分各方的责任和权利，所以在工程项目管理中合同管理居于核心地位。没有合同管理，则项目管理目标不明，形不成系统。

3）严格的合同管理是国际工程管理惯例。其主要体现在符合国际惯例的招投标制度、建设工程监理制度、国际通用的 FIDIC 合同条件等，这些都与合同管理有关。

（2）工程项目合同管理的要求

工程项目合同管理的要求有如下三个方面：

1）任何工程项目都有一个完整的合同体系。承包商的合同管理工作应包括对与发包人签订的承包合同，以及对为完成承包合同所签订的分包合同、材料和设备采购合同、劳务供应合同、加工合同等的管理。

2）合同管理是工程项目管理的核心，是综合性、全面、高层次、高度准确、严密、精细的管理工作。合同管理程序应贯穿于建筑工程项目管理的全过程，与工程范围管理、工程招投标、质量管理、进度管理、成本管理、信息管理、沟通管理和风险管理紧密相连。

3）在投标报价、合同谈判、合同控制和处理索赔问题时，要处理好与业主、承包商、分包商及其他相关各方的经济关系，应服从项目的实施战略和企业的经营战略。

### 6.1.5　工程合同管理组织

合同管理任务必须由一定的组织机构和人员来完成。要想提高合同管理水平，必须使合同管理工作实现专门化和专业化，业主和承包商应设立专门机构或人员负责合同管理工作。对不同的组织和工程项目组织形式，合同管理组织的形式不一样，通常有如下几种情况：

1）工程承包企业或相关的组织设置合同管理部门（科室），专门负责企业所有工程合同的总体的管理工作。

2）对于大型的工程项目，设立项目的合同管理小组，专门负责与该项目有关的合同管理工作。

3）对于一般的项目、较小的工程，可设合同管理员。其在项目经理领导下进行施工现场的合同管理工作。

4）对处于分包地位且承担的工作量不大、工程不复杂的承包商，工地上可不设专门的合同管理人员，而将合同管理任务分解下达给各职能人员，由项目经理做总体协调。

### 6.1.6　工程项目合同管理工作过程

工程项目合同管理的目标是通过合同的策划与评审、签订，合同实施控制等工作，全面完成合同责任，保证工程项目目标和企业目标的实现。

（1）合同策划和合同评审

在工程项目的招标、投标阶段的初期，业主的主要合同管理工作是合同策划；而承包商的主要合同管理工作是合同评审。

1）合同策划。在项目批准立项后，业主的合同管理工作主要是合同策划，其目的就是通过合同运作项目，保证项目目标的实现，主要内容有工程项目的合同体系策划、合同种类的选择、招标方式的选择、合同条件的选择、合同风险的策划、重要的合同条款的确定等。

2）合同评审。对承包商来说，合同评审的目的主要是确定合同是否符合国家法律法规的规定，双方对合同规定的内容理解是否一致，确认自己在技术、质量、价格等方面的履约能力是否满足业主的要求，并对合同的合法性及完备性等相关内容进行确认。

（2）合同签订

合同一旦签订就意味着双方权利和义务关系在法律上得到认定。在合同签订时可根据需要对合同条款进行二次审查，尤其是对专有条款中的内容要引起注意。

（3）制订合同实施计划

合同签订后，承包商就必须对合同履行做出具体安排，制订合同实施计划。其内容有合同实施的总体策略、合同实施的总体安排、工程分包策划和合同实施保证体系。

（4）合同实施控制

在项目实施工程中通过合同控制确保承包商的工作满足合同要求，包括对各种合同的执行进行监督、跟踪、诊断，工程的变更管理，索赔管理，等等。

（5）合同后评价

项目结束后对采购和合同管理工作进行总结和评价，以提高以后新项目的采购和合同管理水平。

## 6.2　工程项目合同实施管理

### 6.2.1　合同交底工作

在合同实施前，必须对项目管理人员和各工程小组负责人进行合同交底，把合同责任具体地落实到各责任人和合同实施的具体工作上。合同交底的主要内容如下：

1）合同的主要内容。其主要包括：承包商的主要合同责任、工程范围和权利；业主的主要责任和权利；合同价格、计价方法和补偿条件；工期要求和补偿条件；工程中的一些问题的处理方法和过程，如工程变更、付款程序、工程的验收方法、工程的质量控制程序等；争执的解决；双方的违约责任；等等。

2）在投标和合同签订过程中的情况。

3）合同履行时应注意的问题、可能的风险和建议等。

4）合同要求与相关方期望、法律规定、社会责任等相关注意事项。

### 6.2.2　合同实施监督

承包商合同实施监督的目的是保证按照合同完成自己的合同责任。其主要的工作如下：

1）合同管理人员与项目的其他职能人员一起落实合同实施计划，为各工程小组和分包商的工作提供必要的保证，如施工现场的安排，人工、材料、机械等计划的落实，工序间的搭接关系的安排和其他一些必要的准备工作。

2）在合同范围内协调业主、工程师、项目管理各职能人员、所属的各工程小组和分包商之间的工作关系，解决合同实施中出现的问题，如合同责任界面之间的争执，工程活动之间时间上和空间上的不协调，等等。

合同责任界面争执是工程实施中很常见的，承包商与业主、与业主的其他承包商、与材料和设备供应商、与分包商，以及承包商与分包商之间，工程小组与分包商之间常常互相推卸合同中未明确划定的工程活动的责任。这会引起内部和外部的争执，对此合同管理人员必须做判定和调解工作。

3）对各工程小组和分包商进行工作指导，做经常性的合同解释，使各工程小组都有全局观念；对工程中发现的问题提出意见、建议或警告。

4）合同管理的有关职能人员检查、监督各工程小组和分包商的合同实施情况，保证自己全面履行合同责任。在工程施工过程中，承包商有责任自我监督，发现问题，及时自我改正缺陷。其工作内容如下：

①审查、监督完全按照合同所确定的工程范围施工，不漏项，也不多余。无论对单价合同，还是总价合同，没有工程师的指令，漏项或超过合同范围完成工作都得不到相

应的付款。

②承包商及时开工并以应有的进度施工，保证工程进度符合合同和工程师批准的详细的进度计划的要求。通常，承包商不仅对竣工时间承担责任，而且应及时开工，以正常的进度开展工作。

③按合同要求采购材料和设备。承包商的工程如果超过合同规定的质量要求是白费的，只能得到合同所规定的付款。承包商对工程质量的义务不仅要按照合同要求使用材料、设备和工艺，而且要保证其适合业主所要求的工程使用目的。

承包商应会同业主及工程师等对工程所用材料和设备开箱检查或验收，看其是否符合图纸和技术规范等的质量要求；进行隐蔽工程和已完工程的检查验收，负责验收文件的起草和验收的组织工作。承包商有责任采用可靠、技术性良好、符合专业要求、安全稳定的方法完成工程施工。

④在按照合同规定由工程师检查前，承包商应首先自我检查核对，对未完成的工程或有缺陷的工程限期采取补救措施。

5）承包商对业主提供的设计文件、材料、设备、指令进行监督和检查。

①承包商对业主提供的设计文件（图纸、规范）的准确性和充分性不承担责任，但如果业主提供的规范和图纸中有明显的错误或是不可用的，承包商有告知的义务，应做出事前警告。只有当这些错误是专业性的、不易发现的，或是时间太紧，承包商没有机会提出警告，或者曾经提出过警告，业主没有理睬的，承包商才能免责。

②对于因业主的变更指令而做出的调整工程实施措施，如可能引起工程成本、进度、使用功能等方面的问题和缺陷，承包商同样有预警责任。

③承包商应监督业主按照合同规定的时间、数量、质量要求提供材料和设备。如果业主不按时提供材料和设备，承包商有责任事先提出需求通知。如果业主提供的材料和设备质量、数量存在问题，承包商应及时向业主提出申诉。

6）合同造价工程师对业主提出的工程款账单和分包商提交来的收款账单进行审查和确认。

7）合同管理工作一旦进入施工现场，合同的任何变更都应由合同管理人员负责提出。对于向分包商的任何指令，向业主的任何文字答复、请示，都需经合同管理人员审查并记录在案。承包商与业主、与总（分）包商的任何争议的协商和解决都必须有合同管理人员的参与，并对解决结果进行合同法律方面的审查、分析和评价。这样不仅能保证工程施工一直处于严格的合同控制中，而且使承包商的各项工作更有预见性，能够及早地预计行为的法律后果。

工程实施中的许多文件（如业主和工程师的指令、会谈纪要、备忘录、修正案、附加协议等）也应完备，没有缺陷、错误、矛盾和二义性，也应接受合同审查。

8）承包商对环境的监控责任。对施工现场遇到的异常情况必须做出记录，如在施工中发现影响施工的地下障碍物（如发现古墓、古建筑遗址、钱币等文物及化石或有其他考古、地质研究等价值的物品）时，承包商应立即保护好现场并及时以书面形式通知工程师。

承包商对后期可能出现的影响工程施工、造成合同价格上升、工期延长等环境情况进行预警并及时通知业主。业主应及时对此进行评估，并将决定反馈给承包商。

### 6.2.3 合同跟踪

（1）合同跟踪的作用

在工程实施过程中，实际情况千变万化，将导致合同实施与预定目标（计划和设计）偏离。如果不采取措施，这种偏差常常由小到大逐渐积累。合同跟踪可以不断地调整合同实施，使之与总目标一致。这是合同控制的主要手段。

通过合同实施情况分析，找出偏离，以便及时采取措施调整合同实施过程，达到合同总目标，所以合同跟踪是调整决策的前导工作。

在整个工程过程中，使项目管理人员清楚地了解合同实施情况，对合同实施现状、趋向和结果有一个清醒的认识，这是非常重要的。有些管理混乱、管理水平低的工程，往往到工程结束时才能发现实际损失，可这时已无法挽回。

我国某承包公司在国外承包一项工程，合同签订时预计该工程能盈利 30 万美元；开工时发现合同有些条款不利，估计能持平，即可以不盈不亏；待工程进行了几个月后，发现预计要亏损几十万美元；待工期达到一半，再做详细核算，发现合同条款非常不利，预计到工程结束至少亏损 1000 万美元以上。到工期达到一半才采取措施，已经为时已晚；若在工程前期就认真研究合同条款，则可以把握主动权，避免或减少损失。

（2）合同跟踪的依据

合同跟踪的依据有如下方面的内容：

1）合同和合同分析的结果，如各种计划、方案、合同变更文件等。它们是比较的基础，是合同实施的目标和依据。

2）各种实际的工程文件，如原始记录，各种工程报表、报告、验收结果，等等。

3）工程管理人员每天对现场情况的直观了解，如施工现场的巡视、谈话、小组会议、工程质量检查等。这是最直观的感性认识，通常可以比通过报表、报告更快地发现问题，更能透彻地了解问题，有助于迅速采取措施、减少损失。这要求合同管理人员在工程过程中一直立足于现场，对合同可能的风险及时予以监控。

（3）合同跟踪的对象

合同跟踪的对象通常有如下几个层次：

1）对具体的合同实施工作进行跟踪，对照合同实施表的具体内容，分析该工作的实际完成情况。

①工作质量是否符合合同要求，如工作的精度、材料质量是否符合合同要求，工作过程中有无其他问题。

②过程范围是否符合要求，有无合同规定以外的工作。

③是否在预定期限内完成工作，工期有无延长，以及工期延长的原因。

④成本与计划相比有无增加或减少。

2）对工程小组或分包商的工程和工作进行跟踪。一个工程小组或分包商可能承担许多专业相同、工艺相近的分项工程或许多合同实施工作，所以必须对其实施的情况进行检查分析。在实际工程中常常因为某一个工程小组或分包商的工作质量不高或进度拖延而影响整个工程施工，合同管理人员在这方面应提供帮助。例如，协调工作，对工程缺陷提出意见、建议或警告，责成其在一定时间内提高质量、加快工程进度，等等。

作为分包合同的发包商，总承包商必须对分包合同的实施进行有效的控制，这是总承包商合同管理的重要任务之一。

3）对业主和工程师的工作进行跟踪。业主和工程师是承包商的主要合同伙伴，对他们的工作进行监督和跟踪是十分重要的。

4）对工程总体进行跟踪。对工程总体的实施状况进行跟踪，把握工程整体实施情况。

### 6.2.4　合同实施诊断

在合同跟踪的基础上可以进行合同实施诊断。合同实施诊断是对合同执行情况的评价、判断和趋向分析、预测，其包括如下内容。

（1）合同实施差异的原因分析

通过对不同监督和跟踪对象的计划与实际的对比分析，不仅可以得到差异，而且可以探索引起差异的原因。合同实施差异的原因分析可以采用鱼刺图、因果关系分析图（表）、成本量差、价差分析等方法定性或定量地进行。例如，引起计划与实际成本偏离的原因如下：

1）整个工程加速或延缓。

2）工程施工次序被打乱。

3）工程费用支出增加，如材料费、人工费增加。

4）增加新的附加工程，以及工程量增加。

5）工作效率低下、资源消耗增加等。

进一步分析，还可以发现更具体的原因，如引起工作效率低下的原因可能有以下两种：

1）内部干扰。内部干扰包括：施工组织不周全，夜间加班或人员调遣频繁；机械效率低，操作人员不熟悉新技术，违反操作规程，缺少培训；经济责任不落实，工人劳动积极性不高；等等。

2）外部干扰。外部干扰包括：图纸出错；设计修改频繁；气候条件差；场地狭窄、现场混乱，施工条件（如水、电、道路等）受到影响。

在分析引起计划与实际成本偏离的原因的基础上，可以进一步分析出各个原因的影响量大小。

（2）合同差异责任分析

合同差异责任分析，即分析引起差异的原因，由谁引起，由谁承担责任（这常常是索赔的理由）。对一般原因分析详细，有根有据，则责任分析自然清楚。责任分析必须以合同为依据，按合同规定落实双方的责任。

（3）合同实施趋向预测

分别考虑不采取调控措施和采取调控措施，以及采取不同的调控措施情况下，合同的最终执行结果，具体如下：

1）最终的工程状况，包括总工期的延误、总成本的超支、质量标准、所能达到的生产能力（或功能要求）等。

2）承包商将承担的后果，如被罚款、被清算甚至被起诉，对承包商资质信誉、企业形象、经营战略的影响，等等。

3）最终的工程经济效益水平。

综上各方面，就可以对合同执行情况做出综合评价和判断。合同诊断人员最好由合同管理人员组织，有关专业人员参加。合同实施趋向预测在合同实施的各关键过程中予以运作，由项目经理直接领导这项工作，并尽快采取需要的改进措施。

### 6.2.5　调整措施的选择

广义地说，对合同实施过程中出现的问题可采取如下四类措施进行处理：

1）技术措施，如变更技术方案，采用新的、更高效率的施工方案。

2）组织和管理措施，如增加人员投入、重新进行计划或调整计划、派遣得力的管理人员、暂时停工、按照合同指令加速施工。在施工中经常修订进度计划对承包商来说是有利的。

3）经济措施，如改变投资计划、增加投入、对工作人员进行经济奖励等。

4）合同措施，如按照合同进行惩罚，进行合同变更，签订新的附加协议、备忘录，进行索赔，等等。这一措施是承包商的首选措施，主要由承包商的合同管理机构来实施。

## 6.3　工程项目合同变更与索赔管理

### 6.3.1　工程项目合同变更管理

合同变更是指合同成立后和履行完毕前由双方当事人依法对合同的内容所进行的修改，合同价款、工程内容、工程数量、质量要求和标准、实施程序等改变都属于合同变更。

（1）合同变更范围

合同变更是合同实施调整措施的综合体现。合同变更的范围很广，一般在合同签订后所有工程范围、工程进度、工程质量要求、合同条款内容、合同双方责权利关系的变化等都可以被看作合同变更。其主要包括以下几种：

1）涉及合同条款的变更。其包括合同条件和合同协议书所定义的双方责权利关系或一些重大问题的变更。这是狭义的合同变更。

2）工程变更，工程变更是指在工程实施过程中，工程师或业主代表在合同约定范围内对工程范围、质量、数量、性质、施工次序和实施方案等做出变更，这是最常见和最多的合同变更。

3）合同主体的变更。如特殊原因造成合同责任和利益的转让，或合同主体的变化。

（2）合同变更的处理要求

合同变更的处理要求有如下几点：

1）尽可能快地做出变更指令。在实际工作中，变更决策时间过长和变更程序太慢会造成很大的损失。例如，施工停止，承包商等待变更指令或变更会谈决议，等待变更为业主责任，通常可提出索赔；变更指令不能迅速做出而现场继续施工，造成更大的返工损失。

因此，对管理人员而言，不仅要求提前发现变更需求，而且要求变更程序简单和快捷。

2）迅速、全面、系统地落实变更指令。变更指令做出后，承包商应迅速、全面、系统地落实变更指令；全面修改相关的各种文件（如图纸、规范、施工计划、采购计划等），使它们一直反映和包括最新的变更。在相关的各工程小组和分包商的工作中落实变更指令并提出相应的措施，对新出现的问题做解释和对策，同时又要协调好各方面的工作。

3）保存原始设计图纸、设计变更资料、业主书面指令、变更后发生的采购合同、发票及实物或现场照片。

4）对合同变更的影响做进一步分析。合同变更是索赔的机会，应在合同规定的索赔有效期内完成对它的索赔处理。在合同变更过程中就应记录、收集、整理所涉及的各种文件，如图纸、各种计划、技术说明、规范和业主的变更指令，以作为进一步分析的数据和索赔的证据。在实际工作中，合同变更必须与提出索赔同步进行。对重大的变更，应先进行索赔谈判，待达成一致后实施变更。索偿协议是关于合同变更的处理结果，也应作为合同的一部分。

5）合同变更的评审。在对合同变更的相关因素和条件进行分析后，应该及时进行变更内容的评审。合同变更评审的内容包括合理性、合法性和可能出现的问题等。

由于合同变更对工程实施过程的影响大，会造成工期的拖延和费用的增加，容易引起双方的争执，因此，合同双方都应十分慎重地对待合同变更问题。根据国际工程统计，工程变更是索赔的主要起因。

（3）合同变更程序和申请

合同变更应有一个正规的程序，应有一整套申请、审查、批准手续。

1）重大的合同变更由双方签署变更协议确定。合同双方经过会谈，对变更所涉及的问题（如变更措施、变更的工作安排、变更所涉及的工期和费用索赔的处理等）达成一致，然后双方签署备忘录、修正案等变更协议。

在合同实施过程中，工程参与各方参加定期会议（一般每周一次），商讨、研究新出现的问题，讨论对新问题的解决办法。例如，业主希望工程提前竣工，要求承包商采取加速措施，则可以对加速所采取的措施和费用补偿等进行具体的评审、协商和安排，在合同双方达成一致后签署赶工协议。

有时对于重大问题，需多次会议协商和安排，通常在最后一次会议上签署变更协议。双方签署的合同变更协议与合同一样有法律约束力，而且法律效力优先于合同文本。因此，对合同变更协议也应与对待合同一样，进行认真研究，审查分析，及时答复。

2）业主或工程师行使合同赋予的权力，发出工程变更指令。在实际工程中，这种变更在数量上极多。工程合同通常要明确规定工程变更的程序。

在合同条款中常常须做出工程变更程序图。对承包商来说，最理想的变更程序是，在变更执行前，合同双方已就工程变更中涉及的费用增加和工期延误的补偿协商达成一致。但按该程序实施变更，时间太长，合同双方对于费用和工期补偿谈判常常会有反复和争执，这会影响工程变更的实施和整个工程施工进度。

在国际工程中，承包合同通常都赋予业主（或工程师）以直接指令变更的权力。承包商在接到指令后必须执行，而合同价格和工期的调整由工程师和承包商在与业主协商后确定。

3）工程变更申请。在工程项目管理中，工程变更通常要经过一定的手续，如申请、审查、批准、通知（指令）等。工程变更申请表的格式和内容可以按具体工程需要设计。

## 6.3.2　工程项目索赔与反索赔

（1）索赔的概念

索赔是指在合同的实施过程中，合同一方因对方不履行或未能正确履行合同所规定的义务而受到损失，向对方提出索赔要求。

在承包工程中，对承包商来说，索赔的范围更为广泛。一般只要不是承包商自身责任，而是外界干扰造成工期延长和成本增加，都有可能提出索赔。可提出索赔的情况有以下两种：

1）业主违约，未履行合同责任。如业主未按合同规定及时交付设计图纸而造成工程拖延，未及时支付工程款，承包商可提出赔偿要求。

2）业主未违反合同，而是其他原因，如业主行使合同赋予的权力指令变更工程；工程环境出现事先未能预料的情况或变化，如恶劣的气候条件、与勘探报告不同的地质情况、国家法令的修改、物价上涨、汇率变化；等等。由此造成的损失，承包商可提出补偿要求。

上述两者在用词上有些差别，但处理过程和处理方法相同。因此，从管理的角度可将其归为索赔。在实际工程中，索赔是双向的。业主向承包商也可能有索赔要求，一般称为反索赔。但通常业主索赔数量较少，而且处理方便。业主可通过冲账、扣拨工程款、没收履约保函、扣保留金等实现对承包商的索赔。而最常见、最有代表性、处理比较困难的是承包商向业主的索赔，所以人们通常将其作为索赔管理的重点和索赔对象。

（2）索赔要求

在承包工程中，索赔要求有如下两个：

1）合同工期的延长。承包合同中都有工期（开始期和持续时间）和工程拖延的罚款条款。如果工程拖期是承包商管理不善造成的，则其必须承担责任，接受合同规定的处罚；而对外界干扰引起的工期拖延，承包商可以通过索赔，取得业主对合同工期延长的认可，则在这个范围内可免去其合同处罚。

2）费用补偿。非承包商自身责任造成工程成本增加，使承包商增加额外费用，蒙受经济损失，其可以根据合同规定提出费用索赔要求。如果该要求得到业主的认可，业主应向其追加支付这笔费用，以补偿损失。这样，实质上承包商通过索赔提高了合同价格，常常不仅可以弥补损失，而且能增加工程利润。

（3）索赔的起因

与其他行业相比，建筑业是一个索赔多发的行业。这是由建筑产品、建筑生产过程和建筑产品的市场经营方式决定的。合同确定的工期和价格是相对于投标时的合同条件、工程环境和实施方案，即"合同状态"。上述这些内部的和外部的干扰因素引起"合同状态"中某些因素的变化，打破了"合同状态"，造成工期延长和额外费用的增加。由于这些增量没有包括在原合同工期和价格中，或承包商不能通过合同价格获得补偿，因而产生索赔要求。在现代承包工程中，特别是在国际承包工程中，索赔经常发生，而且索赔额很大，这主要是如下几方面原因造成的：

1）现代承包工程的特点是工程量大、投资多、结构复杂、技术和质量要求高、工期长。工程本身和工程的环境有许多不确定性，在工程实施中会有很大变化。其最常见的有：地质条件的变化，建筑市场和建材市场的变化，货币的贬值，城建和环保部门对工程新的建议、要求或干涉，自然条件的变化，等等。其形成对工程实施的内外部干扰，直接影响工程设计和计划，进而影响工期和成本。

2）承包合同在工程开始前签字，是基于对未来情况预测的基础上的。对如此复杂的工程和环境，合同不可能对所有的问题做出预见和规定，对所有的工程做出准确的说明。工程承包合同条件越来越复杂，合同中难免有考虑不周的条款、缺陷和不足之处，如措辞不当、说明不清楚、有二义性，技术设计也可能有许多错误。这会导致在合同实施中双方对责任、义务和权利的争执。而这一切往往都与工期、成本、价格相联系。

3）业主要求的变化导致大量的工程变更。如建筑的功能、形式、质量标准、实施方式和过程、工程量、工程质量的变化，业主管理的疏忽、未履行或未正确履行他的合同责任。而合同工期和价格是以业主招标文件确定的要求为依据，同时以业主不干扰承包商实施过程、业主圆满履行他的合同责任为前提的。

4）工程参加单位多，各方技术和经济关系错综复杂，既互相联系又互相影响。各方技术和经济责任的界面常常很难明确分清。在实际工作中，管理上的失误是不可避免的。但一方失误不仅会造成自己的损失，而且会殃及其他合作者，影响整个工程的实施。当然，在总体上应按合同原则平等对待各方利益，坚持"谁过失，谁赔偿"的索赔原则。索赔是受损失者的正当权利。

5）合同双方对合同理解的差异造成工程实施中行为的失调，造成工程管理失误。合同文件十分复杂、数量多、分析困难，再加上双方的立场、角度不同，会造成对合同权利和义务的范围、界限的划定理解不一致，造成合同争执。

在国际承包工程中，由于合同双方来自不同的国度，使用不同的语言，适应不同的法律参照系，有不同的工程习惯，因而双方对合同责任理解的差异是引起索赔的主要原因之一。

（4）索赔意识

在市场经济环境中承包商必须重视索赔问题，必须有索赔意识。索赔意识主要体现在法律意识、市场经济意识和工程管理意识三方面。

1）法律意识。索赔是法律赋予承包商的正当权利，是承包商保护自己正当权益的手段。强化索赔意识，实质上强化了承包商的法律意识。这不仅可以加强承包商的自我保护意识，提高自我保护能力，而且能提高承包商履约的自觉性，自觉地防止侵害他人利益。这样，合同双方有一个好的合作气氛，有利于合同总目标的实现。

2）市场经济意识。在市场经济环境中，承包企业以追求经济效益为目标，索赔是在合同规定的范围内合理、合法地追求经济效益的手段。通过索赔可提高合同价格，减少损失。不讲索赔，放弃索赔机会，是不讲经济效益的表现。

3）工程管理意识。索赔工作涉及工程项目管理的各个方面，要想取得索赔的成功，必须提高整个工程项目的管理水平，进一步健全和完善管理机制。在工程管理中，必须有专人负责索赔管理工作，将索赔管理贯穿于工程项目全过程、工程实施的各个环节和各个阶段。搞好索赔工作，能带动施工企业管理和工程项目管理整体水平的提高。

承包商只有有索赔意识，才能重视索赔，敢于索赔，善于索赔。在现代工程中，索赔的作用不仅仅是争取经济上的补偿以弥补损失，还包括以下几方面：

①防止损失的发生。通过有效的索赔管理避免干扰事件的发生，避免自己的违约行为。

②加深对合同的理解。因为对合同条款的解释通常都是通过合同案例进行的，而这些合同案例又必然都是索赔案例。

③有助于提高整个项目管理水平和企业素质。索赔管理是项目管理中高层次的管理工作，重视索赔管理会带动整个项目管理水平和企业素质的提高。

（5）索赔管理的任务

在承包工程项目管理中，索赔管理的任务是索赔和反索赔。索赔和反索赔是矛和盾的关系，是进攻和防守的关系。有索赔，必有反索赔。在业主和承包商、总包和分包、联营成员之间都可能有索赔和反索赔。在工程项目管理中，它们又有不同的任务。

1）索赔的任务。索赔的作用是对自身已经受到的损失进行追索。

①预测索赔机会。虽然干扰事件产生于工程施工中，但是它的根由却在招标文件、合同、设计、计划中，所以在招标文件分析、合同谈判（包括在工程实践中双方召开变更会议、签署补充协议等）中，承包商应对干扰事件有充分的考虑和防范，并预测索赔的可能。预测索赔机会又是合同风险分析和对策的内容之一。对于一个具体的承包合同、具体的工程和工程环境，干扰事件的发生有一定的规律性。承包商对它必须有充分的估计和准备，在报价、合同谈判、做实验方案和计划中考虑其影响。

②在合同实施中寻找和发现索赔机会。在任何一个工程中，干扰事件是不可避免的，问题是承包商能否及时发现并抓住索赔机会。承包商应对索赔机会有敏锐的感觉，可以通过对合同实施过程进行监督、跟踪、分析和诊断，以寻找和发现索赔机会。

③处理索赔事件，解决索赔争执。一经发现索赔机会，则应迅速做出反应，进入索赔处理过程。在这个过程中有大量的、具体的、细致的索赔管理工作和业务，包括：向工程师和业主提出索赔意向；事态调查，寻找索赔理由和证据，分析干扰事件的影响，计算索赔值，起草索赔报告；向业主提出索赔报告，通过谈判、调解或仲裁最终解决索

赔争执，使自身的损失得到合理补偿。

2）反索赔的任务。

①反驳对方不合理的索赔要求。对对方（业主、总包或分包）已提出的索赔要求进行反驳，规避自己对已产生的干扰事件的合同责任，否定或部分否定对方的索赔要求，使自己不受或少受损失。

②防止对方提出索赔。通过有效的合同管理，使自己完全按合同办事，处于不被索赔的地位，即着眼于避免损失和争执的发生。

在工程实施过程中，合同双方都在进行合同管理，都在寻求索赔机会。因此，如果承包商不能进行有效的索赔管理，不仅容易丧失索赔机会，使自己的损失得不到补偿，而且可能被对方反索赔，蒙受更大的损失，这样的经验教训是很多的。

## 6.3.3 索赔与合同管理的关系

合同是索赔的依据，索赔就是针对不符合或违反合同的事件，并以合同文件为最终判定的标准。索赔是合同管理的继续，是解决双方合同争执的独特方法。因此，常常将索赔称为合同索赔。

（1）签订一个有利的合同是索赔成功的前提

索赔以合同文件为理由和依据，所以索赔的成败、索赔额的大小及解决结果常常取决于合同的完善程度和表达方式。

合同有利，则承包商在工程中处于有利地位，无论进行索赔或反索赔都能得心应手、有理有利。

合同不利，如有责权利不平衡条款，单方面的约束性条款太多，风险大，合同中没有索赔条款，或索赔权受到严重的限制，使承包商常常处于不利地位，往往只能被动"挨打"，对损失防不胜防。这里的损失已产生于合同签订过程中，而合同执行过程中利用索赔（反索赔）进行补救的余地已经很小。所以签订一个有利的合同是最有利的索赔管理。

在工程项目的投标、议价和合同签订过程中，承包商应仔细研究工程所在国（地）的法律、政策、规定及合同条件，特别是关于合同工程范围、义务、付款、价格调整、工程变更、违约责任、业主风险、索赔时限和争议解决等条款，必须在合同中明确当事人各方的权利和义务，以便为将来可能的索赔提供合法的依据和基础。

（2）在合同分析、合同监督和跟踪中发现索赔机会

在合同签订前和合同实施前，通过对合同的审查和分析可以预测和发现潜在的索赔机会。其中，应对合同变更，价格补偿，工期索赔的条件、可能性和程序等条款予以特别注意和研究。

在合同实施过程中，合同管理人员进行合同监督和跟踪，首先保证承包商全面执行合同、不违约，并且监督和跟踪对方合同完成情况，将每日的工程实际情况与合同分析的结果相对照，一旦发现两者之间不符合，或在合同实施中出现有争议的问题，就应做进一步的分析，进行索赔处理。这些索赔机会是索赔的起点。所以索赔的依据在于日常工作的积累，在于对合同执行的全面控制。

（3）合同变更直接作为索赔事件

对于业主的变更指令、合同双方对新的特殊问题的协议、会议纪要、修正案等而引起的合同变更，合同管理人员不仅要落实这些变更，调整合同实施计划，修改原合同规定的责权利关系，而且要进一步分析合同变更造成的影响。合同变更如果引起工期拖延和费用增加就可能导致索赔。

（4）合同管理提供索赔所需要的证据

合同管理人员在合同管理中要处理大量的合同资料和工程资料，并将它们作为索赔的证据。

（5）利用合同处理索赔事件

日常单项索赔事件由合同管理人员负责处理，由其进行干扰事件分析、影响分析、收集证据、准备索赔报告、参加索赔谈判。对于重大的一揽子索赔必须成立专门的索赔小组负责具体工作，合同管理人员在小组中起主导作用。

在国际工程中，索赔已被看作一项正常的合同管理业务。索赔实质上是对合同双方责权利关系进行重新分配和定义的要求，它的解决结果也作为合同的一部分。

## 复习思考题

1. 工程项目合同管理的重要性体现在哪些方面？
2. 合同在工程项目中的作用是什么？
3. 合同实施监督的主要工作有哪些？
4. 引起索赔的原因有哪些？
5. 索赔管理的任务是什么？

# 7  工程项目招标投标与采购管理

## 7.1  工程项目招标投标的意义

工程招标投标是在市场经济条件下，在工程承包市场围绕建设工程这一特殊商品而进行的一系列的特殊交易活动（可行性研究、勘察设计、工程施工、材料设备采购等）。

### 7.1.1  有利于降低建筑工程成本，优化社会资源的配置

工程招标投标的本质是竞争，投标竞争一般是围绕建设工程的价格、质量、工期等关键因素进行的。投标竞争使建设工程项目的招标人能够最大限度地拓宽询价范围，进行充分的比较和选择，利用投标人之间的竞争，以相对较少的投资、较短的时间来获得质量较好的、能满足既定需要的固定资产，以最低的成本开发建设工程项目，最大限度地提高业主资金的使用效益。激烈的投标竞争也必然迫使工程承包的相关单位加速采用新技术、新结构、新工艺、新的施工方法，注重改善经营管理，不断提高技术装备水平和劳动生产率，想方设法使企业完成某类工程项目特定目标所需的个别劳动耗费低于社会必要劳动耗费，努力降低投标报价，以使企业能在激烈的投标竞争中获胜，因而能有效地促进工程承包的相关单位创造出更多的优质、高效、低耗的产品，促进产业的发展。这对于整个社会经济而言，必将有利于社会劳动总量的节约及合理安排，使社会的各种资源通过市场竞争得到优化配置。

### 7.1.2  有利于合理确定建筑工程价格，提高固定资产投资效益

在工程项目招标投标中形成的工程价格，通常都能较好地体现价值规律的客观要求，较灵敏地反映市场供求及价格变动状况，并能有效地促进科技进步，提高相关行业的劳动生产率。因此，这样确定的工程价格是比较合理的，依据这种价格才能够准确地反映在交换过程中的"等价交换"，使建筑工程的比价体系乃至整个价值体系逐渐趋于合理，以保证整个国民经济能够持续、稳定、健康地协调发展，确保固定资产再生产的顺利进行和国家固定资产投资总体效益乃至全社会经济效益的提高。

### 7.1.3  有利于加强国际经济技术合作，促进经济发展

招标投标作为世界经济技术合作和国际贸易普遍采用的重要方式，广泛地应用于建筑工程项目的可行性研究、勘察设计、物资设备采购、建筑施工、设备安装等各个方面，许多国家以立法的形式规定建设工程项目的采购（包括相关的物资设备的采购）必须采用招标投标方式进行。因此，建筑工程招标投标即业主和承包商就某一特定工程进

行商业交易和经济技术合作的行为过程。通过招标投标进行的国际工程承包，不但可以输出工程技术和设备，获得丰厚的利润和大量的外汇，而且可以通过各种形式的劳务输出解决一部分剩余劳动力的就业问题，减轻国内劳动力就业的压力；通过对境内工程实行国家招标，在目前国际承包市场仍属于买方市场的情况下，不仅能普遍地降低成本、缩短工期、提高质量，而且能免费学习国外先进的工艺技术及科学的管理方法，同时还有利于引进外资。这对于促进国内相关产业的发展乃至整个国民经济的发展都是大有益处的。

此外，对我国建筑工程项目承包的相关单位，工程招标投标在增强企业的活力，建立现代企业制度，培育和发展国内的工程承包市场等方面都发挥着积极的作用。

## 7.2 工程项目招标

所谓工程项目招标，是指招标人（发包人、建设单位、业主，下文称业主）为了选择合适的承包人而设立的一种竞争机制，是对自愿参加某一特定建筑工程项目的投标人（承包商）进行审查、评比和选定的过程。

实行工程项目招标，业主应根据其建设目标，对特定工程项目的建设地点、投资目的、任务数量、质量标准及工程进度等予以明确，通过发布广告或发出邀请函的形式，使自愿参加投标的承包商按照业主的要求投标，业主根据其投标报价的高低、技术水平、人员素质、施工能力、工程经验、财务状况及企业信誉等方面进行综合评价、全面分析，择优选择中标者并与之签订合同。

### 7.2.1 建筑工程项目招标的分类和方式

（1）建筑工程项目招标的分类

根据不同的分类方式，建筑工程项目招标具有不同的类型。

1）按工程项目建设程序分类。工程项目建设过程可分为建设前期阶段、勘察设计阶段和施工阶段，因而按工程项目建设程序，工程项目招标可分为工程项目开发招标、勘察设计招标和施工招标三种类型。

①工程项目开发招标。这种招标是业主为选择科学、合理的投资开发建设方案，为进行项目的可行性研究，通过招标竞争寻找满意的承包人（咨询单位等中介机构）的招标。投标人一般为工程咨询单位等中介机构，中标人最终的工作成果是项目的可行性研究报告。承包人须对自己提供的研究成果负责，并得到发包人的认可。

②勘察设计招标。勘察设计招标是指根据批准的可行性研究报告，发包人择优选择勘察设计单位的招标。勘察和设计是两种不同性质的工作，可由勘察单位和设计单位分别完成。勘察单位最终提出施工现场的地理位置、地形、地貌、地质、水文等在内的勘察报告。设计单位（以勘察单位提出的报告作为依据）最终提供设计图纸和成本预算结果。施工图设计可由中标的设计单位承担，也可由施工（总承包）单位承担，一般不进行单独招标。

③施工招标。施工招标是在建筑工程项目初步设计或施工图设计完成后，发包人用

招标的方式选择施工单位的招标。施工单位最终向发包人交付按招标设计文件规定的建筑产品。

2）按工程承包的范围分类。

①项目总承包招标。项目总承包招标即选择项目总承包人的招标，又可分为工程项目实施阶段的全过程招标和工程项目建设全过程的招标。前者是在设计任务书完成后，从项目勘察、设计到交付使用进行一次性招标；后者则是从项目的可行性研究到交付使用进行一次性招标，业主只需提供项目投资和使用要求及竣工、交付使用期限，其可行性研究、勘察设计、材料和设备采购、施工安装、生产准备和试运行、交付使用均由一个总承包商负责承包，即所谓"交钥匙工程"。

我国由于长期采取设计与施工分开的管理体制，目前具备设计、施工双重能力的施工企业为数较少。因而在国内工程招标中，所谓项目总承包招标往往是指对一个项目全部施工的总招标，与国际惯例所指的总承包尚有相当大的差距。为了与国际接轨，提高我国建筑企业在国际建筑市场的竞争能力，深化施工管理体系的改革，造就一批具有真正总包能力的智力密集型的龙头企业，是我国建筑业发展的重要战略目标。

②专项工程承包招标。专项工程承包招标是在工程承包招标中，对其中某项比较复杂或专业性强、施工和制作要求特殊的单项工程进行单独招标。

③按行业类别分类。按行业类别分类即按与工程建设相关的业务性质分类，按不同的业务性质，工程招标可分为土木工程招标、勘察设计招标、材料设备采购招标、安装工程招标、生产工艺技术转让招标、咨询服务（工程咨询）招标等。

（2）建筑工程项目招标的方式

根据《中华人民共和国招标投标法》的具体规定，建筑工程项目招标主要有公开招标和邀请招标两种招标方式。

1）公开招标。公开招标又称为无限竞争招标，是由招标人通过报刊、广播、电视、信息网络或其他媒介公开发布招标广告，有意向的承包商均可参加资格审查，经审查合格的承包商可购买招标文件，参加招标的招标方式。

公开招标的招标广告一般应载明招标工程概况（包括招标人的名称和地址、招标工程的性质、实施地点和时间、内容、规模、占地面积、周围环境、交通运输条件等），对投标人的资历及其资格预审要求，招标日程安排，招标文件获取的时间、地点、方法等重要事项。

公开招标的优点是：投标的承包商多、范围广、竞争激烈，业主有较大的选择余地，有利于降低工程造价，提高工程质量和缩短工期。其缺点是：由于投标的承包商多，招标工作量大，组织工作复杂，需投入较多的人力、物力，招标工程所需时间较长，而且浪费社会资源多，因而此类招标方式主要适用于投资额度大，工艺、结构复杂的较大型工程建设项目。

国内依法必须进行公开招标项目的招标公告，应当通过国家指定的报刊、信息网络等媒体发布。

2）邀请招标。邀请招标又称为有限竞争性招标。这种招标方式不发布广告，业主根据自己的经验和所掌握的各种信息资料，向有承担该项工程能力的三个以上（含三个）承包商发出招标邀请书，收到招标邀请书的单位才有资格参加投标，在我国一般需相关部门批准方能实施。

邀请招标的优点是：目标集中，招标的组织工作较容易，工作量比较小。其缺点是：参加的投标单位较少，竞争性较差，使招标单位对投标单位的选择余地较少，如果招标单位在选择邀请单位前所掌握信息资料不足，则会失去发现最适合承担该项目的承包商的机会。

公开招标和邀请招标都必须按规定的招标程序进行，要制定统一的招标文件，投标必须按招标文件的规定进行。

## 7.2.2　建筑工程项目施工招标的条件和程序

（1）建筑工程项目施工招标条件

《中华人民共和国招标投标法》《房屋建筑和市政基础设施工程施工招标投标管理办法》及《工程建设项目施工招标投标办法》等有关文件和法规，对建设单位（业主、发包人）及建设项目的招标条件做了明确规定，其目的在于规范招标单位的行为，确保招标工作有条不紊地进行，稳定招投标市场的秩序。

建设单位（业主）招标应当具备的条件如下：

①招标单位是法人或依法成立的其他组织。

②有与招标工程相适应的经济、技术、管理人员。

③有组织编制招标文件的能力。

④有审查投标单位资质的能力。

⑤有组织开标、评标和定标的能力。

不具备上述②～⑤条条件的建设单位，须委托具有相应资格的咨询、监理等单位代理招标。上述五条中，①、②条是对投标人资格的规定，后三条则是对招标人能力的要求。

为促使建设单位严格按基本建设程序办事，确保招标工作顺利进行，规定如下：

①概算已经被批准。

②建设项目已经正式列入国家、部门或地方的年度固定资产计划。

③建设用地的征用工作已经完成。

④有能够满足施工需要的施工图纸及技术资料。

⑤建设资金、设备和主要物资的来源已经落实。

⑥已经建设项目所在地规划部门批准，施工现场"三通一平"已经完成或一并列入施工招标范围。

（2）建筑工程项目施工招标程序

招标投标是一项整体活动，涉及业主和承包商两个方面，招标作为整体活动的一部分，主要是从业主的角度揭示其工作内容，但同时需注意到招标与投标活动的关联性，不能将二者割裂开来。

所谓招标程序是指招标活动的内容的逻辑关系，不同的招标方式具有不同的活动内容。

虽然招标的内容各有差异，但通常的招标程序都是类似的，一般经过三个阶段：招标准备阶段、招标阶段和决标成交阶段。

1）招标准备阶段。招标准备阶段是指从办理招标申请开始到发出招标广告或邀请招标函为止的时间段。其主要工作如下：

①申请批准招标。其主要是由业主向建设主管部门的招标管理机构提出招标申请。

②组建招标机构。

③选择招标方式。其主要是由业主根据分标段数量及合同类型确定招标方式。

④准备招标文件。此时业主可发布招标广告。

⑤编制标底。招标人可根据项目特点决定是否编制标底。标底由业主或有资质的造价咨询单位编制，且由有关部门进行标底审核。

2）招标阶段。招标阶段是指从发布招标广告之日起到投标截止之日的时间段。其主要工作如下：

①邀请承包商参加资格审核。业主刊登资格预审广告，编制资格预审文件，发资格预审文件。

②资格预审。业主根据收到的资格预审文件分析资格预审材料并现场考察，最后组织专家评审提出合格投标人，发出投标邀请书邀请合格投标人参加。

③发招标文件。招标文件一般需要购买。

④投标人考察现场。招标人安排现场踏勘日期及现场介绍。

⑤澄清招标文件及发放补遗书。

⑥投标人提问。

⑦投标书的提交和接收。

3）决标成交阶段。决标成交阶段是指从开标之日起到与中标人签订承包合同为止的时间段。其主要工作如下：

①开标。招标人当众启封标书，并对关键问题进行记录和确认。

②评标。按规定设立的评标委员会根据事先设立的评标细则进行评标，编写评标报告，推荐中标候选人。

③授标。招标人根据评标委员会的评标结果，对中标候选人进行公示，公示无误后发出中标通知书。中标人提交履约保函，进行合同谈判，准备合同文件，签订合同；招标人通知未中标者，并退回投标保函。

# 7.3　工程项目投标

## 7.3.1　工程项目投标概述

工程项目投标是指投标人（承包人、施工单位等）为了获取工程任务而参与竞争的一种手段，即投标人在同意招标人在招标文件中所提出的条件和要求的前提下，对招标项目估计自己的报价，在规定的日期内填写标书并递交给招标人，参加竞争及争取中标的过程。

（1）投标人及其条件

投标人是响应招标、参加投标竞争的法人或其他组织，并应有以下几方面的要求：

①投标人应具备承担招标项目的能力；国家有关规定或者招标文件对投标人资格条件有规定的，投标人应当具备规定的资格条件。

②投标人应当按照招标文件的要求编制投标文件，投标文件应当对招标文件提出的要求和条件做出实质性响应。

投标文件的内容应当包括拟派出的项目负责人与主要技术人员的简历、业绩和拟用于完成招标项目的机械设备等。

③投标人应当在招标文件所要求提交投标文件的截止时间前将投标文件送达投标地点。招标人收到投标文件后，应当签收保存，不得开启。

招标人对招标文件要求提交投标文件的截止时间后收到的投标文件应当原样退还，不得开启。

④投标人在招标文件要求提交投标文件的截止时间前，可以补充、修改或者撤回已提交的投标文件，并书面通知招标人。补充、修改的内容为投标文件的组成部分。

⑤投标人根据招标文件载明的项目实际情况，拟在中标后将中标项目的部分非主体、非关键性工作交由他人完成的，应当在投标文件中载明。

⑥两个以上法人或者其他组织可以组成一个联合体，以一个投标人的身份共同投标。联合体各方均应当具备承担招标项目的相应能力；国家有关规定或者招标文件对投标人资格条件有规定的，联合体各方均应当具备规定的相应资格条件。由同一专业的单位组成的联合体，按照资质等级较低的单位确定资质等级。联合体各方应当签订共同投标协议，明确约定各方拟承担的工作和相应的责任，并将共同投标协议连同投标文件一并提交招标人。联合体中中标的联合体各方应当共同与招标人签订合同，就中标项目向招标人承担连带责任，但是共同投标协议另有约定的除外。

招标人不得强制投标人组成联合体共同投标，不得限制投标人之间的竞争。

⑦投标人不得相互串通投标报价，不得排挤其他投标人的公平竞争，损害招标人或者他人的合法权益。

⑧投标人不得以低于合理预算成本的报价竞争，也不得以他人名义投标或者以其他方式弄虚作假，骗取中标。

所谓合理预算成本，即按照国家有关成本核算的规定计算的成本。

（2）投标组织

进行工程投标，需要有专门的机构和人员对投标的全部活动工程加以组织和管理。实践证明，建立一个强有力的、内行的投标班子是投标获得成功的重要保证。

在工程承包招标投标竞争中，对于业主来说，招标就是择优。由于工程的性质和业主的评价标准不同，择优可能有不同的侧重面，但一般包含较低的价格、先进的技术、优良的质量和较短的工期四个主要方面。

招标人通过招标从众多的投标人中进行甄选，既要从其突出的侧重面进行衡量，又要综合考虑上述四个方面的因素，最后确定中标人。

对于投标人来说，参加投标就面临着一场竞争，不仅比报价的高低，而且比技术、经验、实力和信誉。特别是在当前国际承包市场，越来越多的是技术密集型工程项目，势必要给投标人带来两方面的挑战：一是技术上的挑战，要求投标人具有先进的科学技术，能够完成高、新、尖、难工程；二是为迎接技术和管理方面的挑战，在竞争中取胜，投标人的投标班子应由经营管理类人才、专业技术类人才和商务金融类人才三种人才组成。

1）经营管理类人才。经营管理类人才是专门从事工程承包经营管理，制定和贯彻经营方针与规划，负责工作的全面筹划和安排，具有决策水平的人才。为此，这类人才应具备以下基本条件：

①知识渊博、视野广阔。经营管理类人员必须在经营管理领域有造诣，对其他相关学科也应有相当的知识水平。只有这样，才能全面、系统地观察和分析问题。

②具备一定的法律知识和实际工作经验。该类人员应了解我国乃至国际上有关的法律和国际惯例，并对开展投标业务所应遵循的各项规章制度有充分的了解。同时，丰富的阅历和实际工作经验，可以使其具有较强的预测能力和应变能力，对可能出现的各种问题进行预测并采取相应的措施。

③勇于开拓，具有较强的思维能力和社会活动能力。渊博的知识和丰富的经验只有与较强的思维能力结合，才能保证经营管理人员对各种问题进行综合、概括、分析，并做出正确的判断和决策。此外，该类人员还应具备较强的社会活动能力，积极参加有关的社会活动，扩大信息交流，不断地吸取投标业务工作所必需的新知识和信息。

④掌握一套科学的研究方法和手段，如科学的调查、统计、分析、预测的方法。

2）专业技术类人才。专业技术类人才即工程及施工中的各类技术人员，如建筑师、土木工程师、造价师、电气工程师、机械工程师等各类技术专业人员。他们应拥有本学科最新的专业知识，具备熟练的实际操作能力，以便在投标时能从本公司的实际技术水平出发，考虑各项专业实施方案。

3）商务金融类人才。商务金融类人才是具有金融、贸易、税法、保险、采购、保函、索赔等专业知识的人才。其中，财务人员要懂税收、保险、涉外财会、外汇管理和结算等方面的知识。

以上是对投标班子三类人员的基本要求。一个投标班子仅仅做到个体素质良好，往往是不够的，还需要各方的共同参与、协同合作，充分发挥团队的力量。

除上述关于投标班子的组成和要求外，还需要注意保持投标班子成员的相对稳定，不断提高其素质和水平，这对于提高投标的竞争力至关重要；同时，逐步采用或开发有关投标报价的软件，使投标报价工作更加快速、准确。如果是国际工程（包含境内涉外工程）投标，则应配备懂得专业和合同管理的外语翻译人员。

## 7.3.2　投标文件的有关规定

投标文件是投标人根据招标人的要求及其拟定的文件格式填写的标函。它表明投标单位的具体投标意见，关系着投标的成败及其中标后的盈亏。投标人要想正确编制投标文件，就应做到以下几点。

（1）必须根据招标人的具体要求编制投标文件

1）务必按照招标人要求的条件编制投标文件。这是因为参与某项工程的投标是以同意投标人所提条件为前提的，只有在重大方面都符合要求的投标书才能为业主接受。而所谓重大方面符合要求的投标书，一般是指符合招标文件条款、条件和格式而无重大偏离或保留的投标书，这里的"重大偏离或保留"是指在任何重大方面影响工程范围、质量或性能的情况。业主如果接受这种所提条件有重大偏离或保留的招标文件，就必然会对那些在各个重大方面都符合招标人要求的投标人的竞争地位造成严重影响，进而产生不公平竞争。因此，招标人必须拒绝在重大方面都不符合招标文件要求的投标书，并且不允许再由投标人改正或撤回不符合要求的重大偏离或保留而使之符合要求。投标人在编制投标文件时，必须全面、准确地把握招标人的具体要求，在重大方面与招标人所提条件应一致，确保投标书能为业主所接受，不成为"废标"。

2）投标文件的内容必须完整。投标文件一般由投标人须知、合同条件、投标书及其附件、技术规范、工程量表及单价表、图纸及设计资料等组成。投标文件中需要投标人填写的主要内容一般是：关于标函的综合说明，报价单上的分项工程单价、每平方米建筑面积造价、工程总价等价格指标，工程费用支付及奖罚方法，中标后开工日期及全部工程竣工的日期，施工组织与工程进度安排，工程质量和安全措施，主要工程的施工方法和主要施工机械，等等。投标人在编制、报送投标文件时，文件的种类必须齐全，应填写的内容必须完整，这样才能保证投标文件的有效性。

3）投标文件使用的语言必须符合招标人的规定。

4）投标文件中各类文件的具体格式应满足招标人的要求。

（2）必须正确确定投标文件中的投标报价水平

投标文件是以投标报价为核心的。编制、报送投标文件又是以在投标竞争中获胜中标，承包某项工程取得最大限度的盈利为目标的。所以投标竞争通常是围绕报价进行的。投标人要想达到中标的目的，必须正确确定投标报价的水平。这就要求投标人必须坚持利润最大化（在中标前提下获最大利润）的原则把握报价总水平；根据费用"早摊为好，适可而止"的原则控制项目早、中、后期施工的工程的价格水平，以保证提出的投标报价有较强的竞争力，必须力争列入对投标人有利的施工索赔条款。

对投标承包工程中业主方面的原因、施工条件变化、特殊风险的出现等而导致工程承包人的费用及工期损失，承包人必须进行施工索赔，才能保证及争取自身经济利益，完整地履行自己的义务。在低价中标竞争中索赔显得尤为重要。

施工索赔的重要依据是合同文件中有关索赔条款的规定。投标人在编制投标文件过程中必须力争与索赔有关的合同条款，保证日后的施工索赔有据可依，自身的经济利益不受或少受影响。

### 7.3.3　投标的程序和过程

（1）投标程序

已经具备投标资格并愿意投标的投标人可以按以下步骤进行投标：

1）获取招标信息。

2）投标决策。

3）申报资格预审（若资格预审未通过则投标工作到此结束）。

4）购买招标文件。

5）组织投标班子，选择咨询单位。

6）现场勘察。

7）计算和复核工程量。

8）业主答复问题。

9）询价及市场调查。

10）制订施工计划。

11）制订资金计划。

12）投标技巧研究。

13）选择定额、确定费率。

14）计算单价、汇总投标价。

15）投标价评估及调整。

16）编制投标文件。

17）封送投标书、保函（后期）。

18）开标。

19）评标（若未中标则投标工作到此结束）。

20）中标。

21）办理履约保函。

22）签订合同。

（2）投标过程

投标过程是指从填写资格预审表开始，到将正式投标文件送交业主为止所进行的全部工作。这一阶段工作量很大，时间紧迫，一般需要完成下列各项工作：填写资格预审调查表，申报资格预审；购买招标文件（资格预审通过后）；组织投标班子；进行投标前调查与现场考察；选择咨询单位；分析招标文件，校核工程量，编制施工规划；工程估价，确定利润方针，计算和确定报价；编制投标文件；办理投标担保；递送投标文件。

下面分别介绍投标过程中的主要步骤：

1）资格预审。资格预审能否通过是承包商投标过程中的第一关。有关资格预审文件的要求、内容及资格预审评定的内容在后面将会有详细介绍。这里仅介绍投标人申报资格预审时需要注意的事项。

①注意平时对一般资格预审的有关资料的积累工作，并储存在计算机内，到针对某个项目填写资格预审调查表时，再将有关资料调出来并加以补充完善。如果平时不积累资料，完全靠临时填写，往往会达不到业主的要求而失去投标机会。

②加强填表时的分析，既要针对工程特点下功夫填好重点部位，又要反映出本公司的施工经验、施工水平和施工组织能力。这往往是业主考查的重点。

③在投标决策阶段，研究并确定今后本公司发展的地区和项目时注意搜集信息，如

果有合适的项目，及早做资格预审的申请准备，这样可以及早发现问题。如果发现某个方面的缺陷（如资金、技术水平、经验年限等）不是本公司自身能解决的，则应考虑选择适宜的合作伙伴，组成联合体来参加资格预审。

④做好递交资格预审表后的跟踪工作，如果是国外工程，可通过当地分公司或代理人进行，以便及时发现问题、补充资料。

2）投标前的调查与现场考察。投标前的调查与现场考察是投标前极其重要的一步准备工作。如果投标人在前述的投标决策的前期阶段对拟定的地区进行了较为深入的调查研究，则拿到招标文件后就只需进行有针对性的补充调查；否则，应进行全面的调查研究。如果是在国外投标，拿到招标文件后进行调研，则时间是很紧迫的。

现场考察主要指的是去工地进行现场考察，招标单位一般在招标文件中要注明现场考察的时间和地点，在文件发出后就应安排投标人进行现场考察的准备工作。

施工现场考察是投标人必须经过的投标程序。按照国际惯例，投标人提出的报价单一般被认为是在现场考察的基础上编制的。一旦报价单被提出之后，投标人就无权因现场考察不周、情况了解不细或因素考虑不全而提出修改投标、调整报价，或提出补偿等要求。

现场考察既是投标人的权利，又是其职责。因此，投标人在报价以前必须认真地进行施工现场考察，全面、仔细地调查了解现场及其周围的政府、经济、地理等情况。

现场考察前，投标人应先仔细地研究招标文件，特别是招标文件中的工作范围、专用条款，以及设计图纸和说明，然后拟定出调研提纲，确定重点解决的问题，做到事先有准备，因有时业主只组织投标人进行一次现场考察。

现场考察费用均由投标人自费进行。

进行现场考察应从下述五方面进行：

①工程的性质及其与其他工程之间的关系。

②投标人投标的那部分工程与其他承包商或分包商之间的关系。

③工地地貌、地质、气候、交通、电力、水源等情况，有无障碍物，等等。

④工地附近有无住宿条件、料场开采条件、其他加工条件、设备维修条件等。

⑤工地附近的治安情况等。

3）分析招标文件、校核工程量、编制施工规划。

①分析招标文件。招标文件是投标的主要依据，因此应该仔细地分析研究。研究招标文件，重点应放在投标人须知、合同条件、设计图纸、工程范围及工程量表上，最好由专人或小组研究技术规范和设计图纸，弄清其特殊要求。

②校核工程量。对于招标文件中的工程款清单，投标人一定要进行校核，因为它直接影响投标报价及中标机会。例如，在投标人大体上确定了工程总报价之后，对某些项目工程量可能增加的，可以提高单价；而对某些项目工程量估计会减少的，可以降低单价。

如发现工程量有重大出入，特别是漏项，必要时可找招标人核对，要求招标人认可并给予书面证明，这对于总价固定合同尤为重要。

③编制施工规划。该工作对于投标报价影响很大。

在投标过程中，投标人必须编制全面的施工规划，其深度和广度低于施工组织设计。一旦中标，就编制施工组织设计。

施工规划的内容一般包括施工方案和施工方法、施工进度计划，施工机械、材料、设备和劳动力计划，以及临时生产、生活设施计划。制定施工规划的依据是设计图纸，现行的规范，符合的工程量，招标文件要求的开工、竣工日期，以及对市场材料、机械设备、劳力价格的调查。其编制的原则是在保证工期和工程质量的前提下使成本最低、利润最大。

a. 选择和确定施工方法。根据工程类型，研究可以采用的施工方法。

对于一般的土方工程、混凝土工程、房建工程、灌溉工程等比较简单的工程，可结合已有施工机械及工人技术水平来选定实施方法，努力做到节省开支、加快进度。

对于大型、复杂的工程，则要考虑几种施工方案，进行综合比较。例如，水利工程中的施工导流方式对工程造价及工期均有很大影响，投标人应结合施工进度、计划及能力进行研究确定。又如对地下工程（隧洞或洞室开挖），则要进行地质资料分析，确定开挖方法（用掘进机，还是用钻孔爆破），确定支洞、斜井、竖井的数量和位置，以及出渣方法、通风方式等。

b. 选择施工设备和施工设施一般与研究施工方法同时进行。在工程估价过程中，投标人还要不断进行施工设备和施工设施的比较：利用旧设备还是采购新设备，在国内采购还是在国外采购，需对设备的型号、配套、数量（包括使用数量和备用数量）进行比较，还应研究哪些类型的机械可以采用租赁办法。对于特殊的、专用的设备折旧率需进行单独考虑，订货设备清单中还应考虑辅助和修配机械及备用零件，尤其是订购外国机械时特别应注意这一点。

c. 编制施工进度计划。编制施工进度计划应紧密结合施工方法和施工设备。施工进度计划中应提出各时段完成的工程量及限定日期。施工进度计划是采用网络进度计划还是线条进度计划，根据招标文件进度计划要求而定。在投标阶段，一般用线条进度计划即可满足要求。

4）投标报价计算。投标报价计算包括定额分析、单价分析、计算过程成本、确定利润方针，最后确定标价。

5）编制投标文件。编制投标文件也称填写投标书，或称编制报价书。

投标文件应完全按照招标文件的各项要求编制，一般不能带任何附加条件，否则将导致投标作废。

6）准备备忘录提要。招标文件中一般都有明确规定，不允许投标人对招标文件的各项要求进行取舍、修改或提出保留。但是在投标过程中，投标人对招标文件反复深入地研究后，往往会发现很多问题，这些问题大致可分为三类：

第一类是对投标人有利的，可以在投标时加以利用或在以后提出索赔要求的，对这类问题投标人一般在投标时是不提的。

第二类是错误明显对投标人不利的，如总价包干合同工程项目漏项或是工程量偏少的，对这类问题投标人应及时向业主提出质疑并要求业主更正。

第三类问题是投标人企图通过修改某些招标文件和条款或希望补充某些规定以使自

己在合同实施时能处于主动地位的问题。

投标人对上述问题在准备投标文件时应单独写成一份备忘录提要，但这份备忘录提要不能附在投标文件中提交，只能自己保存。第三类问题留待合同谈判时使用，即当该投标文件使招标人感兴趣，投标人在谈判时把这些问题根据当时情况一个一个地拿出来谈判，并将谈判结果写入合同协议书的备忘录中。

7）递送投标文件。递送投标文件也称递标，是指投标人在规定的截止日期之前，将准备妥当的所有投标文件密封递送到招标单位的行为。

招标单位在收到投标人的投标文件后，应签收或通知投标人已收到其投标文件，并记录收到日期和时间；同时，在收到投标文件到开标之前，对所有投标文件均不得启封，并应采取措施确保投标文件的安全。

除了上述固定的投标书外，投标人也可以写一封更为详细的致函，对自己的投标报价做必要的说明，以吸引招标人、咨询工程师和评标委员会对递送这份投标书的投标人感兴趣和有信心。例如，关于降价的决定，说明编完报价单后，考虑到同业主友好的长远合作的诚意，决定按报价单的汇总价格无条件地降低某一个百分比，即总价降低到一定的金额，并愿意以降低后的价格签订合同。又如若招标文件允许替代方案，并且投标人又制定了替代方案，可以说明替代方案的优点，明确如果采用替代方案，可能降低或增加的标价；还应说明愿意在评标时同业主或咨询公司进行进一步讨论，使报价更为合理；等等。

### 7.3.4　投标决策与技巧

（1）投标决策

投标人通过投标获取项目，但作为投标人，并不是每标必投，因为投标人要想在投标中获胜，既要中标得到承包工程，又要从承包工程中盈利，就需要研究投标决策的问题。

1）投标决策的含义。所谓投标决策，包括三方面内容：其一，针对项目是投标或是不投标；其二，倘若投标，是投什么性质的标；其三，投标中如何采用以长制短、以优胜劣的策略和技巧。投标决策的正确与否，关系到能否中标和中标后的效益，关系到施工企业的发展前景和职工的经济利益。因此，企业的决策班子必须充分认识到投标决策的重要意义，把这一工作摆在企业的重要议事日程上。

2）投标决策阶段的划分。投标决策可以分为两个阶段进行，这两个阶段就是投标决策的前期阶段和投标决策的后期阶段。

①投标决策的前期阶段必须在购买投标人资格预审资料前后完成。决策的主要依据是招标广告，以及投标人对招标工程、业主情况的调研和了解程度，如果是国际工程，还包括对工程所在国和工程所在地的调研和了解程度。前期阶段必须对投标与否做出论证。通常情况下，对于下列招标项目应放弃投标：

a. 本施工企业主营和兼营能力之外的项目。

b. 工程规模、技术要求超过本施工企业技术等级的项目。

c. 本施工企业生产任务饱满，且招标工程的盈利水平较低或风险较大的项目。

d. 本施工企业技术等级、信誉、施工水平明显不如竞争对手的项目。

②如果决定投标，即进入投标决策的后期。它是指从申报资格预审至投标报价（封送投标书）前完成的决策研究阶段。此阶段主要研究倘若去投标，投什么性质的标，以及在投标中采取的策略问题。

投标按性质分，有风险标和保险标；按效益分，有盈利标和保本标。

a. 风险标。明知工程承包难度大、风险大，且技术、设备和资金上都有未解决的问题，但由于施工队伍窝工，或因为工程盈利丰厚，或为了开拓新技术领域而决定参加投标，同时设法解决存在的问题，即风险标。投标后，如果问题解决得好，可取得较好的经济效益，可锻炼出一支好的施工队伍，使企业更上一层楼；如果解决得不好，企业的信誉就会受到损害，严重者可能导致企业亏损以致破产。因此，投风险标必须审慎。

b. 保险标。对可以预见的情况（如技术、设备、资金等重大问题）都有了解决的对策之后进行的投标，称为保险标。若企业经济实力较弱，经不起失误的打击，则往往投保险标。当前，我国施工企业多数都愿意投保险标，特别是在国际工程承包市场上投保险标。

c. 盈利标。如果招标工程既是本企业的强项，又是竞争对手的弱项；或建设单位意向明确；或本企业任务饱满、利润丰厚，考虑让企业超负荷运转时，此种情况下的投标称为投盈利标。

d. 保本标。当企业无后继工程，或已经出现部分窝工时，必须争取中标。但招标的工程项目对本企业无优势可言，竞争对手又多，此时就采取投保本标，最多需要强调的是在考虑和做出决策的同时，必须牢记招标投标活动应当遵循公开、公平、公正和诚实信用的原则。

按照招标投标法规定，投标人相互串通投标报价，排挤其他投标人的公平竞争，损害招标人、其他投标人的合法权益的；或者投标人与招标人串通投标，损害国家利益、社会公共利益或者其他合法权益的，中标无效，处中标项目金额5‰以上10‰以下的罚款，对单位直接负责的主管人员和其他直接责任人员单位处中标项目金额5‰以上10‰以下的罚款；有违法所得的，并处没收违法所得；情况严重的，取消其1～2年参加依法必须进行招标的项目的投标资格并予以公告，直至由工商行政管理机关吊销营业执照；构成犯罪的，依法追究刑事责任；给他人造成损失的，依法承担赔偿责任。投标人以低于合理预算成本的报价竞标的责令改正；有违法所得的，处以没收违法所得；已中标的，中标无效；投标人以他人名义投标或者以其他方式弄虚作假，骗取中标的，中标无效，处中标项目金额5‰以上10‰以下的罚款；有违法所得的，并处没收违法所得；情况严重的，取消其1～3年参加依法必须进行招标的项目的投标资格并予以公告，直至由工商银行行政管理机关吊销营业执照；构成犯罪的，依法追究刑事责任。

3）影响投标决策的主观因素。"知己知彼，百战不殆"。工程投标决策研究就是知彼知己的研究。这个"彼"就是影响投标决策的客观因素，"己"就是影响投标决策的主观因素。

投标或是弃标，首先取决于投标单位的实力，其表现在如下几个方面：

①技术方面的实力。

a. 有精通本行业的估算师、建筑师、工程师、会计师和管理专家组成的组织机构。

b. 有工程项目设计、施工专业特长，能解决技术难度大和各类工程施工中的技术难题的能力。

c. 有国内外与招标项目同类型工程的施工经验。

d. 有一定技术实力的合作伙伴，如实力强的分包商、合营伙伴和代理人。

②经济方面的实力。

a. 具有垫付资金的能力。如预付款是多少，承包商在什么条件下拿到预付款。应注意国际上有的业主要求"带资承包工程"或"实物支付工程"，此时根本没有预付款。所谓"带资承包工程"，是指工程由承包商筹资兴建，从建设中期或建成后某一时期开始，业主分批偿还承包商的投资及利息，但有时这种利息低于银行贷款利息。承包这种工程时，承包商需投入大部分工程项目建设投资，而不只是一般承包所需的少量流动资金。所谓"实物支付工程"，是指有的发包方用该国滞销的农产品、矿产品折价支付工程款，而承包商推销上述物资来谋求利润将存在一定难度。因此，新增施工机械将会占用一定资金。另外，为完成项目必须要有一批周转材料（如模板、脚手架等），这也是占用资金的组成部分。

b. 具有一定的资金周转用来支付施工用款。因此，对已完成的工程量，需要监理工程师确认后并经过一定的手续、一定的时间后才能将工程款拨入。

c. 承担国际工程还需筹集承包工程所需外汇。

d. 具有支付各种担保的能力。承包国内工程需要担保，承包国际工程更需要担保，不仅担保的形式多种多样，而且费用也较高，如投标保函（或担保）、履约保函（或担保）、预付款保函（或担保）、缺陷责任期保函（或担保）等。

e. 具有支付各种纳税和保险的能力。尤其在国际工程中，税种繁多，税率也高，如关税、进口调节税、营业税、印花税、所得税、建筑税、排污税及临时购入机械押金等。

f. 具有承担由于不可抗力带来的风险的能力。即使是属于业主的风险，承包商也会有损失；如果是不属于业主的风险，则承包商损失更大，要有财力承担不可抗力带来的风险。

g. 具有承担国际工程所需要重金聘请有丰富经验或有较高地位的代理人及其他佣金的支付能力。

③管理方面的实力。建筑承包市场属于买方市场，承包工程的合同价格由作为买方的发包方起支配作用。承包商为打开承包工程的局面，应以低报价甚至低利润取胜。为此，承包商必须在成本控制上下功夫，向管理要效益，如缩短工期，进行定额管理，辅以奖罚办法，减少管理人员，工人一专多能，节约材料，采用先进的施工方法以不断提高技术水平，特别是要有重质量、重合同的意识，并有相应的切实可行的措施。

④信誉方面的实力。承包商应有良好的信誉，这是投标中标的一条重要标准。承包商要建立良好的信誉，就必须遵守法律和行政法规，或按国际惯例办事；同时，认真履约，保证工程的施工安全、工期和质量，而且各方面的实力雄厚。

4）决定投标或弃标的客观因素及情况。

①业主和监理工程师的情况。业主和监理工程师的情况包括业主的合法地位、支付能力、履约能力，监理工程师处理问题的公正性、合理性等；监理工程师处理问题的公正性、合理性等也是投标决策的影响因素。

②竞争对手和竞争形势的分析。是否投标，应注意竞争对手的实力、优势及投标环境的优劣情况。另外，竞争对手的在建工程情况也十分重要。如果对手的在建工程即将完工，急于获得新承包项目，那么投标报价不会很高；如果对手在建工程规模大、时间长，若仍参加投标，则标价可能很高。从总的竞争形势来看，大型工程公司技术水平高，善于管理大型复杂工程，其适应性强，可以承包大型工程；中小型工程由中小型工程公司或当地的工程公司承包可能性大。这是因为当地中小型公司在当地有自己熟悉的资料、劳力供应渠道，管理人员相对比较少，有自己惯用的特殊施工方法等优势。

③法律、法规的情况。对于国内工程承包，自然使用本国的法律和法规，而且法律环境基本相同。这是因为我国的法律、法规具有统一或基本统一的特点。如果是国际工程承包，则有法律使用问题。法律使用的原则有五条：

a. 强制适用工程所在地法的原则。

b. 意思自治原则。

c. 最密切联系原则。

d. 适用国际惯例原则。

e. 国际法效力优于国内法效力的原则。

其中，"最密切联系原则"是指以与投标或合同最密切联系的因素作为客观标志，并以此作为确定证据的依据。最密切联系因素在国际上主要有投标或合同签订地法律、合同履行地法律、法人国籍所属国的法律、债务人住所地法律、标的物所在地法律、管理合同争议的法院或仲裁机构所在地的法律等。事实上，多数国家是以上述因素中的一种为主，结合其他因素进行综合判断的。

例如，很多国家规定，外国承包商或公司在本国承包工程，必须同当地的公司成立联合体，才能承包该国的工程。因此，对合作伙伴需做必要的分析，具体来说，就是对合作者的信誉、资历、技术水平、资金、债权与债务等方面进行全面的分析，然后决定是投标还是弃标。又如外汇管制情况，外汇管制关系到成本公司能否将在当地所获外汇收益转移回国的问题。各国管制法规不一，有的规定可以自由退税、汇出，基本上无任何管制；有的规定则有一定的限制，必须履行一定的审批手续；有的规定外国公司不能将全部利润汇出，而是在缴纳所得税后其剩余部分的50%可兑换成自由外汇汇出，其余50%只能在当地用作扩大再生产或再投资。这是在该类国家承包工程时需要注意的"亏汇"问题。

④风险问题。在国内承包工程的风险相对要小一些，在国际承包工程的风险要大得多。

投标与否，要考虑的因素有很多，需要投标人广泛、深入地调查研究，系统地积累资料并做出全面的分析，才能使投标正确。

决定投标与否，更重要的是其效益性。投标人应对承包工程的成本、利润进行预测和分析，以供投标决策之用。

（2）投标技巧

投标技巧研究，其实质是在保证工程质量与工期条件下寻求一个好的报价，以求中标，中标后又能获得期望的效益，因而投标的全过程几乎都要研究报价的技巧问题。

如果以投标程序中的开标为界，可将投标的技巧研究分为两个阶段，即开标前的技巧研究和开标至签订合同的技巧研究。

1）开标前的技巧研究。

①不平衡报价。不平衡报价是指在总价基本确定的前提下，如何调整内部各个子项的报价，以期既不影响总报价，又在中标后投标人能够尽早收回垫支于工程中的资金和获取较好的经济效益。但应注意避免畸高畸低现象，从而失去中标机会。通常采用的不平衡报价有下列几种情况：

a. 对能早期结账收回工程款的项目（如土方、基础等）的单价可报以较高价，以利于资金周转；对后期项目（如装饰、电气设备安装等）的单价可适当降低。

b. 对估计今后工程量可能增加的项目，其单价可提高；而对工程量可能减少的项目，其单价可降低。

但上述两点应统筹考虑。对于工程量有错误的早期工程，若不可能完成工程量表中的数量，则不能盲目抬高单价，需要具体分析后确定。

c. 如图纸内容不明确或有错误，估计修改后工程量增加的，其单价可提高；而工程内容不明确的，其单价可降低。

d. 对没有工程量只填报单价的项目（如疏浚工程中的开挖淤泥工作等），其单价宜高。这样既不影响总的投标报价，又可多获利。

e. 对于暂定项目，其实施的可能性大的项目可定高价；估计工程不一定实施的可定低价。

②零星用工（计日工）一般可稍高于工程单价表中的工资单价。这是因为零星用工不属于承包有效合同总价的范围，发生时实报实销，也可多获利。

③多方案报价法。多方案报价法是利用工程说明书或合同条款不够明确之处，以争取达到修改工程说明书和合同为目的的一种报价方法。当工程说明书或合同条款有某些不够明确之处时，往往使投标人承担较大的风险。为了减少风险，就必须增加工程单价，增加"不可预见费"，但这样做又会因报价过高而增加被淘汰的可能性。多方案报价法就是为应对这种两难局面而出现的。其具体做法是在标书上报两个价目单价，一是按原工程说明书合同条款报一个价；二是加以注解，若工程说明书或合同条款可做某项改变时，则可降低费用，使报价成本最低，以吸引业主修改说明书和合同条款。此外，还有一种方法是对工程中一部分没有把握的工作注明按成本加若干酬金结算的办法。

但是，如果规定工程合同的方案是不容许改动的，此方法就不能使用。

2）开标至签订合同的技巧研究。投标人通过公开开标这一程序可以得知众多投标人的报价。但低价并不一定中标，需要综合各方面的因素反复阅审，经过议标谈判，方能确定中标人。如果投标人利用议标谈判施展竞争手段，就可以变自己的投标书的不利因素为有利因素，大大提高中标机会。

从招标的原则来看，投标人在标书有效期内是不能修改其报价的，但是某些议标谈判可以例外。在议标谈判中的投标技巧主要如下：

①降低投标价格。投标价格不是招标的唯一因素，但却是中标的关键性因素。在议标中，投标人适时提出降价要求是议标的主要手段。需要注意的是：其一，投标人应摸清招标人的意图，在得到其希望降低报价的需求后，提出降价的要求，这是因为有些国家的政府在招标法规中规定对已投出的投标书不得改动任何文字；若有改动，投标即告无效。其二，降低投标价应适当，不得损害投标人自己的利益。

降低投标价可从降低投标利润、降低经营管理费和设定降低系数三方面入手。

投标利润的确定，既要围绕争取最大未来收益的目标而定立，又要考虑中标率和竞争人数因素的影响。通常，投标人准备两个价格，既准备了应付一般情况的适中价格，又准备了应付竞争特殊环境需要的替代价格，它是通过调整报价利润所得出的总报价。两个价格中，后者可以低于前者，也可以高于前者。如果需要降低投标报价，即可采用低于适中价格的报价，使利润减少，以降低投标报价。

经营管理费应作为间接成本进行计算。为了竞争的需要，也可以降低这部分费用。

降低系数是指投标人在投标做价时，预先考虑一个未来可能降低的系数。如果开标后需要降价竞争，就可以参照这个系数进行降价；如果竞争局面对投标人有利，则不必降价。

②补充投标优惠条件。除中标的关键因素（价格）外，在议标谈判的技巧中还可以考虑其他许多重要因素，如缩短工期、提高工程质量、降低支付条件要求、提出新技术和新设计方案、培训技术人才，以及提供补充物资和设备，等等，以此优惠条件争取得到招标人的赞许，争取中标。

## 7.4　建筑工程施工招标投标管理

为了规范房屋建筑工程招标和投标活动，维护招标、投标当事人的合法权益，国家和有关部门在相关的法律法规中明确了建筑工程施工招标和投标的管理办法。

### 7.4.1　分级、属地管理

施工招投标活动及其当事人应当依法接受监督。建设行政主管部门依法对施工招标和投标活动实施监督，查处招标和投标活动中的违法行为。国务院建设行政主管部门负责全国工程施工招标和投标活动的监督管理。县级以上地方人民政府建设行政主管部门负责本行政区域内工程施工招标和投标活动的监督管理，具体的监督管理工作可以委托工程招标和投标监督管理机构负责实施。

### 7.4.2　招标项目的范围及招投标行为规范

房屋建筑和市政基础设施工程的施工单价合同估算价在 200 万元人民币以上，或者项目总投资在 3000 万元人民币以上的，必须进行招标。省、自治区、直辖市人民政府建设行政主管部门报经同级人民政府批准，可以根据实际情况，规定本地区必须进行工程施工招标的具体范围和规模标准，但不得缩小招标投标法确定的必须进行施工招标的范围。

任何单位和个人不得违反法律、行政法规规定，限制或者排斥本地区、本系统以外的法人或者其他组织参加投标，不得以任何方式非法干涉施工招标投标活动。

工程施工招标由招标人依法组织实施。招标人不得以不合理条件限制或者排斥潜在投标人，不得对潜在投标人实行歧视待遇，不得对潜在投标人提出与招标工程实际要求不符的过高的资质等级要求和其他要求。

投标人不得互相串通投标，不得排挤其他投标人的公平竞争，损害招标人或者其他投标人的合法权益。投标人不得与招标人串通投标，损害国家利益、社会公共利益或者他人的合法权益。禁止投标人以向招标人或者评标委员会成员行贿的手段谋取中标。投标人不得以低于其企业成本的报价竞标，不得以他人名义投标或者以其他方式弄虚作假来骗取中标。

### 7.4.3 招标方式的规定

工程施工招标分为公开招标和邀请招标。建筑工程招标投标法规定全部使用国有资金投资或者国有资金投资占控股或者主导地位的工程，应当公开招标，但经国家发展和改革委员会或者省、自治区、直辖市人民政府依法批准可以进行邀请招标的重点建设项目除外；其他工程可以实行邀请招标。招标人采用邀请招标方式的，应当向三个以上符合资质条件的施工企业发出招标邀请书。

工程有下列情形之一的，经县级以上地方人民政府建设行政主管部门批准，可以不进行施工招标：

1）停建或者缓建后恢复建设的单位工程，且承包人未发生变更的。
2）施工企业自建自用的工程，且该施工企业资质等级符合工程要求的。
3）在建工程追加的附属小型工程或者主体加层工程，且承包人未发生变更的。
4）法律法规、规章规定的其他情形。

## 7.5 工程项目采购管理

### 7.5.1 项目采购概述

美国项目管理学会（Project Management Institute，PMI）编制的项目管理知识体系指南（Project Management Body of Knowledge，PMBOK）将项目采购定义为"为达到项目范围而从执行组织外部获取货物或服务所需的过程"。世界银行（The World Bank）将项目采购分为工程项目采购（procurement of works）、货物采购（procurement of goods）和咨询服务采购（procurement of consulting services）。因此，这里的"采购"不同于一般概念上的购买商品，它是指以不同的方式通过努力从系统外部获得货物、工程项目和咨询服务的整个采办过程。

1）按采购内容不同，项目采购可以划分为有形（physical）采购和无形（non –

physical）采购。有形采购是指购买项目所需要的投入物，工程项目采购和货物采购均属于有形采购。无形采购专指咨询服务采购，其包括聘请咨询公司或单个咨询专家。

2）按采购方式不同，项目采购又可以分为招标采购和非招标采购。招标采购包括国际竞争性招标、有限国际招标和国内竞争性招标。非招标采购包括国际、国内询价采购，直接采购，自营工程，等等。

### 7.5.2　工程项目采购管理模式

工程项目采购管理模式是各种项目采购模式中最复杂，但又相对规范和成熟的项目采购管理模式。由于工程项目建设无论是对各国政府还是对私营机构，一般来说投资规模都很大，而工程项目采购又占较大的比重，因此，多年来各个国家和一些国际组织一直对工程项目采购管理模式进行不断的研究、创新和完善，以期提高工程项目管理的水平，进而创造巨大的经济效益。

下面介绍国际上常用的几种工程项目采购管理模式。

（1）传统的工程项目采购管理模式

传统的工程项目采购管理模式在国际工程界最通用，世界银行、亚洲开发银行贷款项目和采用 FIDIC 的"土木工程施工合同条件"的项目均采用此种模式。此种模式下各参与方的关系如图 7-1 所示。

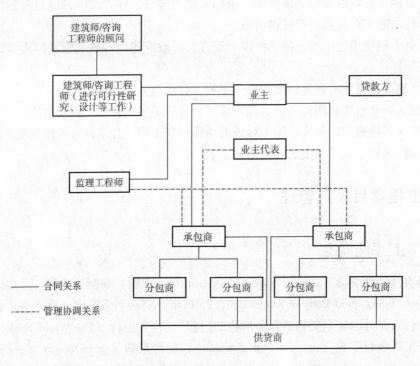

图 7-1　传统的工程项目采购管理模式下各参与方的关系

在传统的工程项目采购管理模式下，业主委托建筑师或咨询工程师进行项目前期的各项有关工作（如进行机会研究、可行性研究等），待项目评估立项后进行设计。在设计阶段进行施工招标文件的准备，随后通过招标选择承包商。业主和承包商订立工程项目的施工合同，有关工程的分包和设备、材料的采购一般由承包商与分包商和供货商单独订立合同并组织实施。业主单位一般指派业主代表（可由本单位选派，或以其他公司聘用）与咨询工程师和承包商联系，负责有关的项目管理工作。但在国外，大部分项目实施阶段的有关管理工作均授权建筑师/咨询工程师进行。建筑师/咨询工程师和承包商没有合同关系，但承担业主委托的管理和协调工作。

传统的工程项目采购管理模式项目实施过程如图7-2所示。

传统的工程项目采购管理模式的优点是：由于这种模式已长期、广泛地在世界各地采用，因而管理方法较成熟，各方都熟悉有关程序；业主可自由选择咨询和设计人员，对设计要求可以控制；可自由选择监理人员监理工程的施工；可采用各方均熟悉的标准合同文本，有利于合同管理和风险管理。其缺点是：项目周期较长，业主管理费较高，前期投入较高，变更时容易引起较多的索赔。

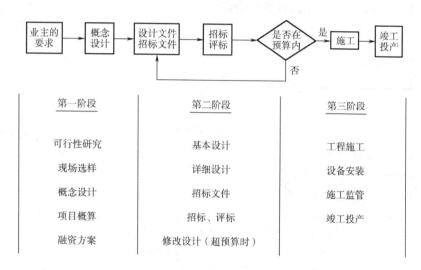

图7-2　传统的工程项目采购管理模式项目实施过程

（2）建筑工程管理模式

1）建筑工程管理模式的特点。建筑工程管理模式（construction management approach）简称CM模式，又称为阶段发包方式、阶段采购管理模式或快速轨道方式，是近年来在国外比较流行的一种工程项目采购管理模式。这种模式与过去那种等设计图纸全部完成后才进行招标的传统的连续建设模式不同，其特点如下：

①由业主和业主委托的CM经理与建筑师（设计人员）组成一个联合小组共同负责组织和管理工程的规划、设计和施工，但CM经理对设计的管理起协调作用。在项目总体规划、布局和设计时，联合小组要考虑控制项目的总投资。在主体设计方案确定后，随着设计工作的进展，完成一部分分项工程的设计后，即对这一部分分项工程进行招标，发包给一家承包商，由业主直接就每个相对独立的分项工程与承包商签订承包合同。

传统的连续建设采购管理模式与阶段采购管理模式的对比如图7-3所示。

②应挑选精明强干、懂工程、懂经济、懂管理的人才来担任 CM 经理，其负责工程的监督、协调及管理工作。在施工阶段，其主要任务是定期与承包商会谈，对成本、质量和进度等进行监督，并预测和监控成本和进度的变化。

业主分别与各个承包商、设计单位、设备供货商、安装单位、运输单位签订合同。业主与 CM 经理、建筑师之间也是合同关系，而业主任命的 CM 经理与各个施工、设计、设备供应、安装、运输等承包商之间则是业务上的管理和协调关系。

③阶段采购管理模式的最大优点是：可以大大缩短工程从规划、设计到竣工的周期，节约建设投资，减少投资风险，可以较早地取得效益，一方面整个工程可以提前投产，另一方面减少了通货膨胀等不利因素造成的影响。例如，购买土地从事房地产业时，用此方式可以节省投资贷款的利息，由于设计时可听取 CM 经理的建议，可以预先考虑施工因素，运用价值工程以节省投资，设计一部分、招标一部分并及时施工，因而设计变更变少。其缺点是：分项招标可能导致承包费用较高，因而要做好分析比较，研究项目分项的多少，选定一个最优的结合点。

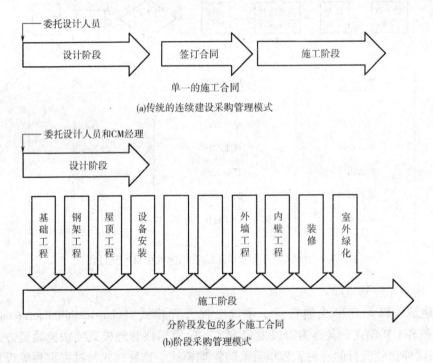

图 7-3　传统的连续建设采购管理模式与阶段采购管理模式的对比

2）建筑工程采购管理模式的组织方式。建筑工程采购管理模式可以有多种组织方式，图 7-4 所示为常用的两种组织方式。

①代理型建筑工程采购管理模式。采用这种较为传统的模式时，CM 经理是业主的咨询商和代理商，业主和 CM 经理的服务合同采用固定酬金加管理费（成本补偿合同）办法，业主在各施工阶段和承包商签订工程施工合同。采用这种模式的优点是：业主可自主选定建筑师或咨询工程师，在招标前可确定完整的工作范围和项目原则，可以有完

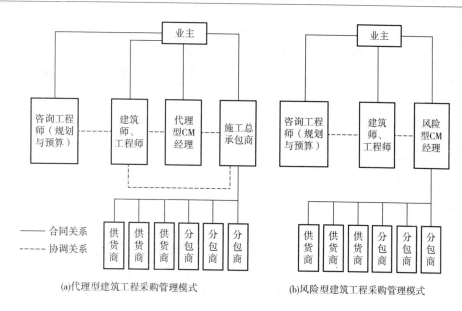

(a)代理型建筑工程采购管理模式　　　　(b)风险型建筑工程采购管理模式

图7-4　建筑工程采购管理模式的两种组织方式

整的管理与技术支持。其缺点是：在明确整个项目的成本前投入较大；CM经理不对项目进度和成本做出保证；可能的索赔与变更的费用较高，即业主方风险很大，任务较重。

②风险型建筑工程采购管理模式。其实际上是纯粹的CM模式与传统模式的结合。采用这种模式时，CM经理同时担任施工总承包商的角色，一般业主要求CM经理提出保证最大工程费用（guaranteed maximum price，GMP）以保证业主的投资控制，如最后结算超过GMP，由CM公司赔偿；如低于GMP，节约的投资归业主所有。业主向CM经理支付佣金及专业承包商所完成工程的直接成本，CM经理由于额外承担了保证施工成本风险而能够得到额外的收入。这种模式在英国称为管理承包。

采用风险型建筑工程采购管理模式的优点是：有完善的管理与技术支持；在项目初期选定项目组的成员；可提前开工，提前竣工；业主任务较轻，风险较小。其缺点是：保证的成本中包含设计和投标的不确定因素，可供选择的高水平的风险型CM公司较少。

能够进行风险型管理的CM公司通常是从过去的大型工程公司演化而来的。来自咨询设计公司的CM经理往往只能承担代理型CM经理。目前为了适应市场的要求，许多建筑工程管理公司已经形成独立的公司机构，以能够进行任何一种模式的建筑工程管理。

（3）设计—建造工程项目采购管理模式

设计—建造工程项目采购管理模式是一种简练的工程项目采购管理模式，1995年FIDIC出版的《设计—建造与交钥匙合同条件》、1999年FIDIC出版的《工程设备与设计—建造合同条件》和《EPC（设计—采购—建造）交钥匙项目合同条件》，都是基于这种项目采购管理模式而编制的。

设计—建造工程项目采购管理模式的组织形式如图7-5所示。

在项目原则确定后，业主只需选定一家公司负责项目的设计和施工。设计—建造工

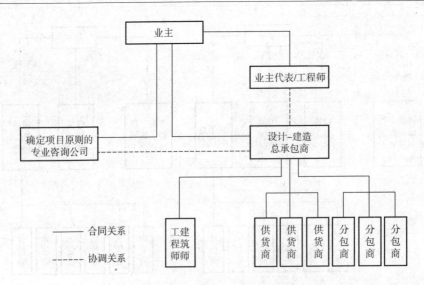

图 7-5　设计—建造工程项目采购管理模式的组织形式

程项目采购管理模式在投标和签订合同时是以总价合同为基础的，设计—建造总承包商对整个项目的成本负责。其首先选择一家设计公司进行项目的设计，然后采用竞争性招标方式选择各个分包商，当然也可以利用本公司的设计和施工力量完成一部分工程。近年来这种模式比较流行，主要是由于可以对各项分包采用阶段发包方式，因而项目可以提前投产；同时由于设计与施工可以比较紧密地搭接，业主能从节约包干报价费用和时间及承包商对整个工程承担责任中得到好处。

业主首先招聘一家专业咨询公司代表其研究拟定拟建项目的基本要求，授权一位具有专业知识和管理能力的管理专家为业主代表与设计—建造总承包商联系。

在选择设计—建造总承包商时，如果是政府的公共项目，则必须进行资格预审，用公开竞争性招标办法；如果是私营项目，业主可以用邀请招标方式选定承包商。

设计—建造工程项目采购管理模式有时也称为"交钥匙"采购模式。在国际上对"交钥匙"采购模式还没有公认的定义。"交钥匙"采购模式可以说是具有特殊含义的设计—建造工程项目采购模式，即承包商为业主提供包括项目融资、土地购买、设计、施工、设备采购、安装和调试，直至竣工移交的全套服务。

在设计—建造工程项目采购管理模式中，业主和设计—建造总承包商密切合作，完成项目的规划、设计、成本控制、进度安排等工作，甚至负责土地购买和项目融资。选择一个总承包商对整个项目负责，避免了设计和施工的矛盾，可显著减少项目成本和缩短工期。同时，在选定总承包商时，把设计方案的优劣作为主要的评标因素，可保证业主得到高质量的工程项目。

设计—建造工程项目采购管理模式的主要优点是：在项目初期选定项目组成员，连续性好，项目责任单一，有早期的成本保证；可采用 CM 模式，减少管理费用、利息及价格上涨的影响；在项目初期预先考虑施工因素，可减少设计错误、疏忽引起的变更。其主要缺点是：业主对最终设计和项目实施过程中的细节控制能力降低，工程设计可能会受施工单位的利益影响。

（4）设计—管理工程项目采购管理模式

设计—管理工程项目采购管理模式通常指一种类似 CM 模式，但更为复杂，是由同一实体向业主提供设计和施工管理服务的工程管理方式。在通常的 CM 模式中，业主分别就设计和专业施工过程管理服务签订合同；采用设计—管理合同时，业主只签订一份既包括设计也包括类似 CM 服务在内的合同。在这种情况下，设计师与管理机构是同一实体，这一实体常常是设计机构与施工管理企业的联合体。

设计—管理工程项目采购管理模式有两种组织形式，如图 7-6 所示。

形式一是业主与设计—管理公司和施工总承包商分别签订合同，由设计—管理公司负责设计并对项目实施进行管理。

形式二是业主只与设计管理公司签订合同，由设计—管理公司分别与各个单独的承包商和供货商签订合同，由承包商和供货商分别施工和供货。这种形式可看作 CM 模式与设计—建造工程项目采购管理模式相结合的产物，其也常用于承包商或分包商阶段发包方式，以加快工程进度。

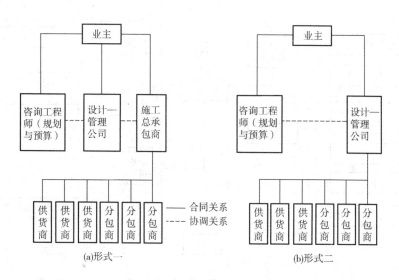

图 7-6 设计—管理工程项目采购管理模式的两种组织形式

（5）BOT 项目采购管理模式

BOT（build-operate-transfer）项目采购管理模式即建设运营—移交项目采购管理模式。这种项目采购管理模式是从 20 世纪 80 年代开始由国外兴起的，依靠外国私人资本进行基础设施的融资和建造，或者是基础设施国有项目民营化。

世界上还有多种由 BOT 演变出来的类似模式，如 BOOT（build-own-operate-transfer），即建设—拥有—运营—移交；BOO（build-own-operate），即建设—拥有—运营；BOS（build-operate-sell），即建设—运营—出售；ROT（rehabilitate-operate-transfer），即修复—运营—移交；等等。这些模式的基本原则、思路和结构与 BOT 并无实质差别。

世界上许多国家都在研究或已开始采用 BOT 项目采购管理模式，并且其应用范围已由原来的发展中国家扩展到很多发达国家。发达国家使用 BOT 项目采购管理模式主要是因为这种项目采购模式的高效率。最早使用 BOT 项目采购管理模式的是 1972 年完工的香港第一海底隧道工程，其他如菲律宾和巴基斯坦的电厂工程项目、泰国和马来西亚的高速公路项目、英法海底隧道和澳大利亚的悉尼隧道等数十个 BOT 项目已在建或运营。

在我国内地，第一个参照 BOT 项目采购管理模式建成运营的是深圳沙角电厂 B 厂。原国家计划委员会（现国家发展和改革委员会）于 1995 年颁布了《关于试办外商投资特许权协议项目审批管理有关问题的通知》。

BOT 项目采购管理模式的典型框架结构如图 7-7 所示。

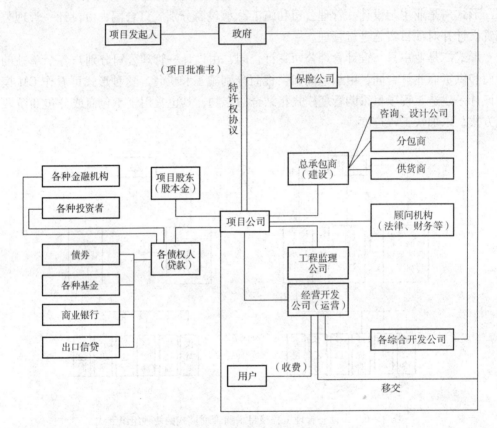

图 7-7 BOT 项目管理采购模式的典型框架结构

### 7.5.3 BOT 项目采购管理模式的运作程序

（1）项目的提出与招标

对拟采用 BOT 项目采购管理模式建设的基础设施项目，大型项目由国家政府部门审批，一般项目由地方政府审批。政府往往委托一家咨询公司对项目进行初步的可行性研究后，颁布特许意向，准备招标文件，公开招标。BOT 项目采购管理模式的招标程序与一般项目采购管理模式的招标程序相同，包括资格预审、招标、评标和通知中标。

（2）项目发起人组织投标

项目发起人往往是很有实力的咨询公司和大型工程公司的联合体，它们申请资格预审并在通过资格预审后购买招标文件进行投标。BOT 项目的投标显然要比一般工程项目的投标复杂得多，只有对 BOT 项目进行深入的技术和财务的可行性分析，才可能向政府提出有关实施方案。BOT 项目的资金一般来自两个方面：一方面是项目公司股东的股本金，占整个资金的 10% ～30%；余下的 70% ～90% 则向金融机构融资，因而事先应与金融机构接洽，使自己的实施方案，特别是融资方案得到金融机构的认可，才可正式递交投标书。在这个过程中，项目发起人常常要聘用各种专业咨询机构（包括法律、金融、财务等机构）协助编制投标文件。

（3）成立项目公司，签署各种合同与协议

中标的项目发起人往往就是项目公司的组织者。项目公司参与各方一般包括项目发起人、大型承包商、设备和材料供货商、东道国国有企业等。在国外有时当地政府也入股。此外，还有一些不直接参加项目公司经营管理的独立股东，如保险公司、金融机构等。

项目发起人一般要提供组建项目公司的可行性报告，进行过股东讨论，签订股东协议和公司章程，同时向当地政府的工商管理和税收部门注册。

项目发起人首先和政府谈判，草签特许权协议，然后组建项目公司，完成融资，最后项目公司与政府正式签署特许权协议。项目公司与各参与方谈判签订总承包合同、运营养护合同、保障合同、工程监理合同和各类专业咨询合同等，有时需独立签订设备和材料供货合同。

（4）项目建设和运营

在项目建设和运营阶段，项目公司的主要任务是委托工程监理公司对总承包商的工作进行监理，保证项目的顺利实施和资金支付。有的工程（如发电厂、高速公路等）在完成一部分后即可交由运营公司开始运营，以早日回收资金。同时，项目公司还要组建综合性的开发公司进行综合项目开发服务，以便从多方面赢利。

在项目部分或全部投入运营后，即应按照原定协议优先向金融机构归还贷款和利息，同时也应考虑向股东分红。

（5）项目移交

在特许期满前，项目公司应做好必要的维修及资产评估等工作，以便按时将 BOT 项目移交政府运行。政府可以仍旧聘用原有的运营公司或另找运营公司来运行项目。

## 7.5.4　BOT 项目有关各方的义务和职责

BOT 项目的主要参与方包括政府、项目公司和金融机构，其他参与方包括咨询公司、承包商、运营公司、开发公司、代理银行、保险公司、供货商等。

1）政府。政府是 BOT 项目的最终所有者，其职责为：确定项目，颁布支持 BOT 项目的政策；通过招标选择项目发起人；颁布 BOT 项目特许权；批准成立项目公司；签订特许权协议；对项目进行宏观管理；特许期满接收项目；委托项目经营管理部门继续项目的运行。

2）项目公司。项目公司的主要职责有：项目融资；项目建设；项目运营；组织综合项目开发经营；偿还债务（贷款、利息等）及分配股东利润；特许期终止时，移交项目与项目固定资产。

3）金融机构。金融机构包括商业银行、国际基金组织等。一般一个 BOT 项目有多个国家的财团与贷款，以分散风险。金融机构的作用为：确定项目的贷款模式、条件及分期投资方案；在发起人拟定的股本金投入和债务比例下，对项目的现金流量和偿债能力做出分析，确定财团投入，必要时利用财团信誉帮助项目公司发行债券；资金运用监督；与项目公司签订融资抵押担保协议；组织专项基金会为某些重点项目融资。

4）咨询公司。咨询公司对项目的设计、融资方案等进行咨询，对施工进行代理。法律顾问向公司替政府（或项目公司）谈判签订合同。

5）承包商。承包商负责项目设计—施工，一般也负责设备和材料的采购。

6）运营公司。运营公司主要负责项目建成后的运营管理、收费、维修、保养。收费标准的制度由运营公司与项目公司共同确定。

7）开发公司。开发公司负责特许权协议中特许的其他项目的开发，如沿公路房地产、商业地点等。

8）代理银行。东道国政府代理银行负责外汇事项，贷款财团的代理银行代表贷款人与项目公司办理融资、债务、清偿、抵押等事项。

9）保险公司。保险公司为项目各参与方提供保险。

10）供货商。供货商负责供应材料、设备等。

## 复习思考题

1. 简述建筑工程招投标的概念及意义。
2. 简述建筑工程招标的分类及方式。
3. 公开招标与邀请招标的优缺点各是什么？
4. 建筑工程项目施工招标的条件有哪些？
5. 招投标程序一般分为哪几个阶段？
6. 招标文件的内容由哪几部分组成？
7. 《中华人民共和国招标投标法》规定哪些工程必须招标？
8. 正确编制投标文件应做到哪几点？
9. 简述建筑工程施工招标的程序。
10. 简述建筑工程施工投标的一般程序。
11. 投标过程中需要完成的工作有哪些？
12. 国际上常用的工程项目采购管理模式有哪几种？试分别阐述其特点。

# 8 工程项目建设进度管理

## 8.1 工程项目建设进度管理概述

工程项目建设进度控制是指对工程项目建设各阶段的工作内容、工作程序、持续时间和衔接关系根据进度总目标及资源优化配置的原则编制计划并付诸实施，然后在进度计划的实施过程中经常检查实际进度是否按计划要求进行，对出现的偏差情况进行分析，采取补救措施或调整、修改原计划后付诸实施，如此循环，直到建设工程竣工验收交付使用。

### 8.1.1 工程项目建设进度控制

工程项目建设进度控制与项目的质量控制和成本控制一样，是工程管理的重点内容之一。

工程建设项目进度控制的总目标是确保既定工程项目的实现。在现代工程项目管理中，进度控制已不仅仅表现为传统的工期管理，而是将工程项目任务、工期、成本、资源消耗等有机结合起来，对整个项目实施进展状况的全面管理。进度控制和工期管理的总目标是一致的，但进度控制不仅追求工程实施活动与计划在时间上相吻合，而且追求劳动效率的一致性。

工程建设项目进度控制与成本控制、质量控制等目标是项目管理中重要的控制目标。对一个项目而言，这三大目标并不是孤立存在的，而是一个既对立又统一的整体。项目管理追求的基本目标就是在限定的时间内，在限定的资源条件下，以尽可能快的进度、尽可能低的成本完成高质量的产品。这是一种最理想的结果。在项目管理中必须注意三者结构关系的均衡性和合理性，任何强调最快进度、最高质量、最低成本都是片面的。例如，过分追求高进度，施工工期太紧张，可能会造成施工中粗制滥造，而降低工程质量，增大工程成本，诱发安全事故，但工程提前使用则可能提高投资效益。当追求过高的工程质量要求时，工程进度必然会受到损害，工程投资大，但高质量产品的使用费和维修费必然降低，从项目生命周期看，工程总投资未必增加，因此在项目管理中必须强调项目的整体最优。

### 8.1.2 描述进度的指标

（1）持续时间

工程活动或整个项目的持续时间（工期）是进度的重要指标。在日常工程管理中，经常用已使用的工期与工程的计划工期相比较来描述工程进度情况。例如，某工程计划工期为六个月，现在已经进行了三个月，若工程进度未达50%，则可基本认为工程中存在停工、窝工等因素。仅用工期表达进度有时会产生一定的误导，因此需要结合其他指标。

（2）工程活动的结果状态数量

在实际工程中，尤其是分部工程中，常用以下指标描述工程进度情况：对土方工程，常用已完成的施工土方数；对混凝土工程，常用已浇筑的混凝土体积；对设备安装工程，常用已安装设备的吨位；对管道、道路等线性工程，常用已施工的长度；对运输工程，常用已完成的总里程；等等。

（3）统一折算指标

当描述由多种工程性质组成的单位工程或单项工程进度时，可将各分部分项工程的进度统一折算为具有一定可比性的指标进行描述，如成本、劳动力的消耗等。但在实际工程中使用上述指标时，应剔除非正常的劳动力消耗或成本（如返工、窝工、停工而增加的劳动力消耗变化和成本增加，材料价格上涨、工资提高等原因造成的成本增加），考虑工程范围环境的变化（工程变更）造成的影响。

## 8.1.3 影响进度的因素分析

由于建设项目体积庞大、结构复杂、周期长、涉及单位多、受工程环境影响大，因而影响进度的因素有很多。在这些因素中，有些是人为因素，有些可能是技术因素，可能是资金因素，也可能是材料、设备因素或其他没有预料到的因素等，其中人为因素最多。从生产的根源看，影响进度的因素有来源于业主及监理单位的，有来源于设计、施工及供货单位的，有来源于政府、建设主管部门、有关协作单位和社会的，有来源于各种自然条件的。编制计划和执行控制进度计划时，必须充分认识和估计这些因素，进行全面分析，才可促进对有利因素的充分利用和对不利因素的妥善预防与克服，使进度目标的制定更加符合实际，实现对进度的主动控制和动态控制的目的。

常见的影响进度的原因有以下几类。

（1）相关单位的影响

相关单位的影响包括：业主使用要求的改变，业主负责提供的材料、设备出现延误，业主应提供的施工场地条件不能及时或不能正常满足工程需要，业主没有按合同约定及时向施工单位或供应商拨付资金；勘察资料不准确，特别是地质资料错误或遗漏而引起的未能预料的技术障碍；设计单位不能及时交付有关设计图纸或设计图纸出现失误；等等。可见，施工进度控制仅考虑施工承包单位是不够的，必须充分发挥监理单位的作用，协调相关单位之间的进度关系；而对于那些无法进行协调控制的进度关系，在进度计划的安排中应留有足够的机动时间。

（2）承包商自身的原因

承包商自身的原因包括：承包商错误地估计了项目特点及项目实现的条件，制订的计划脱离实际，导致停工待料和相关作业脱节，工程无法正常进行，出现工程延误；承包商采用的技术措施不当，施工中发生技术事故；承包商管理过程中出现失误，如施工组织不合理、劳动力和施工机械调配不当、施工平面图布置不合理等因素使工程进度受阻；承包商缺乏基本的风险意识，盲目施工而导致施工被迫中断；等等。承包商应及时通过总结、分析吸取教训，不断提高自身进度管理的水平。

（3）施工边界条件的变化

施工边界条件的变化包括：业主或外界环境（如政府）对项目的新的要求而导致的工程量的变化，设计标准的提高，地下埋藏文物的保护、处理的影响，不良地质、地下障碍物的影响；施工过程中所受外界社会的干扰，如外单位临近工程的施工干扰，交通、市容整顿的限制等；突发的意外事件的影响，如恶劣天气、地震、暴雨、洪水、交通中断、社会动乱等工程造成的延期；等等。

在上述因素中，承包商自身原因造成的工期延误的一切损失由承包商自己承担；同时因工期延误造成工期延长，承包商还要按合同约定向业主支付误期赔偿费。由于承包商以外的原因造成施工工期的延长称为工程延期，对于工程延期，承包商有权通过合法的程序向业主索赔，以弥补给自身带来的费用和工期上的损失。

## 8.1.4　进度控制的主要措施

进度控制的措施主要包括组织措施、技术措施、合同措施、经济措施和信息管理措施。

（1）组织措施

组织措施主要如下：

1）落实施工进度控制的部门及具体人员，进行控制任务和管理职能的分工。

2）进行项目分解，建立编码体系。

3）确定进度协调工作制度，包括各种会议举行时间、地点、内容、参加人员等。

4）对影响进度目标实现的干扰和风险进行分析。

5）必要时通过合理的劳动组织措施缩短工期。例如，将原来的顺序实施改为流水作业或平行作业，采用多班制施工，增加劳动力或设备的投入，将部分计划自行生产的构件改为直接购买等。

（2）技术措施

技术措施包括落实施工方案的部署，尽量采取新技术、新工艺、新材料，缩短关键线路各工作工期，加快施工进度。

（3）合同措施

合同措施包括采取有利于缩短工期的承包方式，如适当分段发包、提前施工等；在合同中明确工期进度要求，约定奖惩措施。

（4）经济措施

经济措施包括确定付款方式和时间，以保证资金供应；在企业内部采取必要的经济奖惩手段，促使进度按计划执行。

（5）信息管理措施

信息管理措施包括建立进度信息搜集和报告制度，通过计划进度与实际进度的动态比较，为决策者提供进度决策依据。

### 8.1.5 工程项目建设进度控制的计划系统

一项工程建设从项目的构思、项目的定义和可行性研究，直至项目设计、施工、投产运转的整个过程中，需要编制众多的涉及进度管理的计划。这些计划是针对同一项目的不同阶段、不同层次、不同范围由不同单位编制的。这些计划采用文字说明和图标描述相结合的方式表达。

（1）建设单位（业主）进度控制计划系统

1）项目前期工作计划。项目前期工作计划是对可行性研究、设计任务书及初步设计的工作进度安排。

2）工程项目建设总进度计划。工程项目建设总进度计划是在初步设计批准后，编制上报年度计划前，根据初步设计对工程项目从开始建设到竣工投产全过程的统一部署，以安排各单项工程和单位工程的建设进度，合理分配年度投资，组织各方面的协作，保证初步设计确定的各项建设任务的完成。该进度计划由工程项目一览表、工程项目总进度计划表（一般用横道图表示）、投资计划年度分配表、年度建设资金平衡表、年度设备平衡表等表格组成。

3）工程项目年度计划。工程项目年度计划依据工程项目总进度计划编制，反映年度内可获得的资金、设备、材料，年度内投产交付的项目等。

（2）设计单位进度控制计划系统

设计单位进度控制的最终目标就是按质、按量、按时间要求提供施工设计文件。为确保设计进度控制目标的实现，每个阶段都应明确进度控制目标。因此，设计单位进度控制计划系统应包括设计总进度控制计划、阶段性设计进度计划和设计作业进度计划。

1）设计总进度控制计划。设计总进度控制计划主要用来控制自设计准备开始至施工图设计完成的总设计时间，从而确保设计进度控制总目标的实现。

2）阶段性设计进度计划。阶段性设计进度计划包括设计准备工作进度计划、初步设计（技术设计）工作进度计划和施工图设计工作进度计划。这些计划是用来控制各阶段的设计进度，从而实现阶段性设计进度目标。在编制阶段性设计进度计划时，必须考虑设计总进度计划对各阶段的时间要求。

3）设计进度作业计划。为控制各专业设计进度，并作为设计人员承包设计任务的依据，应根据施工图设计工作进度计划、单项工程建筑设计日定额和所投入的设计人员数编制设计进度作业计划。设计进度作业计划可用横道图的形式表达，也可用网络图表达。

（3）施工单位的进度计划系统

施工单位的进度计划系统主要包括施工总进度计划和单位工程施工进度计划。

1）施工总进度计划的编制。施工总进度计划的内容应包括编制说明，施工总进度计划，分期分批施工工程的开工日期、完工日期及工期一览表，资源需要量及供应平衡表等。施工总进度计划的编制程序如下：

①收集编制依据。施工总进度计划依据施工合同、施工进度目标、工期定额、有关技术经济资料、施工部署与主要工程施工方案等编制。

②确定进度控制目标。项目进度控制应以实现施工合同约定的竣工日期为最终目标。项目进度控制总目标应根据项目管理的需要进一步分解，可按单位工程分解为交工分目标，可按承包的专业或施工阶段分解为完工分目标，也可按年、季、月计划期分解为时间目标。在确定施工进度分解目标时，还要考虑以下各方面：

a. 对于大型工程建设项目，应根据尽早提供可动用单元的原则，集中力量分期分批建设，以便尽早投入使用，尽快发挥投资效益。为保证每个动用单元能形成完整的生产能力，应考虑这些动用单元交付使用时所必需的全部配套项目。因此，要处理好前期动用与后期建设的关系、每期工程中主体工程与辅助及附属工程之间的关系、地下工程与地上工程之间的关系、场外工程与场内工程之间的关系等。

b. 合理安排土建与设备的综合施工，即合理安排土建施工与设备基础、设备安装的先后顺序及搭接、交叉或平行作业，明确设备工程对土建工程的要求和土建工程为设备工程提供的施工条件、内容及时间。

c. 结合本工程的特点，参考同类工程建设的经验确定施工进度目标。避免只按主观愿望盲目确定进度目标，从而在实施过程中造成进度失控。

d. 做好资金供应能力，施工力量配备、物资供应能力与施工进度目标的平衡工作，确保工程进度目标的要求而不使其落空。

e. 考虑外部协作条件的配合情况。其包括施工过程中及项目竣工后所需的水、电、气、通信、道路及其他社会服务项目的满足程度和满足时间，必须与有关项目的进度目标相协调。

f. 考虑工程项目所在地区地形、地质、水文、气象等方面的限制条件。

③计算工程量。根据批准的工程项目一览表，按单位工程分别计算其主要实物工程量。这不仅是为了编制施工总进度计划，而且是为了编制施工方案和选择施工运输机械，初步规划主要施工过程的流水施工，以及计算人工及技术物资的需求量。工程量可按初步设计（或扩大初步设计）图纸和有关定额等资料进行计算。常用的定额、资料有以下几种：

a. 每万元、10 万元投资工程量、劳动力及材料消耗扩大指标。

b. 概算指标和扩大结构定额。

c. 已建成的类似建筑物、构筑物的资料。

④确定各单位工程的施工期限和开、竣工日期。各单位工程的施工期限根据合同工期确定，同时考虑建筑类型、结构特征、施工方法、施工管理水平、施工现场条件等因素。如果在编制施工总进度计划时没有合同工期，则应保证计划工期不超过工期定额。

⑤安排各单位工程的搭接关系。确定整个建设项目中各单位工程的施工顺序，合理地搭接各项工程，组织全场流水作业，尽量做到均衡施工。

⑥编写施工进度计划说明书。

2）单位工程施工进度计划的编制。单位工程施工进度计划是在既定施工方案基础上，根据规定的工期和各种资源供应条件，对单位工程中的各分部分项工程的施工顺序、施工起止时间及衔接关系进行合理安排的计划。其编制的主要依据有施工总进度计划，施工方案，主要材料和设备的供应能力，施工人员的技术素质及劳动效率，施工现场条件、气候条件、环境条件，已建成的同类工程实际进度和经济指标。

单位工程施工进度计划编制采用工程网络计划技术，由编制说明、进度计划图、单位工程施工进度计划风险分析及控制措施三部分组成。

（4）监理单位的进度计划系统

监理单位的进度计划系统包括监理总进度计划及分解计划、各子项目进度计划、进度控制的工作制度、进度控制方法规划等。

工程项目建设进度控制的实施系统如图 8-1 所示。

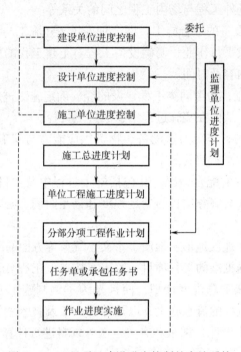

图 8-1　工程项目建设进度控制的实施系统

# 8.2　工程建设项目流水施工组织

## 8.2.1　流水施工概述

流水施工方式是建筑安装工程最有效、最科学的组织方式，是组织施工最常用的一种方式。

（1）组织施工的基本方式

工程建设项目组织施工的基本方式有顺序施工、平行施工和流水施工三种。这三种方式各有特点，适用的范围各异。下面将围绕【例8-1】对三种施工方式做简单的讨论。

【例8-1】有三幢同类型建筑（A、B、C）的基础工程施工，每幢建筑的施工过程和工作时间见表 8 – 1，其施工顺序为 a – b – c – d。不考虑资源条件的限制，试组织此基础施工。

表 8 – 1　某基础工程施工资料

| 序　号 | 施工过程 | 工作时间/天 | 序　号 | 施工过程 | 工作时间/天 |
|--------|----------|-------------|--------|----------|-------------|
| 1 | 开挖基槽（a） | 3 | 3 | 砖砌基础（c） | 3 |
| 2 | 混凝土垫层（b） | 2 | 4 | 回填土（d） | 2 |

1）顺序施工。

①顺序施工的组织思想。采用顺序施工时，有以下两种组织思想。

a. 对这三幢建筑的同类施工过程依次施工，其具体安排如图 8 – 2 所示。由图 8 – 2 可知工期为 30 天，每天只有一个作业队伍施工，劳动力投入较少，其他资源投入强度不大。

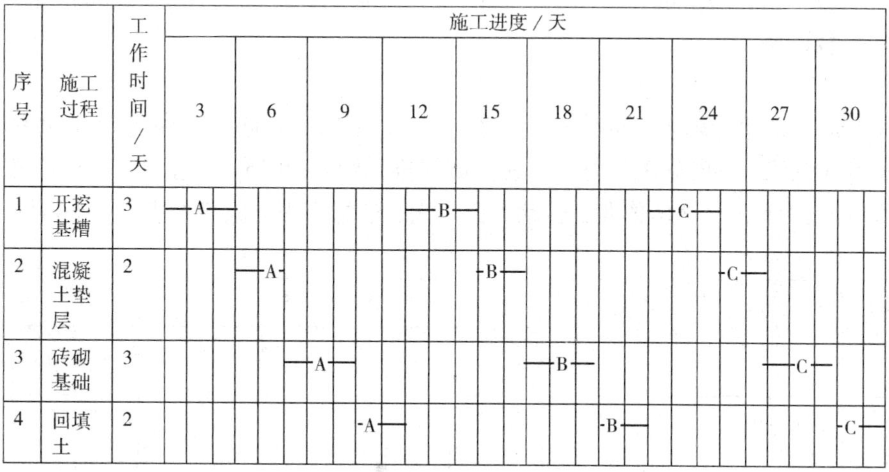

图 8 – 2　施工安排一

b. 对这三幢建筑基础进行施工，组织每个施工过程的专业队伍连续施工。只有当一个施工过程完成后，下一个施工过程的施工队伍才进场，其具体安排如图 8 – 3 所示。由图 8 – 3 可知工期也为 30 天，每天只有一个施工队伍施工，劳动力投入较少，其他资源投入强度不大。

第一种思想是以建筑产品为单元依次按顺序组织施工，因而同一施工过程的队伍工作是间断的，有窝工现象发生；第二种思想是以施工过程为单位，依次按顺序组织施工，作业队伍是连续的，如此组织施工的方式就是顺序施工或依次施工。

②顺序施工的特征。顺序施工是按照建筑工程内部分项分部工程内在的联系和必须遵循的施工顺序，不考虑后续施工过程在时间和空间上的相互搭接，而依照顺序组织施工的方式。顺序施工往往是前一个施工过程完成后，后一个施工过程才开始，一个工程全部完成后，另一个工程才开始。顺序施工的特点是同时投入的劳动资源少，组织简

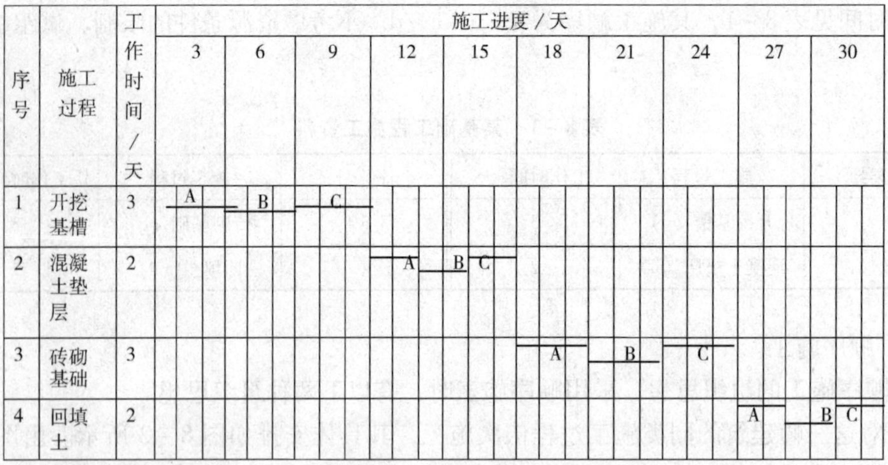

| 序号 | 施工过程 | 工作时间/天 | 施工进度/天 | | | | | | | | | |
|---|---|---|---|---|---|---|---|---|---|---|---|---|
| | | | 3 | 6 | 9 | 12 | 15 | 18 | 21 | 24 | 27 | 30 |
| 1 | 开挖基槽 | 3 | A　B　C | | | | | | | | | |
| 2 | 混凝土垫层 | 2 | | | | A　B C | | | | | | |
| 3 | 砖砌基础 | 3 | | | | | | A　B　C | | | | |
| 4 | 回填土 | 2 | | | | | | | | | A　B C | |

图 8-3　施工安排二

单，材料供应单一；但劳动生产率低，工期较长，难以在短期内提供较多的产品，不能适应大型工程的施工。

2）平行施工。

①平行施工的组织思想。将【例 8-1】中三幢建筑物基础施工的每个施工过程组织三个相应的专业队伍，同时施工、完工，其具体安排如图 8-4 所示。由图 8-4 可知，工期为 10 天，每天均有三个队伍作业，劳动力投入大，这样组织的施工方式就是平行施工。

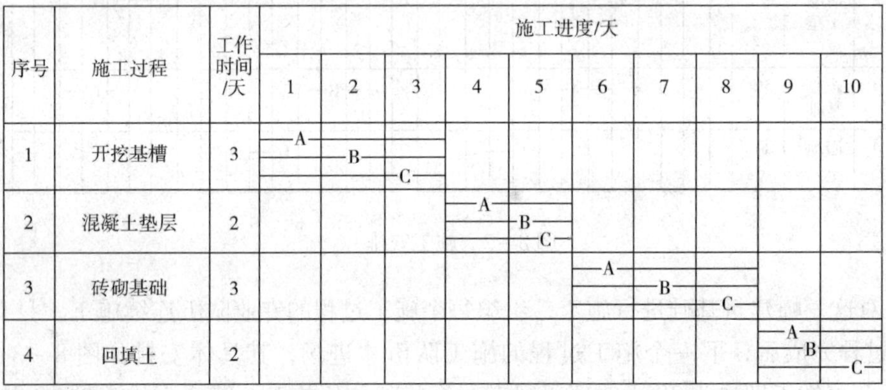

| 序号 | 施工过程 | 工作时间/天 | 施工进度/天 | | | | | | | | | |
|---|---|---|---|---|---|---|---|---|---|---|---|---|
| | | | 1 | 2 | 3 | 4 | 5 | 6 | 7 | 8 | 9 | 10 |
| 1 | 开挖基槽 | 3 | A B C | | | | | | | | | |
| 2 | 混凝土垫层 | 2 | | | | A B C | | | | | | |
| 3 | 砖砌基础 | 3 | | | | | | A B C | | | | |
| 4 | 回填土 | 2 | | | | | | | | | A B C | |

图 8-4　平行施工进度

②平行施工的特征。平行施工是将一个工作范围内的相同施工过程同时组织施工，完成后同时进行下一个施工过程的施工方式。平行施工的特点是最大限度地利用了工作面，工期最短；但在同一时间内需要提供的相同劳动资源同时增加，这给实际施工管理带来了一定的难度，因此，只有在工程规模较大或工期较紧的情况下才采用平行施工方式。

3）流水施工。

①流水施工的组织思想。将【例 8-1】中同一个施工过程组织成一个专业队伍在三

幢建筑基础上顺序施工，如挖土方组织一个挖土队伍，挖完第一幢后挖第二幢，挖完第二幢后挖第三幢，保证作业队伍连续施工，不出现窝工现象。不同的施工过程组织专业队伍尽量搭接、平衡施工，其具体安排如图 8-5 所示。由图 8-5 可知，其工期为 18天，介于顺序施工与平行施工之间，各专业队伍依次施工，没有窝工现象，不同的施工专业队伍充分利用空间（工作面）平行施工。这样的施工方式就是流水施工。

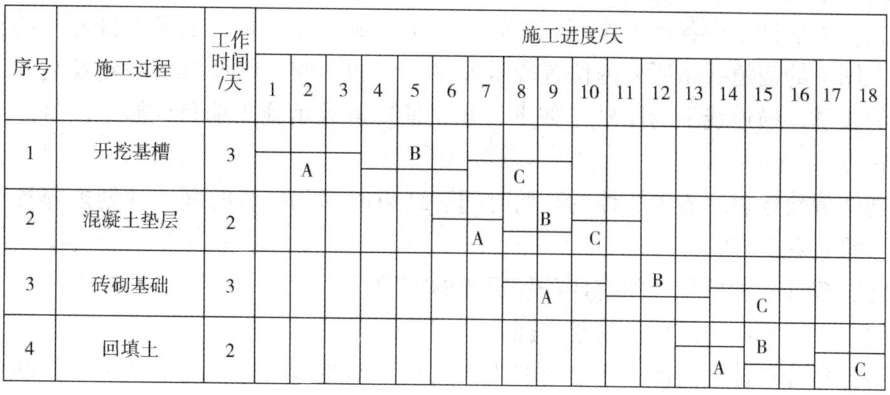

| 序号 | 施工过程 | 工作时间/天 | 1 | 2 | 3 | 4 | 5 | 6 | 7 | 8 | 9 | 10 | 11 | 12 | 13 | 14 | 15 | 16 | 17 | 18 |
|---|---|---|---|---|---|---|---|---|---|---|---|---|---|---|---|---|---|---|---|---|
| | | | | | | | | | 施工进度/天 | | | | | | | | | | | |
| 1 | 开挖基槽 | 3 | | A | | | B | | | C | | | | | | | | | | |
| 2 | 混凝土垫层 | 2 | | | | | A | | | B | C | | | | | | | | | |
| 3 | 砖砌基础 | 3 | | | | | | | | A | | | | B | | C | | | | |
| 4 | 回填土 | 2 | | | | | | | | | | | A | | | B | | | | C |

图 8-5　流水施工

②流水施工的特征。流水施工是把若干个同类型建筑或一幢建筑在平面上划分成若干个施工区段（施工段），组织若干个在施工工艺上有密切联系的专业队伍相继进行施工，依次在各施工区段上重复完成相同的工作内容，不同的专业队伍利用不同的工作面尽量组织平行施工的施工组织方式。

流水施工综合了顺序施工和平行施工的优点，是建筑物施工中最合理、最科学的一种施工组织方式。

（2）三种施工组织方式的比较

由上述分析可知，顺序施工、平行施工和流水施工是组织施工的三种基本方式，其特点及使用的范围不尽相同，三者比较见表 8-2。

表 8-2　三种施工组织方式的比较

| 组织方式 | 工期 | 资源投入 | 评价 | 适用范围 |
|---|---|---|---|---|
| 顺序施工 | 最长 | 投入强度低 | 劳动力投入少，资源投入不集中，有利于组织工作，现场管理工作相对简单，可能会出现窝工现象 | 规模较小，工作面有限 |
| 平行施工 | 最短 | 投入强度最大 | 资源投入集中，现场组织管理复杂，不能实现专业化生产 | 工程工期紧迫，在资源有充分的保证及工作面允许情况下可采用 |
| 流水施工 | 较短 | 投入连续、均衡 | 结合了顺序施工与平行施工的优点，作业队伍连续，充分利用工作面，是较理想的组织施工方式 | 一般项目均可使用 |

（3）流水施工分析

1）流水施工的表达。流水施工的表示方法一般有横道图、垂直图表和网络图三种。其中，最直观且易于接受的是横道图。

横道图即甘特图，是建筑工程中安排施工进度计划和组织流水施工时常用的一种表示方式，如图 8-2~图 8-5 所示。

横道图中的横向表示时间进度，纵向表示施工过程或专业施工队编号。图中的横道线条的长度表示计划中各项工作（施工过程、工序或分部工程、工程项目等）的作业持续时间，图中的横道线条所处的位置表示各项工作的作业开始和结束时刻及它们之间相互配合的关系，横道线上的序号（如Ⅰ、Ⅱ、Ⅲ）等表示施工项目或施工段号。横道图有如下特点：

①能够清楚地表达各项工作的开始时间、结束时间和持续时间，计划内容排列整齐有序、形象直观。

②能够按计划和单位时间统计各种资源的需求量。

③使用方便，制作简单，易于掌握。

④不容易分辨计划内部工作之间的逻辑关系，不能清晰地反映出某项工作的变动对其他工作或整个计划的影响。

⑤不能表达各项工作间的重要性。

2）流水施工的特点。建筑生产流水施工的实质是：由生产作业队伍配备一定的机械设备，沿着建筑的水平方向或垂直方向，用一定数量的材料在各施工段上进行生产，使最后完成的产品成为建筑物的一部分，然后转移到另一个施工段上进行同样的工作，所空出的工作面由下一施工过程的生产作业队伍采用相同的形式继续进行生产。如此不断进行，确保了各施工过程生产的连续性、均衡性和节奏性。

建筑生产的流水施工有如下主要特点：

①生产工人和生产设备从一个施工段转移到另一个施工段，代替了建筑产品的流动。

②建筑生产的流水施工既在建筑物的水平方向流动（平面流水），又沿建筑物的垂直方向流动（层间流水）。

③在同一施工段上，各施工过程保持了顺序施工的特点，不同施工过程在不同的施工段上又最大限度地保持了平行施工的特点。

④同一施工过程保持了连续施工的特点，不同施工过程在同一施工段上尽可能保持连续施工。

⑤单位时间内生产资源的供应和消耗基本均衡。

3）流水施工的经济性。流水施工的连续性和均衡性方便了各种生产资源的组织，使施工企业的生产能力可以得到充分的发挥，使劳动力、机械设备得到合理的安排和使用，提高了生产的经济效果。

①便于施工中的组织与管理。由于流水施工的均衡性，因而避免了施工期间劳动力和其他资源使用过分集中，有利于资源的组织。

②施工工期比较理想。由于流水施工的连续性，从而保证各专业队伍连续施工，减

少了间歇，充分利用工作面，可以缩短工期。

③有利于提高劳动生产率。由于流水施工实现了专业化的生产，为工人提高技术水平、改进操作方法及革新生产工具创造了有利条件，因而改善了劳动条件，促进了劳动生产率的不断提高。

④有利于提高工程质量。专业化的施工提高了工人的专业技术和熟练程度，为推行全面质量管理创造了条件，有利于保证和提高工程质量。

⑤能有效降低工程成本。由于工期缩短、劳动生产率提高、资源供应均衡，各专业施工队连续均衡作业，减少了临时设施数量，从而可以节约人工费、机械使用费、材料费和施工管理费等相关费用，有效地降低了工程成本。

## 8.2.2 流水施工的基本参数

流水施工是具有各自工艺特征的施工过程在时间和空间上的展开，用于描述这种展开状态及施工进度计划图表特征的是一系列数量参数，这些数量参数称为流水施工的基本参数。按其作用不同，一般可分为工艺参数、时间参数和空间参数。

（1）工艺参数

工艺参数主要用于描述施工过程在施工工艺方面的展开状态，包括施工过程和流水强度。

1）施工过程。施工过程是指建筑产品的生产过程。按照组织流水施工的范围不同，施工过程所包含的施工内容可粗可细，可繁可简，可多可少；可以是分项工程、分部工程，也可以是单位工程、单项工程的施工内容。编制实施性的施工进度计划时，施工过程应划分细些，关键的施工内容不得遗漏；编制控制性的施工进度计划时，施工过程就不应分得过细，以免流水施工组织重点不突出，造成主次不分，从而给组织工作带来麻烦。划分的名称应尽可能与现行的有关定额相一致。施工过程按性质、特点不同可分为制备类施工过程、运输类施工过程和建造类施工过程三类。

①制备类施工过程。制备类施工过程是指为制造建筑制品和半成品而进行的施工过程，如预制件的制作，砂浆、混凝土的制备，钢筋的加工等。

②运输类施工过程。运输类施工过程是指把材料、制品和设备送到工地仓库或在工地进行转运的施工过程。不占用施工对象工作面、不影响工期的制备类施工过程和运输类施工过程，不必列入施工进度计划表；否则，应列入施工进度计划表。

③建造类施工过程。建造类施工过程是指在施工对象的空间中进行安装、砌筑、浇筑等施工过程，是建筑施工的主导施工过程。建造类施工过程既占用工作面又影响工期，在进行流水施工组织时必须列入施工进度计划。

从不同的角度研究施工过程时，可以对施工过程进行不同的分类，除上述三类外，还可将其分为主导施工过程、辅助施工过程、连续施工过程、间歇施工过程、简单施工过程、复杂施工过程等。

2）流水强度 $V$。流水强度是指组织流水施工时，每个施工过程在单位时间内所完成的工程量，也称流水能力或生产能力。

（2）时间参数

1）流水节拍 $t$。流水节拍是指从事某一施工过程的专业施工队在一个施工段上的施工持续时间。其大小关系着投入的劳动力、机械和材料的多少，决定着施工的速度和施工的节奏性，其数值的确定具有十分重要的意义。通常有以下三种方法确定流水节拍：

①定额计算法。此法应用最普遍，根据现有可投入的施工队数和机械设备数、能够达到的产量定额或指标、能否满足工期要求来确定流水节拍。

流水节拍应取半天的整数倍，这样便于施工队伍安排工作。施工队伍在转换工作地点时，正好是上、下班时间，不必占用生产操作时间。

②经验估算法。此法用于无定额依据的应用新工艺、新材料的工程，根据过去的施工经验对流水节拍进行估算。

③工期估算法。此法是按已定工期要求决定流水节拍的大小，然后相应求出所需的资源量。此时应考虑操作工人数必须有足够的工作面，以及资源供应强度是否可以得到保证。如果工期紧、节拍小、工作面不够，就应增加工作班次，采用两班或三班工作制。确定流水节拍时，还应考虑材料、构件的定购、供应和储备要与需求相适应。

2）流水步距 $K$。前后相邻的两个施工过程先后投入施工的时间间隔称为流水步距。流水步距的数目应比施工过程数少1，若施工过程数为 $n$ 个，则流水步距为 $n-1$ 个。流水步距的大小对工期有很大影响。施工段一定时，流水步距越大，工期越长；流水步距越小，工期越短。流水步距应与流水节拍保持一定的关系，一般至少是一个或半个工作班。

流水步距的确定应保证各施工过程的连续作业，同时尽可能满足前、后两个施工过程的施工时间的最大搭接。

3）间歇时间 $Z_1$。流水施工中由于施工工艺的要求和施工组织的因素，在两个相邻的施工过程之间需要有必要的间歇，这种间歇时间分别称为工艺间歇时间和组织间歇时间。

①工艺间歇时间。例如，在柱子混凝土浇筑结束后，必须进行一定时间的养护，才能进行梁、板混凝土工程的施工。又如对水磨石地面，必须在石磴灰达到一定强度后才能开磨。这些工艺原因造成的不可避免的等待时间称为工艺间歇时间。

②组织间歇时间。例如，基槽挖好后，必须由建设单位、监理人员、质量部门和施工单位等共同进行基槽验收，只有在验收合格后才能进行下一道工序。这种由于施工组织因素所发生的施工等待时间也是不可避免的，称为组织间歇时间。

4）搭接时间 $C$。搭接时间是指在工艺允许的情况下，后续施工工程在规定的流水步距内提前进入该施工段进行施工的时间。合理安排搭接施工，可以大大缩短工期，加快施工进度，是流水施工中常采用的措施。

5）流水工期 $T$。流水工期是指在一个流水过程中，从第一个专业施工队进入第一个施工过程的第一个施工段开始，到最后一个专业施工队结束最后一个施工过程的最后一个施工段的施工所需的全部时间。

（3）空间参数

1）工作面。工作面是指施工对象上满足工人或机械设备进行正常施工操作的空间大小。一方面，工作面的大小决定施工时可以安置的工人数量、机械的规格型号和数量；另一方面，每个工人或每台设备所需的工作面大小取决于单位时间内其完成的工作量的多少及施工安全、施工质量的要求。在不同的施工过程中，对工作面有不同的表达方式。例如，在基槽挖土施工中，可按延长米计量工作面；在墙面抹灰施工中，可按平方米计量工作面。工作面确定得是否合理，将对施工效率产生较大的影响。

工作面是随着施工的进展而产生的，既有横向的工作面，又有竖向的工作面。通常，前一个施工过程的进行过程就是为下一个施工过程创造工作面的过程。工作面的形成方式、形成时间对流水施工的组织设计和流水工期都有影响。

每个工人或每台机械的工作面不能小于最小工作面的要求。否则，就不能发挥正常的施工效率，且不利于安全施工。因此，必须合理确定工作面。

2）施工段数 $m$。施工段是指为了满足流水施工的需要，按照一定的规则把施工对象在平面上划分成的若干个工程量大致相等的施工区段，其是流水施工的重要参数之一。

由于专业施工队的施工力量有限，各专业施工队又不可能同时展开施工，因此只有将体型庞大的施工对象化整为零，按照合理的工作面要求及合理的划分原则进行施工段的划分，才能保证施工过程连续、均衡地展开流水作业施工。

若施工段的数目划分过多，工作面不能充分得到利用，每个操作工人的有效工作范围减少，使劳动生产率降低；若施工段数目划分过少，则会延长工期，无法有效地保证各专业施工队连续地进行施工。因此，施工段的划分数目应适中。

划分施工段一般应按以下原则进行：

①施工段的分界线应尽可能位于结构的界限，或对结构整体性影响小的部位，如温度缝、沉降缝、后浇带、门窗洞口或高低跨交界处等。

②各个施工段的工作量应大致相等，相差幅度不宜过大，一般在 10% ~ 15%。

③每个施工段的工作面应满足正常组织流水作业的要求。

④对某些工程的流水组织，施工段可以是一幢楼的一层的若干部分，也可以把有相同类型的若干幢楼组成的建筑群中的每幢作为一个施工段，以满足不同范围内的流水施工组织的需要。

⑤施工段的划分数目应适当。

⑥当分层组织流水施工时，应注意施工段数与施工过程数（或施工队数）的关系及其对施工流水的影响。

3）施工层数。施工层是指施工对象在垂直方向上划分的施工段。为方便组织施工，往往不仅要在平面上划分施工段，而且要在垂直方向上划分施工层。施工层的划分可以与结构层相一致，也可根据施工实际按照一定的高度进行划分。

## 8.2.3　流水施工的组织方法

由于建筑产品之间的差异性，不同的建筑物或构筑物的结构复杂程度、平面位置及工程性质都有区别，进行工程施工时就有不同的流水施工组织方式。根据流水节拍、流水步距等流水参数的特征不同，可以对流水施工的组织方式进行分类，如图 8-6 所示。

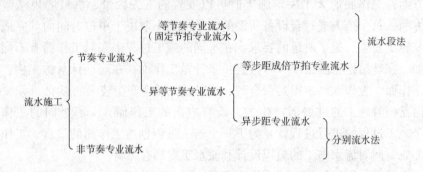

图 8-6　流水施工组织方式分类

（1）流水段法

流水段法就是把建筑物在平面上划分为若干个施工区域，组织若干个专业施工队依次连续地在各区域中完成同样工作的流水作业方法。一般的建筑物都适宜采用流水段法。

1）固定节拍专业流水。施工节奏取决于流水节拍，如果每个施工过程本身在各施工段上的作业时间（即流水节拍）都相等，并且各施工过程相互之间的流水节拍也相等，就是等节奏专业流水，也称为全等节拍专业流水或固定节拍专业流水。

固定节拍专业流水施工的组织方法要求：各施工过程的劳动力相差不大，应根据主要施工过程专业队的人数计算流水节拍；再根据此流水节拍确定其他施工过程专业队的人数，并考虑施工段的工作面因素进行适当调整。

固定节拍专业流水施工的特点是：流水节拍彼此相等，并且等于流水步距，为一固定值；施工的专业队数等于施工过程数；施工过程时间连续，空间也连续；各施工过程的施工速度相同，在施工进度垂直图表中表现为一系列斜率相等的斜线。

固定节拍专业流水施工工期可按下列公式计算：

①无施工层时。

$$T = (m + n - 1)K + \sum Z_1 - \sum C$$

②有施工层时。

$$T = (mj + n - 1)K + \sum Z_1 - \sum C$$

式中，$n$ 为施工过程数；$j$ 为施工层数。

施工段数应按前述原则合理划分，一般可按下式计算：

$$m_{\min} = n + \frac{\sum Z_1 + \sum Z_2 - \sum C}{K}$$

式中，$m_{\min}$ 为施工段数目最小值；$Z_2$ 为施工层之间的间歇时间；其余符号含义同前。

【例8-2】某两层建筑的现浇钢筋混凝土工程施工，施工过程分为模板支设、钢筋绑扎和混凝土浇筑，流水节拍均为2天。钢筋绑扎与模板支设可以搭接一天进行，钢筋绑扎后需要1天的验收和施工准备，然后才能浇筑混凝土，层间技术间歇时间为2天。试确定施工段数，计算总工期，绘制施工进度计划表。

【解】由题意知：$t=2$，$n=3$，$\sum Z_1 = 1$，$\sum Z_2 = 2$，$j=2$，$\sum C = 1$。

①根据固定节拍流水施工流水步距与流水节拍相等的特点确定流水步距$K=t=2$天。

②计算施工段。

$$m = n + \frac{\sum Z_1 + \sum Z_2 - \sum C}{K} = 3 + \frac{1+2-1}{2} = 4$$

③计算总工期。

$$T = (mj + n - 1)K + \sum Z_1 - \sum C = (4 \times 2 + 3 - 1) \times 2 + 1 - 1 = 20(\text{天})$$

④绘制施工进度计划表（图8-7）。

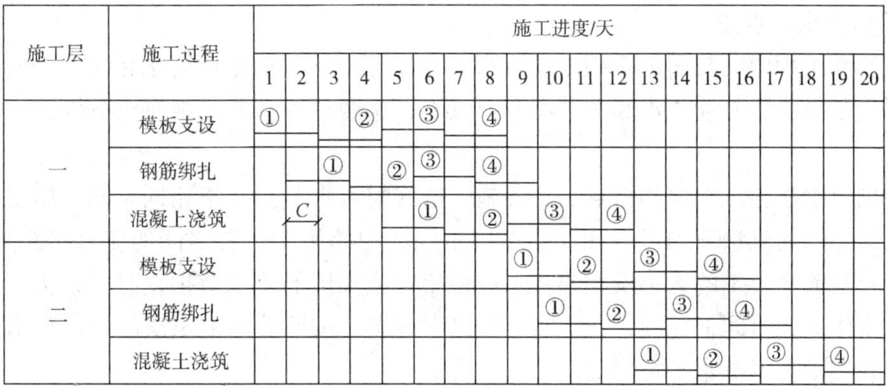

| 施工层 | 施工过程 | 施工进度/天 | | | | | | | | | | | | | | | | | | | |
|---|---|---|---|---|---|---|---|---|---|---|---|---|---|---|---|---|---|---|---|---|---|
| | | 1 | 2 | 3 | 4 | 5 | 6 | 7 | 8 | 9 | 10 | 11 | 12 | 13 | 14 | 15 | 16 | 17 | 18 | 19 | 20 |
| 一 | 模板支设 | ① | | | ② | | ③ | | ④ | | | | | | | | | | | | |
| | 钢筋绑扎 | | | ① | | ② | ③ | | ④ | | | | | | | | | | | | |
| | 混凝土浇筑 | | C | | | | ① | | ② | | ③ | | ④ | | | | | | | | |
| 二 | 模板支设 | | | | | | | | | ① | | ② | | ③ | | ④ | | | | | |
| | 钢筋绑扎 | | | | | | | | | | ① | | ② | ③ | | ④ | | | | | |
| | 混凝土浇筑 | | | | | | | | | | | | | ① | | ② | | ③ | | ④ | |

图8-7 施工进度计划表

2）等步距成倍节拍专业流水。由于工作面是一定的，而不同的施工过程的工艺复杂程度却不同，影响流水节拍的因素也较多，施工过程具有较强的不确定性，要做到不同的施工过程具有相同的流水节拍非常困难。因此，固定节拍专业流水的流水组织形式在实际施工中很难做到。通过合理安排使同一施工过程的施工段的流水节拍都相等是可以做到的。

不同的施工过程的流水节拍各自相等，并且均为某一个数的倍数，每个施工过程按其节拍的倍数关系成立相应数目的专业施工队，组织这些专业施工队进行流水施工的施工组织方式，称为等步距成倍节拍专业流水，也可称为成倍节拍流水，或称为加快成倍节拍流水。

等步距成倍节拍专业流水的特点是：同一施工过程各自施工段上的流水节拍均相等；不同施工过程的流水节拍不全等，但互成倍数且存在一个最大公约数；施工过程时间连续，空间也连续；专业施工队总数大于施工过程数；同一施工过程内，各施工段的施工速度相等。

每个施工过程需要成立的专业施工队数目可以按下式确定：

$$b_i = t_i / K_0$$

式中，$b_i$为投入到施工过程中的专业施工队数；$t_i$为施工过程$i$的流水节拍；$K_0$为各施工过程流水节拍的最大公约数。

专业施工队总数可按下式计算：

$$N = \sum_{i=1}^{n} b_i$$

式中，$N$为专业施工队总数；$n$为施工过程数。

等步距成倍节拍专业流水施工的工期可按下式计算：

①无施工层时。

$$T = (m + N - 1)K_0 + \sum Z_1 - \sum C$$

②有施工层时。

$$T = (mJ + N - 1)K_0 + \sum Z_1 - \sum C$$

（2）分别流水法

在实际工程中，与固定节拍专业流水和等步距成倍节拍专业流水相比，经常采用的流水形式是异步距专业流水和非节奏专业流水，这两种流水形式都属于分别流水法的组织方式。

分别流水法施工组织的特点是：各施工过程间流水节拍互不相同，同一施工过程中各施工段之间的流水节拍可以相同也可以不同；相邻施工过程之间的流水步距不相等；流水步距与流水节拍的大小及相邻施工过程相应施工段的流水节拍差有关；主要施工过程的流水作业在时间上连续，在空间上可以不连续。按照分别流水法的这两种形式组织施工，其关键在于流水步距的确定。

1）异步距专业流水。如果同一施工过程的各施工段之间的流水节拍相等，而不同施工过程之间的流水节拍不相等，相邻施工过程的流水步距也不相等，则其属于异步距专业流水。在异步距专业流水中，如果不同施工过程间的流水节拍不相等，但却互成倍数，则称为异步距成倍节拍专业流水。

异步距专业流水的流水步距可以按以下两种情况进行考虑：

①将紧前施工过程在任何一个施工段的结束时间都先于或等于紧后施工过程的流水节拍作为第$i$个与第$i+1$个两个相邻施工过程之间的流水步距。即

$$K_{i,i+1} = t_i$$

式中，$K_{i,i+1}$为第$i$个与第$i+1$个相邻两个施工过程之间的流水步距；$t_i$为第$i$个施工过程的流水节拍。

②紧前施工过程的流水节拍大于紧后施工过程的流水节拍，即$t_i > t_{i+1}$。在这种情况下，如果仍按上式确定的流水步距安排流水作业，就会出现两种情况：一是紧前施工过程尚未完成，在没有为紧后施工过程提供工作面的条件下，紧后施工过程就已经开始进行，这是违反施工工艺要求的；二是为了满足施工工艺要求，而使紧前施工过程在各施工段上的工作不连续，即时间不连续，造成窝工。为了保证后续施工过程在施工段上连

续工作，即时间连续；同时又使施工过程符合施工工艺要求，流水步距应按下式进行确定：

$$K_{i,i+1} = t_i + (t_i - t_{i+1})(m - 1) = mt_i - (m - 1)t_i + 1$$

2）非节奏专业流水。如果同一施工过程中各施工段之间的流水节拍不完全相等，不同施工过程之间的流水节拍互不完全相等，流水节拍无规律可循，则其属于非节奏专业流水。非节奏专业流水是流水施工的普遍形式。

①流水步距的确定。确定非节奏专业流水的流水步距时，应既满足施工工艺的要求，又满足施工组织的要求，保证施工过程在时间上的连续性，即保证各专业施工队能连续施工，保证相邻两个施工队能够在开工时间上最大限度、合理地进行搭接。

累加数列错位相减取最大正差法是求非节奏专业流水步距的一种常用方法，是由潘特考夫斯基提出的，因此这种方法又称为潘特考夫斯基法。利用此法求各施工过程的流水步距时一般分为三个步骤：

a. 计算各施工过程流水节拍的累加数列。

b. 将相邻施工过程流水节拍的累加数列错位进行相减，得到一个差数列。

c. 取定各差数列中的最大正值作为各相邻施工过程的流水步距。

②计算施工工期。流水步距确定后，可按异步距专业流水计算施工工期。

## 8.3  工程网络计划技术与应用

### 8.3.1  工程网络计划技术概述

网络法是一种科学的计划管理技术，也是系统工程学的一种重要方法。网络法，顾名思义就是应用数学的图论原理表达各工作项目之间相互关系的计划方法。网络法起源于美国，分关键线路法和计划评审法两种。关键线路法是由杜邦·奈莫斯建筑公司与赖明顿·兰德公司合作，于1956年发展起来的，普遍应用于科研项目的计划管理。

网络法的基本原理是：首先应用网络图表达一个工程项目中各个工作项目的开展顺序与其相互之间的关系；然后通过对网络图中的各个工作项目的持续时间进行计算，找出网络图中的关键工作项目及由其组成的关键线路；再寻求费用较低的总工期，确定最优网络图计划方案；最后在网络图计划的执行工程中对网络图计划进行控制和监督，确保合理使用资源，以最低的费用完成工程项目计划。

网络法的表达方式有箭线图示法（双代号网络图）和顺序图示法（单代号网络图）两种。网络图由箭线、节点和线路三个基本要素组成。

（1）双代号网络图

双代号网络图是网络图应用最广泛的一种表示方式，由带箭头的线段（箭线）和线段头尾两端的圆圈（节点）组成。在节点（圆圈）内填入编号，箭头和箭尾节点（圆圈）的两个编号表示一个施工过程（工程项目或工作项目），箭头表示一个施工过程，箭尾节点表示一个施工过程的开始界面，箭头节点表示一个施工过程的结束界面。按照各个施工过程的先后次序及相互关系（当只表示相互关系而没有施工过程时，可以用一个虚箭线表示两个节点之间的相互顺序关系），使用箭线与节点自左至右排列起来，形成一个网状的图形，就成为一个双代号网络图。

关键线路法常常使用箭线表示一个施工过程，如图 8－8 所示。计划评审法常常使用节点表示工作项目开始或结束的界面，如图 8－9 所示。

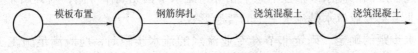

图 8－8　关键线路法用箭线表示施工过程

图 8－9　计划评审法用节点表示施工过程开始或结束的界面

（2）单代号网络图

单代号网络图也是网络图的一种表示方式，由斯坦福大学的约翰·威廉·冯达尔教授于 1962 年提出并得到推广。它与双代号网络图的最大区别是：箭线和节点的表示意义相反，节点表示一个施工过程，箭线表示施工过程的开始和结束的界面。由于箭线表示相互关系，因而没有必要设置虚箭线，绘制的网络图显得非常简洁。但是，在某一位置的前一部分的节点与后一部分的节点均存在相互关系时，箭线交叉较多，此时就需要引入一个虚节点，以减少箭线交叉。

无论是双代号网络图还是单代号网络图，必须只有一个起点节点和一个终点节点。网络图中从起点节点开始，沿箭头方向通过一系列箭线与节点，最后达到终点节点的通路，称为线路。自始至终全部由关键工作项目（关键施工过程）组成的线路或线路上总的工作项目（施工过程）持续时间最长的线路，称为关键线路。关键线路上的总的工作项目（施工过程）持续时间就是总工期。在网络图中，总时差最小的工作项目（施工过程）称为关键工作项目（关键施工过程）。关键工作项目（关键施工过程）持续时间的改变将会影响总工期的目标决策，因此，关键工作项目（关键施工过程）的持续时间是进度计划控制的重点。

所谓网络图计划，是指在网络图上加注工作的时间参数等而编成的节点计划。用网络图计划对项目的工作进度进行安排和控制，以保证实现预定目标的、科学的计划管理技术，就是网络计划技术。

值得一提的是，华罗庚教授在 20 世纪 60 年代初期总结出数学的应用成果，提出了应用于工厂企业的优选法和应用于工程建设行业的统筹法。其中，统筹法就是以网络法为基础的计划技术，它的提出奠定了我国普及网络计划技术的基础。

## 8.3.2　工程项目网络计划的编制

工程项目网络计划的编制分为六个步骤：目标决策、工程项目分解与开列清单、明确定性网络图、明确施工方法与资源需求及其费用、明确定量网络图（估算工期时间）和网络图的优化。

（1）目标决策

目标决策主要根据实际施工经验与环境的条件约束，考虑合同双方的风险与责任因素，确定目标的总工期。

（2）工程项目分解与开列清单

工程项目分解主要按照工程项目的层次来考虑，建设项目可以分解到单项工程；单项工程可以分解到单位工程；单位工程可以分解到分部分项工程或检验批，见表8-3。对分解后的工程项目（施工过程）应开列清单以免遗漏，为画定性网络图做准备。

表8-3 施工过程分解清单

| 序号 | 施工过程 | 过程持续时间/天 | 紧后施工过程 | 备注 |
|---|---|---|---|---|
| 1 | 混凝土垫层 | 2 | Ⅰ段基础钢筋 | |
| | | | Ⅱ段基础钢筋 | |
| 2 | Ⅰ段基础钢筋 | 3 | Ⅱ段基础模板 | |
| | | | Ⅱ段基础钢筋 | |
| 3 | Ⅱ段基础钢筋 | 3 | Ⅱ段基础模板 | |
| | | | Ⅰ段柱梁钢筋 | |
| 4 | Ⅰ段基础模板 | 6 | Ⅰ段基础混凝土 | |
| | | | Ⅱ段基础模板 | |
| 5 | Ⅱ段基础模板 | 6 | Ⅱ段基础混凝土 | |
| | | | Ⅰ段柱梁钢筋 | |

（3）明确定性网络图

根据工程项目的分解清单明确各个施工过程（工作项目）之间的相互顺序关系，画出定性网络图。一般先确定施工过程之间的相互关系，然后确定施工过程。

（4）明确施工方法与资源需求及其费用

根据分解后的施工过程的需求，确定各个施工过程的适宜施工方法，并确定所需的资源量，同时计算其费用（预算造价）。

（5）明确定量网络图

根据施工方法、资源需求量、施工人数、机械台班、工作时间标准，估算各个施工过程的持续时间，计算各个施工过程的时差，确定关键线路，标识各个关键施工过程（工作项目），并且计算关键线路的总的持续时间（总工期）。

（6）网络图的优化

根据决策目标不同，可以对网络图进行时间优化、资源优化和费用优化。

## 8.3.3 网络计划优化

从定性网络图到定量网络图，可为进度计划建立一个网络图的基础模型，但仍需要根据决策目标或约束条件的要求进一步调整和改善网络图，以安排理想的进度计划，此项工作称为网络计划优化。

网络计划优化就是求出一个理论最优解的过程。受实际约束条件的限制，求出的是一个符合决策目标要求的满意解，而并非是一个理论最优解。

（1）网络计划的时间优化

时间是一种特殊的资源。根据网络图的时间目标要求，对网络图的基础模型加以分析，调整和改善网络计划的时间，以缩短工程的工期，此项工作称为网络计划的时间优化。

1）时间优化的步骤。

①确定网络图中超过竣工目标的关键线路、非关键线路及其他线路的工期时间。

②优化超过竣工目标的各条线路上工作项目的持续时间。

③计算网络图中新的关键线路及竣工工期。

2）时间优化方式。网络计划的时间优化就是关键线路延续时间的缩短；而关键线路优化后可能会形成新的关键线路，因此需要反复进行优化。

网络计划的时间优化方式可以分为优化施工过程之间的组织关系和优化施工过程之间的相互关系两大类。

1）施工过程的组织关系优化。将依次施工过程调整为平行施工过程或流水施工过程。

①将依次施工过程调整为平行施工过程，可以达到最大的时间优化效果。例如，基础的依次施工过程为钢筋工程、模板工程、混凝土工程；当把基础均分为两段进行平行施工时，网络图中的关键线路的工期时间就可由原来的 20 天优化缩短为 10 天，如图 8－10和图 8－11 所示。

②将依次施工过程调整为流水施工过程，可以达到时间优化、资源均衡的效果。例如，基础的依次施工过程为钢筋过程、模板工程、混凝土工程；当把基础均分为两段进行流水施工时，网络图中的关键线路的工期时间就可由原来的 20 天优化缩短为 16 天，如图 8－10 和图 8－12 所示。

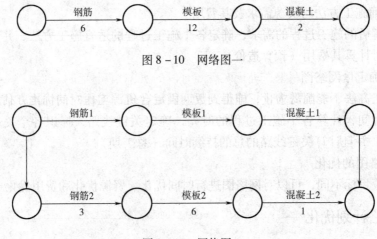

图 8－10　网络图一

图 8－11　网络图二

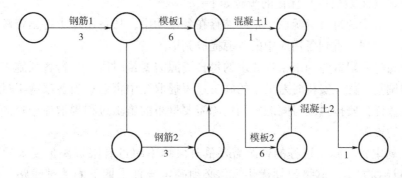

图 8 - 12　网络图三

2）优化施工过程之间的相互关系。将依次施工过程调整为主导施工过程或穿插施工过程。将依次施工过程调整为逆作施工过程，可以达到最满意的时间优化效果。

（2）网络计划的资源优化

资源是完成施工过程的基本要素之一。资源优化的方式有工期固定（资源均衡）和资源有限（工期最短）两种。

1）工期固定。工期固定（资源均衡）优化也称为削峰填谷法，是利用非关键施工过程的时差降低资源高峰值，获得资源消耗尽可能均衡的方案。

工期固定（资源均衡）优化的步骤如下：

①将网络计划中的所有工作按照最早开始时间安排，计算出各项工作的每日资源需求量，画出资源曲线图。

②根据图示找出网络计划中的资源需要高峰时段，优先确定一个在资源需要高峰时段的、每日资源需要量小的非关键施工过程，利用时差向后错过高峰时段，将其调入资源需要谷底时段或资源需要量值，而资源需要谷底值叠加一个非关键施工过程的资源需要量值；当资源需要高峰时段各项非关键施工过程的每日资源需要量大体相同时，确定一个时差最大的非关键施工过程，利用时差向后错过高峰时段，将其调入资源需要谷底时段或资源需要较低时段进行资源均衡调整，使资源需要高峰值减去一个时差最大的非关键施工过程的资源需要量值，而资源需要谷底值叠加一个时差最大的非关键施工过程的资源需要量值。

③当资源需要高峰时段的非关键施工过程的时差不足以向后错过高峰时段时，找出资源需要次高峰时段进行调整，进行次高峰时段的资源均衡调整，直到网络计划的资源需要高峰或次高峰不能削低为止，即得到工期固定（资源均衡）的优化方案。

非关键施工过程先后错过高峰或次高峰时段的时间不能超过时差限定的时间，否则非关键线路就会成为关键线路而延长工期，打破工期固定的约束条件。资源均衡的过程是一个相对满意的资源均衡，一般情况下达不到理想的资源均衡要求。

2）资源有限。资源有限（工期最短）优化也称为备用库法，是利用资源限定值不能突破的约束条件，重新安排网络计划的各项非关键施工过程（必要时可重新安排关键施工过程）的开始时间，使各项施工过程的每天资源需要量之和不大于资源限定值，且使延长的工期最少的一种方案。

资源有限（工期最短）优化的步骤如下：

①确定可分配的每日资源供应量并储存在备用库中，从备用库中提出资源供应给开始的每项施工过程，直到备用库中的资源提取完毕。

②检查超过有限资源约束条件要求的每日资源需要量时段，进行各项施工过程的开始时间顺序调整，优先安排时差最小的施工过程提取库中资源；当各项施工过程的时差大体相同时，优先安排持续时间短的和资源需要量小的施工过程提取库中资源，直到用尽备用库中的资源。

检查计划中各项施工过程的资源需要量时段均不超过有限资源量要求后，即得到优化的网络计划方案。网络计划优化后，必须确定合理工期下的关键线路。原来的关键施工过程可能变为非关键施工过程，原来的非关键施工过程也可能变成关键施工过程。

（3）网络计划的费用优化

网络计划的总费用由直接费用和间接费用组成。直接费用随着持续时间的缩短而增加，间接费用随着持续时间的增加而减少，两者叠加形成的总费用存在一个最低值，网络计划的费用优化就是寻求总费用最低时的最优工期。

网络计划的费用优化步骤如下：

1）依照正常持续时间的约束条件，确定关键施工过程与关键线路。

2）依照可变持续时间的约束条件，计算各项施工过程的持续时间为最短时间时的费用率，即完成一项施工过程的最短持续时间的直接费用和正常持续时间的直接费用之差与完成一项施工过程的正常持续时间和最短持续时间之差的比率。

3）根据计算结果，找出费用率最低的一项关键施工过程或一组关键施工过程，缩短其持续时间（其持续时间不能缩短为非关键施工过程的持续时间，也不能小于最短持续时间），计算相应增加的直接费用。

4）计算一项或一组关键施工过程持续时间缩短后带来的工期变化而导致的直接费用增加与间接费用减少及其他损益的合计总费用。

5）找出最低的总费用，确定费用优化的网络计划方案。

网络计划的费用优化是适用于持续时间为非肯定型的计划评审法网络计划，其是在各项施工过程持续时间缩短或延长的条件下寻求总费用最低的网络计划方案。

## 8.3.4　网络计划控制

网络计划在执行过程中需要按照一定的周期收集网络计划实际执行情况的资料。对于时标网络计划，可以把实际执行的情况用实际进度前锋线标注在网络计划图上。实际进度前锋从检查的上时间刻度点开始，用线段依次连接各项施工过程的实际进度前锋点，到检查的下时间刻度点为止，形成折线。它可以使用彩色线，不同的检查周期的实际进度前锋线可以使用不同的颜色标注。对于非时标网络计划，可以把实际执行的情况用文字、数字、符号或列表标注，然后用资料进行分析。

网络计划实际执行情况检查结果的分析主要是针对时标网络计划，根据实际进度前锋线分析计划执行的情况及发展，对今后的进度情况进行预测，对偏离计划目标的情况做出预测与判断。

网络计划的调整可以定期进行或根据网络计划执行情况的结果分析要求进行，包括六项内容：关键线路的工期调整、非关键施工过程的时差调整、施工过程变更、施工过程之间的相互逻辑关系调整、某些施工过程持续时间的重新估计和资源投入调整。

（1）关键线路的工期调整

对于实际进度比计划进度提前的情况，如果需要提前完成计划，可将原计划的未完成部分当作一个新计划，重新确定关键施工过程的持续时间。执行新的网络计划时，如果不需要提前完成计划，可适当延长资源需要量大或直接费用高的后续的关键施工过程的持续时间。对于实际进度计划延误的情况，可以选择资源需要量小或费用少的后续的关键施工过程，缩短其持续时间，并将原计划的未完成部分作为一个新的计划，按施工工期优化的方法进行调整。

（2）非关键施工过程的时差调整

对于未开始进行的施工过程，可在其最早开始时间与最迟开始时间之间确定其开始时间；根据资源需要或费用调整的要求，延长或缩短施工过程的持续时间。

（3）施工过程变更

一般维持原有网络计划的相互逻辑关系，只对局部施工过程的相互逻辑关系进行调整；对某些施工过程重新计算时间参数，分析其对原有网络计划的影响。采取措施，保持计划工期不变。

（4）施工过程之间的相互逻辑关系调整

只有当实际情况要求必须改变施工方法或组织方法时，才能对施工过程之间的相互逻辑关系进行调整，同时保证原有的工期不变和其他施工过程的顺利进行。

（5）某些施工过程持续时间的重新估计

如果某些施工过程的持续时间有问题或执行条件受限，可对其持续时间重新估计，同时计算网络计划的时间参数。

（6）资源投入调整

如果资源供应发生异常，可按资源优化的方法对计划进行调整。

## 8.4　工程项目施工进度计划编制

### 8.4.1　工程项目施工进度计划编制的依据和程序

工程建设是一个系统工程，要想完成一项建设工程，必须协调布置好人、财、物、时间、空间，才能保证工程按预定的目标完成。在人、财、物一定的条件下，合理制定施工方案，科学制订施工进度计划，并统揽其他各要素的安排，是工程建设的核心。这对于提高施工单位的管理水平也具有十分重要的现实意义。

（1）施工进度计划编制依据

1）工程施工合同。

2）建筑总平面图、施工设计图纸、工程地质勘查报告、相关标准设计图等技术资料。

3）工程项目施工工期要求及开工、竣工日期。

4）施工条件，劳动力、材料、构配件及机械设备供应条件，分包单位的状况。

5）确定的主要分部分项工程的施工方案，包括施工部署、施工程序、施工起点流向、施工顺序、施工方法、质量安全及成本措施等。

6）预算定额、劳动定额、机械台班定额、工期定额等。

7）其他有关要求、相似施工项目的施工经验等资料。

（2）施工进度计划编制程序

施工进度计划编制程序如图8-13所示。

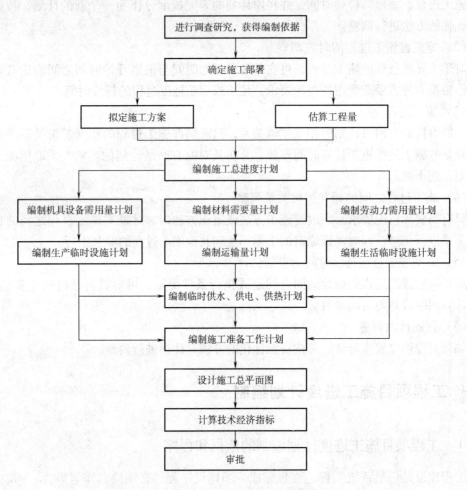

图8-13 施工进度计划编制程序

## 8.4.2 划分施工过程和计算工程量

（1）划分施工过程

首先将拟建工程项目分解为各个施工过程，主要按照工程项目的层次来考虑；然后

118

结合施工方法、施工条件、劳动组织等因素，按照施工设计图纸和施工顺序加以调整，以适应编制施工进度计划的需要。

一般只列出在建筑物或构筑物作业面上直接进行作业的施工过程，不列出构件制作和运输等制备类与运输类的施工过程；但是，有时也将影响其他施工过程的制备类和运输类施工过程列入，如楼板的随运随ळ、大型预制构件的现场制作等。

分解工程项目为施工过程时，应当注意以下五个方面的问题：

1）施工过程划分的粗细程度主要根据施工进度计划的需要确定。对控制性的施工进度计划，施工过程可划分得粗一些，一般分解到分部工程。例如，对砖混结构住宅建筑的施工进度计划，只列出基础工程、主体工程、屋面工程和装修工程四个施工过程。对实施性的施工进度计划，施工过程划分得要细一些，通常分解到检验批。例如，屋面工程可分解到Ⅰ段找平层、Ⅱ段找平层、Ⅰ段保温层、Ⅱ段保温层、Ⅰ段防水层、Ⅱ段防水层等施工过程。

2）施工过程的划分为应当适应施工方案的要求。例如，结构安装工程若采用分件吊装法，则施工过程分解到构件；若采用综合吊装法，则施工过程只分解到吊装单元。

3）施工过程的划分应突出重点，简化施工进度计划的内容，将一些穿插施工过程合并到主要施工过程中去。例如，将工业厂房中的钢门窗油漆、钢支撑油漆和钢梯油漆合并为钢构件油漆施工过程中；将次要、零星的施工过程合并到其他施工过程中。

4）对水电工程和设备安装工程，只反映配合关系。对水电与设备安装工程一般进行分承包管理，不必细分，只需反映水电与设备安装工程和建筑工程的配合搭接关系即可。

5）施工过程开列清单按照施工顺序先后排列，施工过程的名称遵从预定定额的项目名称。

（2）计算工程量

计算施工过程的工程量时，可以直接采用施工图预算的数据，对个别施工过程的工程量按照实际情况予以调整。例如，计算土方工程量时，应根据土的级别、采用的施工方法（局部开挖还是大开挖、放坡还是架设支撑）等实际情况进行计算。

计算工程量时，应当注意以下四个方面的问题：

1）各个施工过程的工程量计算单位应与预算定额规定的单位相一致，避免进行换算时发生错误。

2）根据确定的施工方法和安全文明施工技术要求计算工程量。

3）根据施工组织的要求，分区、分项、分段、分层计算工程量。

4）直接采用预算文件中的工程量时，按照施工过程的划分情况，将预算文件中的相关项目的工程量合并。例如，对砌筑砖墙施工过程的工程量，应将预算文件中的按照内墙、外墙，不同墙厚，不同砌筑砂浆及强度等级计算的工程量进行合并。

## 8.4.3 计算持续时间

计算施工过程持续时间的方法有：根据施工过程配备的施工机具数量和各专业施工人数确定施工过程的持续时间，以及根据工期要求倒排施工过程的持续时间。

### 8.4.4　安排施工顺序

安排施工顺序时，一般应当考虑以下六个因素：

1）遵循施工程序。

2）符合施工工艺要求。例如，现浇钢筋混凝土柱的施工顺序为绑扎钢筋、布置模板、浇筑混凝土；而现浇钢筋混凝土梁的施工顺序为布置模板、绑扎钢筋、浇筑混凝土。

3）符合施工方法要求。例如，单层工业厂房分件吊装的施工顺序为吊柱、吊梁、吊屋盖；而综合吊装的施工顺序为吊第一节间柱、梁、屋盖，吊第二节间柱、梁、屋盖……，吊最后一节间柱、梁、屋盖。

4）符合施工组织要求。例如，室内外的装饰工程施工顺序可以互换逻辑关系，其施工顺序应根据施工组织的要求确定。

5）考虑施工质量和安全。

6）考虑当地气候的影响。例如，冬期室内施工时，应先安装玻璃封闭房间，后进行室内装饰工程施工。

### 8.4.5　绘制进度计划图（表）

绘制进度计划图（表）时，必须充分考虑各个施工过程的合理顺序，尽可能地组织流水施工，优化工期与资源，确保主要专业施工队连续施工。

绘制施工进度计划图（表）的方法如下：

1）划分主要施工阶段（以分部工程为主），组织流水施工。首先安排主导施工过程的施工进度，确保其连续施工；然后安排其他施工过程与主导施工过程配合、穿插、平行作业；最后绘制主要施工阶段的施工进度计划图（表）。例如，砖混结构房屋的主体结构工程施工进度安排的主导施工过程为砌筑和楼板安装。

2）配合主要施工阶段，安排其他施工阶段（以分部工程为主）的施工进度，绘制其他施工阶段的施工进度计划图（表）。

3）按照施工工艺的合理性和施工过程之间尽量穿插、搭接、平行作业的方法，将各施工阶段的流水作业图（表）最大限度地搭接起来，形成施工进度计划的初步方案，然后进行优化调整。

## 8.5　工程项目施工进度控制

### 8.5.1　影响项目施工进度的主要因素

影响项目施工进度的因素有很多，一般有六项主要因素：项目施工参与者的影响因素、项目施工技术因素、项目施工组织管理因素、项目投资因素、项目设计变更因素、不利条件和不可预见因素。

（1）项目施工参与者的影响因素

影响项目施工的参与者包括业主、设计单位、总承包商、政府有关部门、银行信贷部门、物资供应部门、劳务分包商、专业工程分包商等。因此，配合协调是保证项目管理运作正常的重要因素，控制项目施工进度必须做好项目参与者的组织协调工作，从而有效地控制项目施工进度。

（2）项目施工技术因素

项目施工技术因素包括对项目施工技术的难度估计不足、对某些设计或施工问题的解决方法没有考虑、对项目设计意图和技术要求没有正确领会、采取的技术措施不当、对"四新"的应用缺乏经验、缺少相应的科研或试验手段等。这些都会造成施工失误，导致项目出现工程质量缺陷，影响项目施工进度控制。

（3）项目施工组织管理因素

项目施工组织管理因素包括施工平面布置不合理（现场材料堆放混乱、水平或垂直运输不畅）、劳动力和机械设备的选配不当、施工组织不合理（资源不均衡）等。这些因素很容易造成施工组织管理无序、失控，影响项目施工进度计划。

（4）项目投资因素

项目投资因素包括开工前的预付款没有拨付、开工后的进度款不能及时拨付等。这些因素会造成施工资金短缺，材料、设备、劳务、现场管理脱节，甚至影响项目施工进度计划。

（5）项目设计变更因素

项目设计变更因素包括业主改变项目原有设计功能、项目设计图纸存在错误或提出设计变更等。项目设计变更容易导致改变原有施工进度要求，使施工进度放慢或停工，从而影响项目施工进度控制。

（6）不利条件和不可预见因素

不利条件和不可预见因素包括出现多年不遇的洪水或恶劣气候条件、水文地质没有揭示的地下水、工程地质没有揭示的地下断层或溶洞、地面沉陷、发生地震、爆发自然灾害或瘟疫、国家或地方发生政治事件、出现工人罢工或战争、项目出现质量事故等，这些因素都会影响项目施工进度计划。

## 8.5.2 项目施工进度控制的措施和方法

（1）项目施工进度控制的措施

项目施工进度控制的措施主要有组织措施、技术措施、合同措施、经济措施和信息管理措施。

1）组织措施。组织措施是指明确职责、落实人员、分配任务、确定施工进度、协调工作制度、分析影响施工进度的风险因素等措施。

2）技术措施。技术措施是指采用加快施工进度的技术方法。

3）合同措施。合同措施是指进行各种分、承包合同的签订，协调总承包合同和承包合同与施工进度计划的关系的措施。

4）经济措施。经济措施是指协调资金使用、控制施工成本等措施。

5）信息管理措施。信息管理措施是指进行施工进度计划的检查分析、定期提交施工检查分析报告的措施。

（2）项目施工进度控制的方法

项目施工进度控制的方法有以下两类：

1）网络图控制法。网络图控制法的主要内容是网络计划检查和网络计划调整。

2）线性图控制法。线性图包括水平指示图表、垂直指示图表、S形曲线和香蕉形曲线。

①水平指示图表。当采用横道图进行项目施工进度计划控制时，首先将项目施工进度完成情况的检查结果使用黑实线标注于横道图的计划进度线段下；然后将实际进度与计划进度进行比较，找出各项施工过程提前或拖后的天数，分析原因及其对后续施工过程的影响，采取有效的技术组织措施加以调整。

②垂直指示图表。当采用垂直指示图表进行项目施工进度计划控制时，首先将项目施工进度完成情况的检查结果使用黑实线标注于垂直指示图表的计划进度斜线表上；然后比较实际进度与计划进度的偏离程度，分析原因及其对后续施工过程的影响，采取有效的技术组织措施加以调整。

③S形曲线。当采用S形曲线控制项目施工进度时，将实际项目施工进度与计划施工进度进行比较，可以判别项目施工进度的实际进展情况。确定项目施工进度提前或拖后的状况，确定累积工程量的完成情况，从而分析、预测项目施工后期的进展趋势，为后续施工过程的进度计划调整提供依据。

④香蕉形曲线。香蕉形曲线是S形曲线的完善。S形曲线是根据最早开始时间完成的累计工程量绘制的，对于施工过程拖后完成是否超过时差要求不能显示。香蕉形曲线则是根据施工过程的最早开始时间完成的累计工程量绘制的一条S形曲线，称为ES曲线；再根据施工过程的最迟开始时间完成的累计工程量绘制的一条S形曲线，称为LS曲线，如图8-14所示。

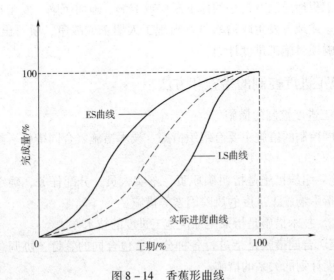

图8-14　香蕉形曲线

由于两条曲线同时开始、同时结束，中间阶段的ES曲线点在LS曲线的左侧，形成的封闭曲线状如香蕉，因而称为香蕉形曲线。香蕉形曲线构成了施工进度和费用范围的上下限，因此，当施工过程实际完成的工程量或进度超过了香蕉形曲线范围时，必须及时分析施工进度提前或拖后的原因并采取相应措施。一般情况下，实际施工进度完成的累计工程量曲线应介于香蕉形曲线之间，如图 8-14 所示。

### 8.5.3　项目施工进度计划的实施与检查

（1）项目施工进度计划的实施

项目施工进度计划的实施包括四项工作：编制施工作业计划、下达施工任务书、签订分承包合同、做好施工调度工作。

1）编制施工作业计划。施工作业计划是保证项目施工进度计划执行与落实的关键措施，一般分为月作业计划和旬作业计划。施工作业计划是将企业计划任务、项目施工进度计划和现场施工具体情况三者协调起来，把任务直接下达给执行者，用来直接组织和指导施工的文件。施工作业计划包括以下三方面的内容：

①月（旬）应完成的施工任务及相应的施工进度。

②根据月（旬）施工任务及其施工进度，确定相应地提高劳动生产率和降低成本的措施。

③根据月（旬）作业计划的具体实施情况，确定相应地提高劳动生产率和降低成本的措施。

编制施工作业计划时，计划制订人员需要检查项目施工进度计划的实际进展情况，最后通过施工任务书把施工作业计划落实到施工队。

2）下达施工任务书。施工任务书是下达具体施工任务给施工队的计划性文件，一般以表格形式下达，包括以下四方面内容：

①需要完成的工程项目、工程量、施工过程的开竣工时间和施工日历进度表。

②完成施工任务的资源需要量。

③完成施工任务的施工方法、技术组织措施、工程质量、文明安全、成本计划的各项指标。

④记工单、限额领料单、登记表格和各种记录表。

施工任务书是施工队结算的原始凭证，也是考核奖励的基本依据。

3）签订分承包合同。施工项目经理部必须协调劳务分包商、材料分包商、设备分包商、专业工程分包商，把施工项目管理的进度控制、质量控制、成本控制，安全文明施工控制的责任、权利、义务用法定的合同方式加以明确，签订各项分包合同，以法律手段保证施工计划的落实与执行。

4）做好施工调度工作。施工调度工作的主要任务是：检查督促项目施工进度计划和工程合同的执行情况，调度材料、设备、劳动力，解决施工现场出现的矛盾，协调内外部的配合关系，确保和促进各项计划指标的落实。

施工调度涉及以下方面的工作：监督施工作业计划的实施并协调各方面的进度关系；督促资源供应单位按照计划提供劳动力、施工机具、运输车辆、材料、器具、构配件等；对临时出现的问题采取调配措施；按照施工平面布置图管理施工现场并根据实际情况进行调整，保证安全文明施工；及时了解气候、水、电、气的变化情况，采取相应的防范和保证措施；及时发现和处理施工现场发生的各种事故和意外情况；调节各个薄弱环节，做好材料、机具、劳动力的平衡工作；定期召开现场调度会议，贯彻与施工项目有关的重要决策，发布各种调度指令。

（2）项目施工进度计划的检查

项目施工进度计划的检查是指依据计划进度跟踪、对比和检查实际进度的过程。这一过程包括收集进度资料，对资料进行统计整理，记录实际进度并与计划进度进行对比分析，最后根据检查报告制度将检查结果提交给项目经理及相关的业务职能负责人。

记录实际进度与计划进度并进行对比检查的方法有很多，主要有横道图对比检查法、S形曲线对比检查法、香蕉形曲线对比检查法和网络图对比检查法，可参见项目施工进度控制的相关内容。

## 8.5.4 项目施工进度计划的调整

项目施工进度计划的调整就是根据实际进度检查的结果，分析实际进度与计划进度之间的偏差及其原因，采取补救措施，适时调整施工进度计划，确保实现计划进度指标的过程。

无论是网络图控制法还是线性图控制法，都应能方便地检查、记录和对比项目施工进度，提供施工进度提前或拖后的信息。但使用网络图控制法，可以更方便、更准确地分析检查结果对项目工期的影响，从而为正确调整项目施工进度计划提供依据。因此，检查与调整施工进度计划大多采用网络图控制法。

在施工项目的实施过程中，项目施工进度控制人员应每天在项目施工进度网络计划图上标注出实际施工进度前锋线，检查网络计划的执行情况。一般每周进行一次检查结果分析，提交相应的施工进度控制报告。

主管部门应根据具体情况及时调整网络计划。调整的内容主要包括：从网络计划中删除多余的工艺、在网络图上增加新的工序、调整某些工序的持续时间，以及重新计算未完工序的各项时间参数。

项目施工进度计划调整周期一般为：对半年至一年工期的施工项目，调整周期为两周；对一年以上工期的施工项目，调整周期为一个月。当项目处于施工高峰阶段时，网络计划的调整缩短至正常周期的一半；当项目处于施工淡季阶段时，网络计划的调整周期延长至正常周期的一倍。

一般情况下，网络计划的调整可以与相关的施工协调结合起来，在会前提出项目施工进度网络计划调整方案，拟定网络计划调整报告；然后在会上进行讨论并做出相应的决策。

网络计划的调整方法应根据调整范围的大小确定：当调整范围不大时，可在原有网络计划基础上修订，重新计算未完成工序的各项时间参数，并进行相应优化；当调整范围很大时，应重新安排施工顺序，调整施工力量，编制新的项目网络计划，计算各项时间参数，进行网络计划优化，并确定出最优方案付诸实施。

## 复习思考题

1. 什么是流水节拍、流水步距？它们是如何确定的？
2. 影响项目施工进度的因素有哪些？
3. 如何对施工项目进度进行调整？
4. 什么是网络计划优化？其包括哪些内容？

# 9 工程建设项目成本管理

## 9.1 工程建设项目成本管理概述

工程建设项目成本管理是根据企业的总体目标和工程项目的具体要求，在工程项目实施过程中，对项目成本进行有效的组织、实施、控制、跟踪、分析和考核等的管理活动，以强化经营管理，完善成本管理制度，提高成本核算水平，降低工程成本，是实现目标利润、创造良好经济效益的过程。

建筑施工企业在工程建设中实行项目成本管理是企业生存和发展的基础与核心。在施工阶段搞好成本控制，达到增收节支的目的是项目经营活动中更为重要的环节。我国一些施工企业在工程建设项目成本管理方面存在制度不完善、管理水平低等诸多问题，造成成本支出较大而效益低下的不良运作局面。加强工程建设项目成本管理与控制是施工企业积蓄财力、增强企业竞争力的必然选择。

### 9.1.1 项目成本的概念及构成

（1）项目成本的概念

项目成本是建筑施工企业以施工项目作为成本核算对象，在施工过程中所耗费的生产资料转移价值和劳动者必要劳动所创造的货币形式。项目成本包括所耗费的主、辅材料，构配件，周转材料的摊销费或租赁费，施工机械的台班费或摊销费，支付给生产工人的工资、奖金，以及在施工现场进行施工组织与管理所发生的全部费用支出。

项目成本不包括工程造价组成中的利润和税金，也不应包括构成施工项目价值的一切非生产性支出。

项目成本是施工企业的主要产品成本，也称为工程成本，一般以项目的单位工程作为成本核算对象，通过各单位工程成本核算的综合来反映施工项目成本。

（2）项目成本的构成

1）直接成本。直接成本是指施工过程中耗费的构成工程实体和有助于工程形成的各项费用支出，包括直接工程费用和措施费。当直接工程费用发生时，就能够确定其用于哪些工程，可以直接计入该工程成本。直接成本构成如图 9－1 所示。

2）间接成本。间接成本是指项目经理部为准备施工，组织施工生产和管理所需的全部费用支出。当间接成本产生时，不能明确区分其用于哪些工程，只能采用分摊费用方法计入。间接成本构成如图 9－2 所示。

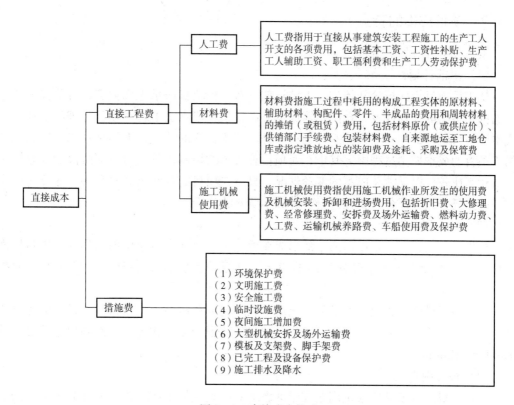

图 9-1 直接成本构成

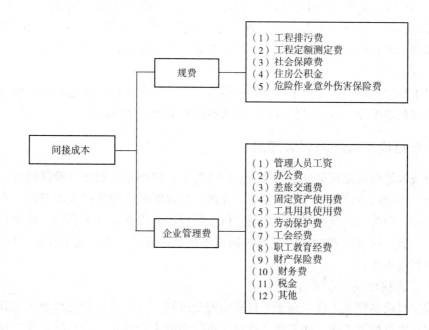

图 9-2 间接成本构成

## 9.1.2　项目成本的特点

项目成本具有如下特点。

（1）事前计划性

从工程项目投标报价开始到竣工结算前，对工程项目的承包商而言，各阶段的成本数据都是事前的计划成本、合同预算成本、设计预算成本、组织对项目经理的责任目标成本、项目经理部的施工预算及计划成本等。基于这样的认识，人们把动态控制原理应用于项目的成本控制过程中。其中，对项目总成本的控制，总是对不同阶段的计划成本进行相互比较，以反映总成本的变动情况。只有在项目的跟踪核算过程中，才能对已完成的工作任务或分部分项工程进行实际成本偏差的分析。

（2）投入复杂性

从投入情况看，工程项目成本的形成在承包组织内部有组织层面的投入和项目层面的投入，在承包组织外部有分包商的投入，甚至业主方以提供材料设备的方式的投入等。

工程项目最终作为建筑产品的完全成本和承包商在实施工程项目期间投入的完全成本，其内涵是不一样的。作为工程项目管理责任范围的项目成本，显然要根据项目管理的具体要求界定。

（3）核算困难大

工程项目成本核算的关键问题在于动态地对已完成的工作任务或分部分项工程的实际成本进行正确的统计归集，以便与相同范围的计划成本进行比较分析，把握成本的执行情况，为后续的成本控制提供指导。但是，由于成本的发生或费用的支出与已完成的工程任务量在时间和范围上不一定一致，这就给实际成本的统计归集造成很大的困难，影响核算结果的数据可比性和真实性，以致失去对成本管理的指导作用。

（4）信息不对称

建设工程项目的实施通常采用分包的模式，由于商业机密，总包方对于分包方的实际成本往往很难把握，这给总包方的事前成本计划带来一定的困难。

## 9.1.3　项目成本管理的相关知识

项目成本管理就是在保证工期和质量的情况下，利用组织措施、经济措施、技术措施和合同措施把成本控制在计划范围内，并进一步寻求最大限度的成本节约。实际上项目一旦确定，则收入也就确定了。如何降低工程成本，以获取最大利润，是项目成本管理的目标。施工成本管理的任务主要包括成本预测、成本计划、成本控制、成本核算、成本分析和成本考核。

（1）工程项目成本管理的内容

工程项目成本管理工作贯穿于项目实施的全过程，应随项目的进行渐次展开。项目成本管理依次有如下工作：建立健全项目成本管理的责任体系；进行项目成本预测，编制成本计划，进行成本运行控制、成本核算、成本分析，项目成本考核、核算。

1）建立以项目经理为中心的成本管理体系，确定项目经理是成本管理的第一责任人；然后按内部各岗位和作业层进行目标分解，明确各管理人员和作业层的成本责任、权限及相互关系。

2）成本目标一旦确定，项目经理部的主要职责就是通过组织施工生产加强过程控制，千方百计地确保成本目标的实现。为此，企业应建立和完善项目管理层作为成本控制中心的功能和机制，并为项目成本控制优化配置生产要素，实施动态管理的环境和条件。

项目经理部应对施工过程中发生在项目经理部管理职责权限内能控制的各种消耗和费用进行成本控制。通常是成立成本控制小组，定期进行项目经济活动分析；同时制定成本管理办法及奖惩办法，做到奖罚分明，以充分调动各级领导和项目所有成本人员的积极性。

3）因为各个阶段的工作要求和特点不同，所以各阶段成本管理工作的内容也不同，但它们相互作用和相互依赖。

4）成本预测是成本决策的前提，成本计划是成本决策确定目标的具体化。成本控制是对成本计划实施的监督，保证决策的成本目标实现；而成本核算又是对成本计划是否实现的最大检验。核算所提供的成本信息又为下一个施工项目成本控制预测和决策提供参考资料。

成本考核是实现成本目标责任制的保证和实现决策目标的重要手段。

（2）工程项目成本管理的特点

1）工程项目成本管理是一个复杂的系统工程。工程项目成本管理从横向可以分为工程项目投标报价、成本预测、成本计划、统计等，从纵向可以分为组织、控制、核算、分析、跟踪和考核等。由此可形成一个工程建设项目成本管理系统。

2）工程项目成本管理是一个动态管理的过程。工程建设项目的建设周期往往很长，在整个建设过程中又受到各种内部因素和外部因素的影响，其成本在整个建设过程中不断地发生变化。因此，工程建设项目成本管理必须根据不断变化的内、外部环境，不断地对成本进行组织。

（3）工程项目成本管理的原则

1）以人为本、全员参与原则。

①项目成本管理工作是一项系统工程，项目的进度管理、质量管理、安全管理、施工技术管理、物资管理、劳务管理、财务管理等一系列管理工作都关系到项目成本。项目成本管理是项目管理的中心工作，必须让企业全体人员共同参与。

②项目成本管理的每项工作、每个内容都需要相应的人员来完善，所以抓住本质、全面提高人的积极性和创造性，是做好项目成本管理的前提。

2）领导者推动原则。企业的领导者是企业成本的责任人，必然是工程项目施工成本的责任人。领导者应制定项目成本管理的方针和目标，负责项目成本管理体系的建立和保持，创造使企业全体员工能充分参与项目成本管理，实现企业成本目标的良好内部环境。

3）管理层次与管理内容的一致性原则。项目成本管理是企业各项专业管理的一部分，从管理层次上讲，企业是决策中心、利润中心，项目是企业的生产场地、生产车间。由于企业大部分的成本耗费在此发生，因而其也是成本中心。项目完成了材料和半成品在空间与时间上的流水，绝大部分要素或资源要在项目上完成价值转换并要求实现增值，其管理上的深度和广度远远大于一个生产车间所能完成的工作内容。因此，项目上的生产责任和成本责任非常大，为了完成或实现过程管理和成本目标，就必须建立一套相应的管理制度，并授予其相应的权力。因而相应的管理层次对应的管理内容和管理权力必须相称和匹配；否则会发生责、权、利的不协调，从而导致管理目标和管理结果的扭曲。

4）动态性、及时性、准确性原则。

①项目成本管理是为了实现项目成本目标而进行的一系列管理活动，是对项目成本实际开支的动态管理过程。由于项目成本的构成随着工程施工的进展而不断变化，因而动态性是项目成本管理的属性之一。

②进行项目成本管理是不断调整项目成本支出与计划目标的偏差，使项目成本支出基本与目标一致的过程。这就需要进行项目成本的动态管理，它决定了项目成本管理不是一次性的工作，而是项目全过程每日、每时都进行的工作。

③项目成本管理需要及时、准确地提供成本核算信息并不断反馈，为上级部门或项目经理进行项目成本管理提供科学的决策依据。如果这些信息的提供严重滞后，就起不到及时纠偏、亡羊补牢的作用。

5）目标分解、责任明确原则。

①项目成本管理的工作业绩最终要转化为定量指标，而这些指标的完成通过上述各级各岗位的工作实现，为明确各级各岗位的成本目标和责任，就必须进行指标分解。

②企业确定工程项目责任成本指标和成本降低率指标，是对工程成本进行了一次目标分解。企业的责任是降低企业管理费用和经营费用，组织项目经理部完成工程项目责任成本指标和成本降低率指标。

③项目经理部还要对工程项目责任成本指标和成本降低率指标进行二次目标分解，根据岗位、管理内容的不同确定每个岗位的成本目标和所承担的责任；把总目标进行层层分解，落实到每个人，通过每个指标的完成来保证总目标的实现。

6）过程控制与系统控制原则。

①项目成本由施工过程各个资源的消耗所形成。因此，项目成本的控制必须采用过程控制的方法，分析每个过程影响成本的因素，制定工作程序和控制程序，使之时刻处于受控状态。

②项目成本形成的每个过程又与其他过程相互关联。某个过程成本的降低可能会引起关联过程成本的提高。因此，项目成本的管理必须遵循系统控制的原则进行系统分析；制定过程的控制目标必须从全局利益出发，不能为了小团体利益而损害整体利益。

（4）工程项目成本管理的流程

工程项目成本管理的流程如图9-3所示。

（5）工程项目成本管理的措施

1）经济措施。经济措施是最易为人接受和采取的措施。管理人员应编制资金使用计划，确定、分解项目成本管理目标；对项目成本管理目标进行风险分析，并制定防范

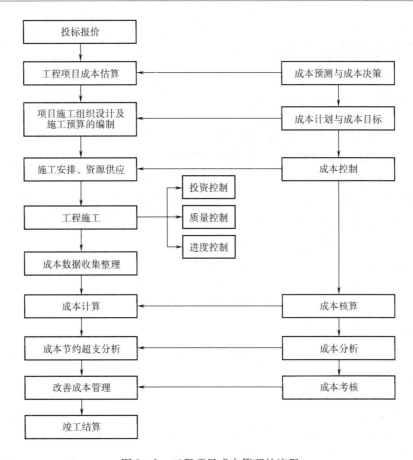

图 9 - 3　工程项目成本管理的流程

性对策。通过偏差原因分析和对未完成项目进行成本预测，可发现一些可能导致未完成项目成本增加的潜在问题，对这些问题应以主动控制为出发点，及时采取预防措施。

2）组织措施。项目成本管理不仅是专业成本管理人员的工作，也是各级项目管理人员的责任。组织措施是从项目成本管理的组织方面采取的措施，如实行项目经理责任制，落实项目成本管理组织机构和人员，明确各级项目成本管理人员的任务和职能分工、权利和责任，编制本阶段项目成本控制工作计划和详细的工作流程图，等等。组织措施是其他各类措施的前提和保障。因此，其一般不需要增加什么费用，只要运用得当，就可以收到良好的效果。

3）技术措施。技术措施不仅对解决项目成本管理过程中的技术问题不可缺少，而且对纠正项目成本管理目标偏差也有相当重要的作用。运用技术措施的关键：一是要能提出多个不同的技术方案，二是要对不同的技术方案进行技术经济分析。在实践中，要避免仅从技术角度选定方案而忽视对其经济效果的分析论证。

4）合同措施。项目成本管理要以合同为依据，因而合同措施就显得尤为重要。对于合同措施从广义上理解，除了参加合同谈判、修订合同条款、处理合同执行过程中的索赔问题、防止和处理好业主与分包商之间的索赔外，还应分析不同合同之间的相互联系和影响，对每个合同做总体和具体的分析。

# 9.2 工程建设项目成本计划

## 9.2.1 项目成本计划的类型和特点

项目成本计划是以货币形式编制施工项目在计划期内的生产费用、成本水平、成本降低率，以及为降低成本所采取的主要措施和规划的书面方案，是建立施工项目成本管理责任制、开展成本控制和核算的基础。

一般来说，一个施工项目成本计划应包括从开工到竣工所必需的施工成本。项目成本计划是降低该施工项目成本的指导性文件，是设立目标成本的依据。可以说，项目成本计划是目标成本的一种形式。

（1）项目成本计划的类型

1）实施性成本计划。实施性成本计划是项目施工准备阶段的施工预算成本计划，是以项目实施方案为依据，以落实项目经理责任目标为出发点，采用组织施工定额并通过施工预算的编制而形成的成本计划。

2）指导性成本计划。指导性成本计划是选派工程项目经理阶段的预算成本计划，是在总结项目投标过程合同评审、部署项目实施时，以合同标书为依据，以组织经营方针目标为出发点，按照设计预算标准提出的项目经理的责任成本目标，而且一般情况下只确定责任总成本指标。

3）竞争性成本计划。竞争性成本计划是工程投标及合同阶段的估算成本计划。这类成本计划以招标文件为依据，以投标竞争策略与决策为出发点，按照预测分析，采用估算或概算定额、指标等编制而成。这种成本计划虽然也着力考虑降低成本的途径和措施，甚至作为商业机密参与竞争，但是总体上较为粗略。

（2）项目成本计划的特点

项目成本计划具有如下特点：

1）积极主动性。项目成本计划不再仅仅是被动地按照已确定的技术设计、工期、实施方案和施工环境来预算工程的成本，而是更注重进行技术经济分析，从总体上考虑项目工期、成本、质量和实施方案之间的相互影响和平衡，以寻求最优的解决途径。

2）动态控制的过程。对项目不仅要在计划阶段进行周密的成本计划，而且要在实施过程中将成本计划和成本控制合为一体，不断根据新的情况（如工程设计的变更、施工环境的变化等），随时调整和修改计划，预测项目施工结束时的成本状况及项目的经济效益，形成一个动态控制的工程。

3）采用全寿命周期理论。成本计划不仅要针对建设成本，还要考虑运营成本。在通常情况下，对施工项目的功能要求高、建筑标准高，则施工过程中的工程成本增加，但今后使用期内的运营费用会降低；相反，如果工程成本低，则运营费用会提高。这就在确定成本计划时产生了争执，通常是通过对项目全寿命做总经济性比较和费用优化来确定项目的成本计划。

4）成本目标的最小化与项目盈利的最大化相统一。盈利的最大化经常是从整个项目的角度分析的。例如，经过对项目工期和成本的优化选择一个最佳工期，以降低成本。但是，如果通过加班加点适当压缩工期，使项目提前竣工投产，根据合同获得的奖金高于工程成本的增加额，这时成本的最小化与盈利的最大化并不一致，从项目的整体经济效益出发提前完工是值得的。

### 9.2.2　项目成本计划的编制和作用

（1）项目成本计划的内容组成

项目成本计划的内容组成如图9-4所示。

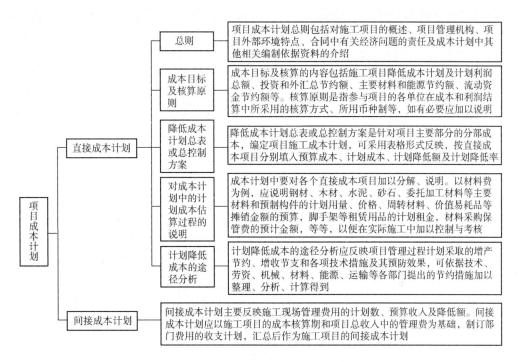

图9-4　项目成本计划的内容组成

（2）项目成本计划编制的要求

1）应有具体的指标。项目成本计划指标包括成本计划的数量指标、成本计划的质量指标和成本计划的效益指标。

$$设计预算成本计划降低额 = 设计预算总成本 - 计划总成本 \qquad (9-1)$$

$$责任目标成本计划降低额 = 责任目标总成本 - 计划总成本 \qquad (9-2)$$

2）应有明确的责任部门和工作方法。项目成本计划由项目管理组织负责编制，采用自下而上分级编制并逐层汇总的做法。

这里的项目管理组织就是组织派出的工程项目经理部，应承担项目成本实施性计划的编制任务。

当工程项目的构成有多个子项，分级进行项目管理时，应各子项的项目管理组织分别编制的子项目成本计划，然后进行自下而上的汇总。

3）应有明确的依据。项目成本计划编制的依据有以下几种：

①工程承包合同文件。除合同文件外，招标文件、投标文件、设计文件等均是合同文件的组成内容，合同中的工程内容、数量、规格、质量、工期和支付条款都将对工程的成本计划产生重要的影响。因此，合同承包方除了在签订合同前进行详细的合同评审外，还需进行认真的研究与分析，以谋求在正确履行合同的前提下降低工程成本。

②工程项目管理的实施规划。其包括以工程项目施工组织设计文件为核心的项目实施技术方案与管理方案，它们是在充分调查和研究现场条件及有关法规条件的基础上制定的。不同实施条件下的技术方案和管理方案将导致工程成本的不同。

③可行性研究报告和相关设计文件。

④生产要素的价格信息。其反映企业管理水平的消耗定额（企业施工定额）及类似工程的成本资料等。

（3）项目成本计划编制的程序

项目成本计划编制的程序如图 9-5 所示。

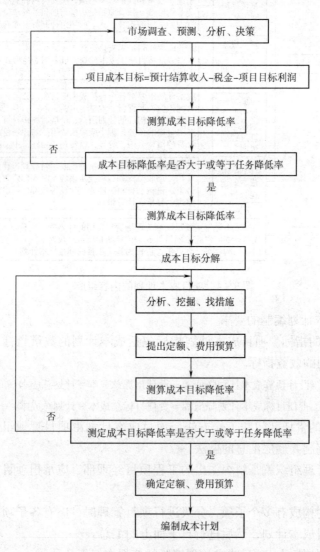

图 9-5　项目成本计划编制的程序

（4）项目成本计划的作用

1）为工程项目实施过程提供成本控制依据。项目成本计划的主要作用体现在为工程实施过程的各项作业技术活动和管理活动提供成本控制的依据。不能片面地理解为项目成本计划仅仅规定了明确的成本数量目标或指标，还应看到项目成本计划提出了实现成本目标的各种措施和方案，为成本形成过程的各种作业活动和管理活动提供了必要的指导。

2）支持工程项目成本目标决策。成本目标决策和成本计划是互动的关系，成本计划一方面能起到支持成本目标决策的作用，另一方面能起到落实和执行成本决策意图的作用。

3）实行工程项目成本事前预控。在成本计划过程中，对总成本目标及各子项、单位工程及分部分项工程，甚至各个细部工程或作业成本目标的分解或确定，都要对任务量、消耗量、劳动效率及其影响成本变动的因素进行具体分析，并编制相应的成本管理措施，以使各项成本计划指标建立在技术可行、经济合理的基础上。如果没有计划过程的预控基础，过程的动态控制将陷入混乱。

4）促进工程项目实施方案优化。成本计划对促进实施方案优化起着重要的作用，因为在成本计划阶段，管理者通常是先考虑项目盈利的预期，然后在保证项目效益的前提下千方百计地从技术、组织、经济、管理等方面采取措施，通过不断优化实施方案，制定降低成本的措施，寻求高效率和高效益。这由式（9-3）可以看出。

$$计划成本 = 造价成本 - 计划利润 \tag{9-3}$$

而在建筑市场竞争日趋激烈的情况下，企业经营效益的来源在于自身技术与管理的综合优势，以最经济、合理的实施方案在规定的工期内提供质量满足要求的产品。项目利润与实际成本、造价成本的关系为

$$项目利润 = 造价成本 - 实际成本 \tag{9-4}$$

效益追求是成本管理的出发点，效益的取得是成本管理过程的必然结果。

# 9.3　工程建设项目成本控制

## 9.3.1　项目成本控制的基本要求和对象

项目成本控制是指在施工过程中，对影响施工项目成本的各因素加强管理并采取各种有效措施，将施工中实际发生的各种消耗和支出严格控制在成本计划范围内，随时揭示并及时反馈，严格审查各项费用是否符合标准，计算实际成本与计划成本之间的差异并进行分析，消除施工中的损失浪费现象，发现和总结先进经验。

施工项目成本控制应贯穿于施工项目从投标阶段开始到项目竣工验收的全过程，是企业全面成本管理的重要环节。

施工项目成本控制可分为事前控制、事中控制（过程控制）和事后控制。

（1）项目成本控制的基本要求

项目成本控制的基本要求有全过程控制、动态控制和科学控制。

1）全过程控制。全过程控制就是要求按照事前、事中和事后控制的方式展开控制。

项目成本控制应依据合同文件、成本计划、进度报告、工程变更与索赔等资料进行。这就包含着对项目全过程成本控制的要求。其中，对于作为成本控制依据的合同文件的评审及研究分析，以及项目成本计划的编制及价值工程方法的应用等，实质上就是项目成本的事前预控过程。

2）动态控制。动态控制是事中控制或过程控制的基本方法。

动态控制的程序包括收集实际成本数据、对实际成本数据与成本计划目标进行比较、分析成本偏差及其原因、采取措施纠正偏差、必要时修改成本计划等。

3）科学控制。无论在项目成本计划阶段的事前预控过程，还是在项目成本发生阶段的动态控制过程，经分析，一旦发现预期的成本目标经过采用各种措施而仍然无法实现时，应修改成本计划目标，采用科学的态度与方法进行控制。

（2）项目成本控制的对象

1）以项目成本形成的过程作为控制对象的成本控制。以项目成本形成的过程作为控制对象的成本控制的内容如图9-6所示。

2）以项目的职能部门、施工队和生产班组作为成本控制对象。成本控制的具体内容是日常发生的各种费用和损失。这些费用和损失都发生在各个职能部门、施工队和生产班组，因此也应以职能部门、施工队和生产班组作为成本控制对象，使其接受项目经理和企业有关部门的指导、监督、检查和考评。项目的职能部门、施工队和生产班组应对自己承担的责任成本进行自我控制。应该说，这是最直接、最有效的项目成本控制方法。

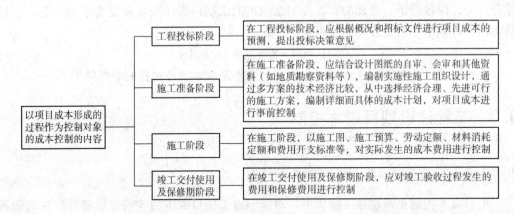

图9-6 以项目成本形成的过程作为控制对象的成本控制的内容

3）以分部、分项工程作为项目成本的控制对象。为了把成本控制工作做得扎实、细致、落到实处，还应以分部、分项工程作为项目成本的控制对象。在正常情况下，应根据分部、分项工程的实物量，参照施工预算定额，联系项目经理部的技术素质、业务素质和技术组织措施的节约计划，编制包括工、料、机消耗数量及单价、金额在内的施工预算，作为对分部、分项工程成本进行控制的依据。对于边设计边施工的项目，不可能在开工前一次编出整个项目的施工预算，但可根据出图情况编制分阶段的施工预算。

即不论是完整的施工预算，还是分阶段的施工预算，都是进行项目成本控制必不可少的依据。

4）以对外经济合同作为成本控制对象。在社会主义市场经济体制下，工程项目的对外经济业务都要以经济合同为纽带建立合约关系，以明确双方的权利和义务。在签订经济合同时，除了要有根据业务要求规定的时间、质量、结算方式和履（违）约奖罚等条款外，还必须强调要将合同的数量、单价和金额控制在预算收入内。

### 9.3.2 项目成本控制的方法

（1）一般控制法

项目成本的一般控制法有以下两种：

1）以工程投标报价控制成本支出。按工程投标报价（或施工图预算）实行"以收定支"（或称"量入为出"），是最有效的成本控制方法之一。

以工程投标报价控制人工费的支出，以稍低于预算的人工工资单价与施工队签订劳务合同，将节余出来的人工费用于关键工序的奖励费及投标报价之外的人工费。

以投标报价中所采用的价格来控制材料采购成本；对于材料消耗数量的控制，应通过限额领料单去落实。

2）以施工预算控制人力资源或物质资源的消耗。以施工预算控制人力资源或物质资源的消耗，表现在对施工作业队或施工班组签发施工任务单（以工作包为基础），其成本责任以各种资源消耗量为指标，其消耗量取施工预算中的材料消耗量。

在工程施工过程中，做好各施工队或施工班组实际完成的工程量和实际消耗的人工、材料的原始记录，将其作为与施工队结算的依据，并按照结算内容支付报酬（包括奖金）。

（2）S 形曲线法和挣值法

1）S 形曲线法。利用 S 形曲线控制成本的原理是在网络分析的基础上将施工成本分解、落实到各项工作中，将各项工作计划成本在其持续时间上平均分配，这样就可以获得工期—成本曲线（或计划成本强度曲线，又称投入曲线），在此基础上可进一步得到工期—计划成本累计曲线，即 S 形曲线。

①按照成本控制的不同需要，曲线中所用的成本值可用计划成本或实际成本。

②以计划成本为作图依据得到的 S 形曲线即计划成本曲线，又称为施工项目计划成本模型。

③以实际成本为作图依据得到的 S 形曲线是施工项目的实际成本曲线。

④由于网络的时间坐标计划分为早时标计划和晚时标计划，因此，以不同的时标网络计划就可作出两条 S 形曲线，分别为早时标 S 形曲线和迟时标 S 形曲线，它们共同组成香蕉图。

利用成本模型或香蕉图可以进行不同工期（进度方案）、不同技术方案的对比，可以进行计划成本—实际成本及其进度的对比。这对把握整个工程进度、分析成本进度状况和预测成本趋向十分有用。

2）挣值法。挣值法（earned value concept，EVC）是 20 世纪 70 年代美国开发研究

的。其首先在国防工业中应用并获得成功，以后推广到其他工业领域的项目管理。20 世纪 80 年代，世界上主要的工程公司均已采用挣值法作为项目管理和控制的准则，并做了大量基础性工作，完善了挣值法在项目管理和控制中的应用。

①挣值法的原理。挣值法控制成本的原理如图 9-7 所示。

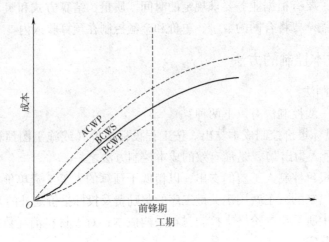

图 9-7　挣值法控制成本的原理

图 9-7 中的横坐标是项目实施的工期，纵坐标是项目实施过程中消耗的成本。

a. BCWS 曲线。

BCWS 曲线即成本计划值曲线。

BCWS 曲线是综合了进度计划与目标计划成本分解（或预算成本）后而得出的。

BCWS 曲线是项目控制的基准曲线。

将项目的计划消耗资源（包括全部费用要素）在计划的周期内按月进行分配，然后逐步进行累加，即生成整个项目的 BCWS 曲线。

b. BCWP 曲线。

BCWP 曲线即挣值曲线。

BCWP 曲线是用预算值或单价来计算已完工作量所取得的实物进展的值，是测量项目实际进展所取得绩效的尺度。

按月统计已完工作量，并将已完工作量的值乘以计划成本并逐步累加，即生成挣值曲线。

c. ACWP 曲线。

ACWP 曲线是反映费用执行效果的一个重要指标。

ACWP 曲线反映的是实耗值，是指项目实施过程中对执行效果进行检查时，在指定时间内已完成任务的工作（程）量实际所消耗的费用（或资源）值。

对已完工作量实际消耗的成本逐项记录并逐步累加，即生成实耗值曲线。

②挣值法控制成本的作用。

a. 利用挣值法原理图，可以直观、综合地反映项目成本和进度的进展情况，发现施工项目实施过程中成本与进度的差异。

b. 利用挣值法，能很快地发现项目在哪些具体部分出了问题，可以查出产生这些偏差的原因，从而进一步确定需要采取的补救措施。

### 9.3.3　项目成本事前控制与运行控制

（1）项目成本事前控制

所谓工程项目成本的事前控制，主要就是通过科学、合理地确定各类计划成本目标和相应的控制措施并论证其可行性，进而具体编制成本计划文件，按成本计划的安排和要求采购和使用各项生产要素。事前控制实质上是伴随着成本计划阶段技术经济活动的全过程而进行的。

项目成本事前控制的内容如图 9-8 所示。

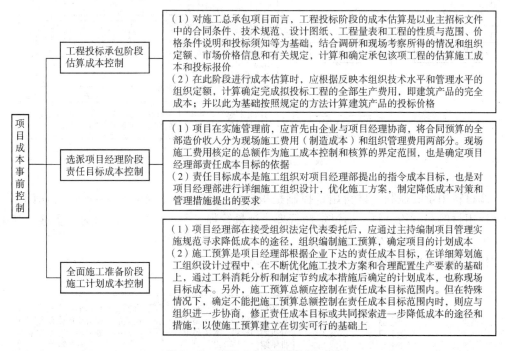

图 9-8　项目成本事前控制的内容

（2）项目成本运行控制

项目成本运行控制是在项目的实施过程中，项目经理部采用目标管理方法对实际施工成本的发生过程进行的有效控制。项目经理应根据计划目标成本的控制要求做好施工采购策划，通过生产要素的优化配置、合理使用、动态管理有效控制实际成本。

加强施工定额管理和施工任务单管理，控制好活劳动和物化劳动的消耗。科学地计划管理和施工调度，避免施工计划不周和盲目调度造成的窝工损失、机械利用率降低、物料积压等情况而使成本增加；加强施工合同管理和施工索赔管理，正确运用合同条件和有关法规及时进行索赔。

1）人工费控制。人工费的控制实行"量价分离"。将安全生产、文明施工、零星用工等按作业用工定额劳动量（工日）的一定比例（如20%）综合确定用工数量与单价，通过劳务合同管理进行控制。

2）材料费的控制。

①材料价格的控制。施工项目材料价格由买价、运费、运输中的合理损耗等组成，因此，控制材料价格主要是通过市场信息搜集、询价、竞争机制和经济合同手段等进行控制，包括对买价、运费和损耗三方面的控制。

材料价格的控制如图9-9所示。

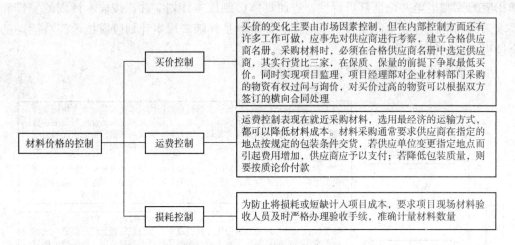

图9-9 材料价格的控制

②材料用量的控制。材料用量控制是指在保证符合设计规格和质量标准的前提下，合理使用材料和节约材料；通过定额管理、计量管理等手段，以及控制施工质量、避免返工等，有效地控制材料物资的消耗。

材料用量的控制如图9-10所示。

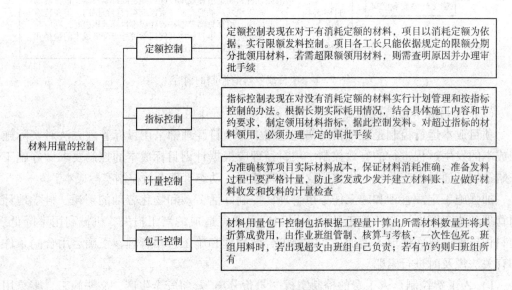

图9-10 材料用量的控制

③施工机械设备使用费的控制。合理地选择、使用施工机械，对工程项目的施工及其成本控制具有十分重要的意义，尤其是高层建筑施工。据某些工程实例统计，高层建筑地面以上部分的总费用中，垂直运输机械费占6%～10%。

施工机械设备使用费主要由台班数量和台班单价决定。为有效控制施工机械设备使用费支出，主要从以下几个方面进行控制：

a. 合理安排施工生产，加强机械设备租赁计划管理，减少因安排不当引起的设备闲置。

b. 做好机上人员与辅助生产人员的协调与配合，提高施工机械设备的台班产量。

c. 加强机械设备的调度工作，尽量避免窝工，提高现场机械设备的利用率。

d. 加强现场机械设备的维修保养，避免使用不当造成设备的停置。

④施工管理费的控制。施工管理费在项目成本中占有一定比例，在使用和开支时弹性较大，在控制和核算上较难把握，可采取的主要控制措施如下：

a. 制定并严格执行项目经理部施工管理费使用的审批、报销程序。

b. 编制项目经理部施工管理费总额预算，制定施工项目管理费开支标准和范围，落实各部门、岗位的控制责任。

c. 按照现场施工管理费占总成本的一定比重，确定现场施工管理费总额。

⑤临时设施费的控制。施工现场临时设施费用是施工项目成本的构成部分。施工规模大或施工集中度大，虽然可以缩短施工工期，但所需要的施工临时设施数量也多，势必导致施工成本增加；反之亦然。因此，合理确定施工规模或集中度，在满足计划工期目标要求的前提下，做到各类临时设施的数量尽可能少，同样蕴藏着极大地降低施工项目成本的潜力。

临时设施费的控制表现在以下几个方面：

a. 现场生产及办公、生活临时设施和临时房屋的搭建数量、形式的确定，在满足施工基本需要的前提下应尽可能做到简洁、适用，充分利用已有和待拆除的房屋。

b. 材料堆场、仓库类型、面积的确定，应在满足合理储备和施工需要的前提下，力求配置合理。

c. 施工临时道路的修筑、材料工器具放置场地的硬化等，在满足施工需要的前提下，应尽可能数量最小，尽可能先修筑永久性道路路基，再修筑施工临时道路。

d. 临时供水、供电管网的敷设长度及容量确定应尽可能合理。

⑥施工分包费用的控制。做好分包工程价格的控制是施工项目成本控制的重要工作之一。对分包费用的控制主要是抓好建立稳定的分包商关系网络、做好分包询价、订立互利平等的分包合同、施工验收与分包结算等工作。

# 9.4　施工项目成本核算、分析与考核

## 9.4.1　施工项目成本核算

施工项目（工程建设项目）成本核算，通常是指在项目成本的形成过程中，对生产

经营所消耗的人力资源、物质资源和费用开支，根据国家财务制度和会计制度的有关规定，在企业（公司）职能部门的指导下，按照一定的原则、程序、方法和要求对实际成本发生额进行统计和分析比较的过程。

施工项目成本核算是施工项目成本控制中一个极其重要的子系统，也是项目管理的最根本标志和主要内容。

（1）施工项目成本核算的对象

施工项目成本核算对象是指在计算工程成本中确定归集和分配生产费用的具体对象，即生产费用承担的客体。施工项目成本核算对象的确定是设立施工项目成本明细分类账户、归集和分配生产费用，以及正确计算施工项目成本的前提。

具体的成本核算对象主要应根据企业生产的特点加以确定，同时还应考虑成本控制的要求。建筑产品用途的多样性带来了设计施工的单件性。每项建筑安装工程都有其独特的形式、结构和质量标准，需要一套单独的设计图纸，在建造时需要采用不同的施工方法来组织施工。即使采用相同的标准设计，由于建造地点不同，在地形、地质、水文及交通等方面也会有差异。施工企业单件性生产的特点决定了施工企业成本核算对象的独特性。

施工项目并不等于成本核算对象。有时一个施工项目包括几个单位工程，需要分别核算。单位工程是编制施工预算、制订施工项目成本计划和与建设单位结算工程价款的计算单位。施工项目成本一般应以每项独立编制施工图预算的单位工程为成本核算对象，并与施工项目管理责任目标成本的界定范围相一致；但也可以按照承包工程项目的规模、工期、结构类型、施工组织和施工现场等情况，结合成本管理要求，灵活划分成本核算对象。一般来说，施工项目成本核算对象有以下几种划分方法：

①一项单位工程由几个施工单位共同施工时，各施工单位都应以同一单位工程为成本核算对象，各自核算自行完成的部分。

②对规模大、工期长的单位工程，可以将工程划分为若干部位，以分部位的工程作为成本核算对象。

③同一建设项目，若由同一施工单位施工并在同一施工地点，则属于同一结构类型。开、竣工时间相近的若干单位工程可以合并作为一个成本核算对象。

④对改建、扩建的零星工程，可以将开、竣工时间相接近，属于同一建设项目的各个单位工程合并作为一个成本核算对象。

⑤对土石方工程、打桩工程，可以根据实际情况和管理需要以一个单项工程为成本核算对象，或将同一施工地点的若干个工程量较少的单项工程合并作为一个成本核算对象。

成本核算对象确定后，各种经济、技术资料归集必须与此统一，一般不应中途变更，以免造成项目成本核算不实、结算漏账和经济责任不清的弊端。这样划分成本核算对象，是为了细化项目成本考核和考核项目经济效益，丝毫没有削弱项目经理部作为工程承包合同事实上的履约主体和对工程最终产品及建设单位负责的管理实体的地位。

（2）施工项目成本核算的原则

为了发挥施工项目成本管理的职能，提高施工项目管理水平，施工项目成本核算必须讲求质量，这样才能提供对决策有用的成本信息。要提高成本核算质量，除了建立合理、可行的施工项目成本管理系统外，还要遵循成本核算的原则：

1）确认原则。对各项经济业务中发生的成本都必须按一定的标准范围加以认定和记录。只要是为了经营目的所发生的或预期要发生的，并要求得以补偿的一切费用支出，都应作为成本来加以确认。正确的成本确认往往与一定的成本核算对象、范围和时期相联系，并必须按一定的确认标准进行。这种确认标准具有相对的稳定性，主要侧重于定量，但也会随着经济条件和管理要求的发展而变化。在成本核算中，往往要进行再确认，甚至多次确认，如确认是否属于成本、是否属于特定核算对象的成本，以及是否属于当期核算成本等。

2）分期核算原则。施工生产一般是连续不断的过程，企业（项目）为了取得一定时期的施工项目成本，必须将施工生产活动划分为若干时期，并分期计算各期项目成本。成本核算的分期应与会计核算的分期相一致，这样便于财务成果的确定。《企业会计准则》指出"成本计算一般按月进行"，这就明确了成本分期核算的基本原则。但要指出的是，成本的分期核算与项目成本计算期不能混为一谈。不论生产情况如何，成本核算工作（包括费用的归集和分配等）都必须按月进行。至于已完施工项目成本的结算，可以是定期的，按月结转；也可以是不定期的，等到工程竣工后一次结转。

3）相关性原则。相关性原则也称决策有用原则。《企业会计准则》指出："会计信息应该符合国家宏观经济管理的要求，满足有关方面了解企业财务状况和经营成果的需要，满足企业加强内部经营管理的需要。"因此，成本核算要为企业（项目）成本管理目的服务，成本核算不只是简单的计算问题，应与成本管理融为一体，算为管用。因此，在具体成本核算方法、程序和标准的选择上、在成本核算对象和范围的确定上，应与施工生产经营特点和成本管理要求特性相结合，并与企业（项目）一定时期的成本管理水平相适应。正确核算出符合项目管理目标的成本数据和指标，真正使项目成本核算成为领导的参谋和助手。如无成本控制目标，成本核算是盲目和无益的，无决策作用的成本信息是没有价值的。

4）连贯性原则。连贯性原则是指企业（项目）成本核算所采用的方法应前后一致。《企业会计准则》指出："企业也可以根据生产经营特点、生产经营组织类型和成本管理的要求自行确定成本计算方法。但一经确定，不得随意变动。"只有这样，才能使企业各期成本核算资料口径统一、前后连贯、相互可比。成本核算办法的连贯性原则体现在各个方面，如耗用材料的计价方法、折扣的计提方法、施工间接费的分配方法、未完施工的计价方法等。坚持连贯性原则，并不是一成不变的，如确有必要变更，应有充分的理由对原成本核算方法进行改变的必要性做出解释，并说明这种改变对成本信息的影响。如果随意变动成本核算方法，并不加以说明，则有对成本、利润指标、盈亏状况弄虚作假的嫌疑。

可比性原则要求企业（项目）尽可能使用统一的成本核算、会计处理方法和程序，以便进行横向比较；而连贯性原则则要求同一成本核算单位在不同时期尽可能采用相同的成本核算、会计处理方法和程序，以便于不同时期的纵向比较。

5）实际成本核算原则。实际成本核算原则是指企业（项目）核算应采用实际成本计价。《企业会计准则》指出，"企业应当按实际发生额核算费用和成本。采用定额成本或者计划成本方法的，应当合理计算成本差异，月终编制会计报表时，调整为实际成本"，即必须根据计算期内已完工程量及实际消耗和实际价格计算实际成本。

6）及时性原则。及时性原则是指企业（项目）成本的核算、结转和成本信息的提供应当在要求时期内完成。需要指出的是，成本核算并非越快越好，而是要求成本核算和成本信息的提供以确保真实为前提，在规定时期内核算完成，在成本信息尚未失去时效情况下适时提供，确保不影响企业（项目）其他环节会计核算工作的顺利进行。

7）配比原则。配比原则是指营业收入与其相对应的成本、费用应相互配合。为取得本期收入而发生的成本和费用，应与本期实现的收入在同一时期内确认入账，不得脱节，也不得提前或延后，以便正确计算和考核项目经营成果。

8）权责发生制原则。权责发生制原则是指凡是当期已经实现的收入和已经发生或应当负担的费用，不论款项是否收付，都应作为当期的收入或费用处理；凡是不属于当期的收入和费用，即使款项已经在当期收付，也都不应作为当期的收入和费用。

权责发生制原则主要从时间选择上确定成本会计确认的基础，其核心是根据权责关系的实际发生和影响期间确认企业的支出与收益，根据权责发生制进行收入与成本费用的核算，能够更加准确地反映特定会计期间真实的财务成本状况和经营成果。

9）谨慎原则。谨慎原则是指在市场经济条件下，在成本、会计核算中应当对企业（项目）可能发生的损失和费用做出合理预计，以增强抵御风险的能力。为此，《企业会计准则》规定企业可以采用后进先出法、加速折旧法等，体现了谨慎原则的要求。

10）划分收益性支出与资本性支出原则。划分收益性支出与资本性支出原则是指成本、会计核算应当严格区分收益性支出与资本性支出的界限，以正确地计算当期损益。所谓资本性支出，是指不仅为取得本期收益而发生的支出，同时该项支出的发生有助于以后会计期间的支出，如构建固定资产支出。

11）重要性原则。重要性原则是指对于成本有重大影响的业务内容，应作为核算的重点，力求精确；而对于那些不太重要的琐碎的经济业务内容，可以相对从简处理，不要事无巨细地均做详细核算。

坚持重要性原则能够使成本核算在全面的基础上保证重点，有助于加强对经济活动和经营决策有重大影响和有重要意义的关键性问题的核算，达到事半功倍，简化核算，节约人力、财力、物力，提高工作效率的目的。

12）明晰性原则。明晰性原则是指项目成本记录必须直观、清晰、简明、可控，便于理解和使用，使项目经理和项目管理人员了解成本信息的内涵，弄懂成本信息的内容，便于信息利用和有效地控制项目的成本费用。

（3）施工项目成本核算的任务与范围

1）施工项目成本核算的任务。鉴于施工项目成本核算在施工项目成本管理中所处的重要地位，施工项目成本核算应完成以下基本任务：

①执行国家有关成本开支范围、费用开支标准、工程预算定额和企业施工预算、成本计划的有关规定，控制费用，促使项目合理、节约地使用人力、物力和财力。这是施

工项目成本核算的先决前提和首要任务。

②正确、及时地核算施工过程中发生的各项费用，计算施工项目的实际成本。这是项目成本核算的主体和中心任务。

③反映和监督施工项目成本计划的完成情况，为进行项目成本预测，参与项目施工生产、技术和经营决策提供可靠的成本报告与有关资料，促进项目改善经营管理，降低成本，提高经济效益。这是施工项目成本核算的根本目的。

2）施工项目成本核算的范围。要提高施工项目成本管理水平，在施工项目成本核算中必须明确成本核算的范围，一般来讲，施工项目成本核算包括直接成本的核算和间接成本的核算两部分。

①直接成本的范围。施工项目成本相当于工业产品的制造成本或营业成本。根据财务制度的规定，直接成本的范围为在工程施工过程中所发生的各项直接支出，包括人工费、材料费、机械使用费及其他直接费等。

②间接成本的范围。工程施工而发生的各项施工间接费（间接成本）直接计入施工项目成本。根据财务制度，企业（公司）行政管理部门为组织和管理生产经营活动而发生的管理费用和财务费用应作为期间费用，直接计入当期损益。可见，期间费用与施工生产经营没有直接联系，期间费用的发生基本不受业务量增减的影响；在"制造成本法"下，其不是施工项目成本的一部分。项目经理部为组织和管理施工生产经营活动而发生的管理费用（现场管理费）则属于间接成本核算的范围。

（4）施工项目成本核算的方法

项目经理部在承建工程项目并收到设计图纸以后，一方面要进行现场"三通一平"等施工前期工作，另一方面要组织力量分头编制施工图预算、施工组织设计及施工项目成本计划；最后将施工项目成本计划付诸实施并进行有效控制，控制效果的好坏必须得通过成本核算确定。

施工项目成本核算应采取会计核算、统计核算和业务核算相结合的方法，并应做实际成本与目标成本的比较分析。其对比的内容包括项目总成本和各个项目成本的相互对比，用以观察、分析成本升降情况，同时作为考核的依据。比较的方法具体如下：

①通过实际成本与责任目标成本的比较分析来考核施工项目成本的降低水平。

②通过实际成本与计划目标成本的比较分析来考核施工项目成本的管理水平。

（5）施工项目成本核算的内容

施工过程中项目成本的核算宜以每月为一核算期，在月末进行。其核算对象应按单位工程划分，并与施工项目管理责任目标成本的界定范围相一致。项目成本核算应坚持施工形象进度、施工产值统计、实际成本归集"三同步"的原则。施工产值及实际成本的归集宜按照下列方法进行：

1）应按照统计人员提供的当月完成工程量的价值及有关规定，扣减各项上缴税费后，作为当期工程结算收入。

2）人工费应按照劳动管理人员提供的用工分析和受益对象进行账务处理，计入工程成本。

3）材料费应根据当月项目材料消耗和实际价格计算当期消耗，计入工程成本；周转材料应实行内部调配制，按照当月使用时间、数量、单价计算，计入工程成本。

4）机械使用费按照项目当月使用台班和单价计入工程成本。

5）其他直接费应根据有关核算资料进行财务处理，计入工程成本。

（6）项目月度成本报告的编制

项目经理部应在跟踪核算分析的基础上编制项目月度成本报告，上报企业成本主管部门请求检查、指导和考核。

对项目经理部来说，定期编制成本报告是重要的管理手段之一。在工程施工期间，定期编制成本报告既能提醒注意当前急需解决的问题，又能掌握本项目的施工总情况。成本报告报表要用简明扼要、易于阅读的形式来表达必需的资料数据。尽管编制成本报告报表需要消耗一些时间，但是坚持采用定期成本报告报表正是取得项目成功的主要措施之一。

1）人工费周报表。人工费是项目经理部最能直接控制的成本。其不仅能控制工人的选用，也能控制工人的工作量和工作时间。项目经理部必须经常掌握人工费的详细情况。

人工费周报表的实际意义是使项目经理部能够了解该工程施工中的每个分项工程的人工单位成本和总成本，以及与之对应的预测数据。有了这些资料，项目经理部就不难发现哪些分项工程的单位成本或总成本与预算存在差异，从而进一步找出症结所在。这样，项目经理部就可以在施工项目实施过程中采取措施来纠正存在的问题。

2）工程成本月报表。人工费周报表内只包括人工费用，而工程成本月报表内却包括工程的全部费用。工程成本月报表是针对每个施工项目设立的。工程成本月报表有助于项目经理评价工程中各个分项工程的成本支出情况。

3）工程成本分析月报表。工程成本分析月报表将施工项目的分部分项工程成本资料和结算资料汇于一表，使项目经理能够纵观全局。工程成本分析月报表可以一月一编报，也可以一季一编报。

工程成本分析月报表的资料来源于施工项目的成本日记账和成本分类账及应收账款分类账，起报告工程成本现状的作用。

项目经理部应根据项目月度成本报告的有关资料分析计算每月分部分项工程成本的累计偏差和相应的计划目标成本的余额，预测后期成本的变化趋势和状况；根据偏差原因制定改善成本控制的措施，以控制下月施工任务的成本。

## 9.4.2　施工项目成本分析

（1）施工项目成本分析的概念

施工项目成本分析是指根据统计核算、业务核算和会计核算提供的资料，对项目成本的形成过程和影响成本升降的因素进行分析的过程。其目的是寻求进一步降低成本的途径，包括项目成本中有利偏差的挖掘和不利偏差的纠正。

施工项目成本分析应随着项目施工的进展，动态、多形式地开展，而且要与生产要素的经营管理相结合。这是因为成本分析必须为生产经营服务，即通过成本分析与预测及时发现矛盾、解决矛盾，从而改善生产经营，又可从中找出降低成本的途径。

（2）施工项目成本分析的原则

1）实事求是。在成本分析中，必然会涉及一些人和事，也会有表扬和批评。成本分析一定要有充分的事实依据，应用"一分为二"的辩证方法对事物进行实事求是的评价，并要尽可能做到措辞恰当，能为绝大多数人所接受。

2）用数据说话。成本分析应充分利用统计核算、业务核算、会计核算和有关辅助台账的数据进行定量分析，尽量避免抽象的定性分析。这是因为定量分析对事物的评价更为准确，更令人信服。

3）注意时效。及时进行成本分析，发现问题、解决问题；否则就有可能贻误解决问题的最好时机，甚至造成问题成堆，积重难返，发生难以挽回的损失。

4）为生产经营服务。成本分析不仅要揭露矛盾，而且要分析矛盾产生的原因，并为克服困难献计献策，提出积极、有效的解决矛盾的合理化建议。这样的成本分析必然会深得人心，从而受到项目经理和有关项目管理人员的配合和支持，使工程项目的成本分析更健康地开展下去。

（3）施工项目成本分析的方法

由于施工项目成本涉及的范围很广，需要分析的内容也很多，因而应在不同的情况下采取不同的分析方法。一般来讲，成本分析的方法有以下三种：

1）对比法。对比法又称指标对比分析法，是通过技术经济指标的对比检查目标的完成情况，分析产生差异的原因，进而挖掘内部潜力的方法。对比法具有通俗易懂、简单易行、便于掌握的特点，因而得到广泛的应用，但在应用时必须注意各技术经济指标的可比性，应按照量价分离的原则进行。

对比法的应用，通常有下列几种形式：

①将实际工程量与预算工程量进行对比。此种对比分析的目的在于检查工程量清单报价中工程量的增减变化情况，从而分析工程量的变化所带来的施工项目成本节超情况。在进行此项对比时，应注意工程量计量依据的统一和计量单位的统一。

②将实际消耗量与计划消耗量进行对比。此种对比分析的目的在于检查成本计划的执行情况，及时分析完成计划的积极因素和影响计划实现的消极因素，以便及时采取措施，保证成本目标的实现。如发现成本计划目标太高，应重新调整成本目标。

③将实际采用价格和计划价格进行对比。由于施工项目一般工期较长，在市场经济条件下，施工期间价格水平不可避免地将会产生波动。因此，及时地将实际价格与计划价格进行对比分析，能够快捷地了解成本的节超情况。

④将各种费用实际发生额与计划支出额进行对比。一般来讲，在成本计划中已详细地列出了人工费、材料费、机械使用费、其他直接费及间接费等各项费用支出数，但实际发生额是否与计划一致，还得靠实践来检验。所以及时地进行各项费用的对比分析，将非常有益于成本计划和成本核算的动态实施。

2）连环替代法。连环替代法又称连锁置换法或因素分析法，其可用来分析各种因素对成本形成的影响程度。在进行分析时，首先要假定众多因素中的一个因素发生了变化，其他因素则不变，然后逐个替换，并分别比较其计算结果，以确定各个因素的变化对成本的影响程度。

连环替代法的计算分析步骤如下：

①确定分析对象（所分析的技术经济指标），并计算出实际与目标（或预算）数的差异。

②确定该指标是由哪几个因素组成的，并按其相互关系进行排序。

③以目标（或预算）数为基础，将各因素的目标（或预算）数相乘，作为分析替代的基数。

④将各个因素的实际数据按照上面的排列顺序进行替换计算，并将替换出的实际数保留下来。

⑤将每次替换计算所得的结果与前一次的计算结果相比较，两者的差异即为该因素对成本的影响程度。各个因素的影响程度之和应与分析对象的总差异相等。

3）差额计算法。差额计算法是连环替代法的一种简化形式，是利用各个因素的目标与实际的差额来计算其对成本的影响程度。

【例9-1】某施工项目某月的实际成本降低额比目标数提高了2.40万元。根据表9-1的资料，应用差额计算法分析预算成本和成本降低率对成本降低额的影响程度。

表9-1　降低成本目标与实际对比表

| 项目 | 目标 | 实际 | 差异 |
|---|---|---|---|
| 预算成本/万元 | 300 | 320 | +20 |
| 成本降低率/% | 4 | 4.5 | +0.5 |
| 成本降低额/万元 | 12 | 14.4 | +2.40 |

【解】（1）预算成本增加对成本降低额的影响程度为

$$（320-300）\times 4\% = 0.80（万元）$$

（2）成本降低率提高对成本降低额的影响程度为

$$（4.5\% - 4\%）\times 320 = 1.60（万元）$$

故预算成本和成本降低率对成本降低额的影响程度为

$$0.80 + 1.60 = 2.40（万元）$$

（4）施工项目成本分析结果的处理与纠偏措施

项目经理部应将成本分析的结果形成文件，为成本偏差的纠正与预防、成本控制方法的改进、制定降低成本措施、改进成本控制体系等提供依据。

成本偏差的控制，分析是关键，纠偏是核心。因此，应针对分析得出的偏差发生原因采取切实的纠偏措施，加以纠正。需要强调的是，由于偏差已经发生，因而纠偏的重点应放在今后的施工过程中。成本的纠偏措施主要包括组织措施、技术措施、经济措施和合同措施等。

1）组织措施。成本控制是全企业的活动，为使项目成本消耗保持在最低限度，实现对项目成本的有效控制，项目经理部应将成本责任分解落实到各个岗位和专人，对成本进行全过程控制、全员控制和动态控制，形成一个分工明确、责任到人的成本控制责任体系。在所有岗位中，成本员、核算员的工作显得尤其重要。他们应从财务角度做成本账，进行成本分析，从投标估价开始直至合同终止，对全过程中有关成本的一切问题负总的责任。其工作也与投标报价、合同、施工方案、施工计划、材料和设备供应、财务等方面有关。

进行成本控制的另一个组织措施应是确定合理的工作流程：成本控制工作只有建立在科学管理的基础上，具备合理的管理体制、完善的规章制度、稳定的作业秩序和完整准确的信息传递，才能取得成效。

2）技术措施。在施工准备阶段，应多做不同施工方案的技术经济比较，其方法有很多，如 VE（价值工程）、OR 方法、统筹法、ABC 分析法、量本利分析法等。

另外，由于施工的干扰因素多，在做方案比较时，应认真考虑不同方案对各种干扰因素影响的敏感性。

不但在施工准备阶段，还应在施工进展的全过程中注意在技术上采取措施，以降低成本。例如，进行技术经济分析，确定最佳的施工方法；结合施工方法，进行材料使用的比较和选择；在满足功能要求的前提下，通过代用、改变配合比、使用添加剂等方法降低材料消耗的费用；确定最合适的施工机械和设备使用方案；结合项目的施工组织设计及自然地理条件，降低材料的库存成本和运输成本；应用先进的施工技术、新材料、新开发出的机械设备；等等。

3）经济措施。

①认真做好成本的预测和各种计划成本。由于工程成本的不稳定性、不确定性，以及施工过程中会受到各种不利因素的影响等特点，成本计划应尽量准确，应认真做好合同预算成本和施工预算成本。

②对各种支出，应认真做好资金的使用计划，并在施工中严格控制各项开支。

③及时准确地记录、收集、整理、核算实际发生的成本。

④对各种变更，及时做好增减账，及时找业主签证。

4）合同措施。选用合适的合同结构对项目的合同管理至关重要。在施工任务组织的模式中，有多种合同结构模式。在使用时必须对其分析、比较，选用适合工程的规模、性质和特点的合同结构模式。

在合同条文中还应细致考虑一切影响成本、效益的因素（特别是潜在的风险因素），通过对引起成本变动的风险因素的识别和分析，采取必要的风险对策，如通过合理的方式同其他参与方共同承担，增加承担风险的个体数量，降低损失发生的比例，并最终使这些策略反映在签订的合同的具体条款中。

采用合同措施控制项目成本，应贯彻在合同的整个生命期，包括从合同谈判开始到合同终结的整个过程。

在合同执行期间，合同管理部门应主要进行合同文本的审核和合同风险的分析。在这个时间范围内，合同管理的任务是既要密切注视对方合同执行的情况，以寻求向对方索赔的机会，又要密切注意己方是否在履行合同的规定，以防止被对方索赔。合同双方既有义务，也有权利；既约束对方，也被对方所约束。经济合同体现了两个法人之间的经济关系。

### 9.4.3 施工项目成本考核

（1）施工项目成本考核概述

施工项目成本考核是指对成本指标完成情况的总结和评价，奖优罚劣。

施工项目成本考核的目的在于贯彻落实责权利相结合的原则，促进成本管理工作的健康发展，更好地完成施工项目的成本目标。

在施工项目的成本控制中，项目经理和所属部门及各作业队都有明确的成本控制责任，而且有定量的成本目标。通过定期和不定期的成本考核，既可对其加强督促，又可调动其成本控制的积极性。

施工项目成本控制是一个系统过程，而成本考核则是该系统的最后一个环节。如果对成本考核工作抓得不紧，或者不按正常的工作要求进行考核，前面的成本预测、成本实施、成本核算、成本分析等工作都将得不到及时、正确的评价。这不仅会挫伤有关人员的积极性，而且会给今后的成本控制带来不可估量的损失。

施工项目成本考核，应特别强调施工过程中的中间考核。这对具有一次性特点的施工项目来说尤为重要。这是因为如通过中间考核发现问题，还能"亡羊补牢"；而竣工后的成本考核虽然也很重要，但对成本控制的不足和由此造成的损失已无法弥补。

施工项目的成本考核分为月度考核、阶段考核和竣工考核三种，通过不同阶段的考核及时发现问题、奖励先进、鞭策落后。

（2）项目成本考核的内容和要求

项目成本考核以项目成本降低额和项目成本降低率作为成本考核的主要指标，应加强组织管理层对项目管理的指导，并充分依靠技术人员、管理人员和作业人员的经验与智慧。防止项目管理在企业内部异化为靠少数人承担风险的以包代管模式。成本考核也可分别考核组织管理层和项目经理部。

项目管理组织对项目经理部进行考核与奖罚时，既要防止虚盈实亏，也要避免实际成本归集差错等的影响，使项目成本考核真正做到公平、公正、公开，在此基础上兑现项目成本管理责任制的奖罚或激励措施。

（3）施工项目成本考核的方法

1）评分制。评分制的具体实施方法为：先按考核内容评分，然后按7∶3的比例加权平均，即责任成本完成情况的评分为7，成本管理工作业绩的评分为3。这是一个假设的比例，具体可根据自身的具体情况进行调整。

2）与相关指标的完成情况相结合。与相关指标的完成情况相结合的具体实施方法为：成本考核的评分是奖罚的依据，相关指标的完成情况为奖罚的条件，即在根据评分计奖的同时还应参考相关指标的完成情况加奖或扣罚。

与成本考核相结合的相关指标一般有进度、质量、造价、安全和现场标准化管理等。

3）强调项目成本的中间考核。项目成本的中间考核可从以下两方面进行考虑：

①月度成本考核。月度成本考核一般在月度成本报表编制后，根据月度成本报表的内容进行考核。在进行月度成本考核时，不能单凭报表数据，还应结合成本分析资料和

施工生产、成本管理的实际情况，做出正确的评价，带动今后的成本管理工作，保证项目成本目标的实现。

②阶段成本考核。民用建筑项目的施工阶段一般可划分为基础、主体、装饰和总体四个阶段。如果是高层建筑，可对主体阶段进行分层考核。

阶段成本考核的优点在于能对施工完成的成本进行考核，可与施工阶段其他指标（如进度、质量等）的考核结合得更好，也更能反映施工项目的管理水平。

4）正确考核施工项目的竣工成本。施工项目的竣工成本是在工程竣工和工程款结算的基础上编制的，是竣工成本考核的依据。

工程竣工表示项目建设已经全部完成，并已具备交付使用的条件（已具有使用价值）。而月度完成的分部分项工程只是建筑产品的局部，并不具有使用价值，也不可能用来进行商品交换，只能作为分期结算工程进度款的依据。因此，真正能反映全貌而又正确的项目成本是在工程竣工和工程款结算的基础上编制的。

由此可见，施工项目的竣工成本是项目经济效益的最终反映。它既是上缴利税的依据，又是进行职工分配的依据。施工项目的竣工成本关系到企业和职工的利益，因而必须做到核算正确、考核正确。

## 复习思考题

1. 简述项目成本的概念与构成。
2. 简述项目成本管理的概念及特点。
3. 项目成本管理的措施有哪些？
4. 简述项目成本计划的类型及特点。
5. 简述项目成本计划的内容及作用。
6. 简述项目成本控制的概念与基本要求。
7. 项目成本事前控制的内容有哪些？
8. 简述项目成本核算的要求与对象。
9. 项目成本核算的方法有哪些？
10. 简述项目成本分析的概念与方法。
11. 简述项目成本考核的要求与依据。
12. 简述项目成本运行的控制阶段及内容。
13. 试述项目成本考核的实施。

# 10 工程建设项目质量管理

## 10.1 工程建设项目质量管理概述

工程建设项目质量管理是指为保证和提高工程质量，运用一整套质量管理体系、手段和方法所进行的系统管理活动。工程质量的好与坏是一个根本性的问题。工程建设项目投资大、建成及使用时期长，只有合乎质量标准，才能投入生产和交付使用，发挥投资效益，结合专业技术、经营管理和数理统计，满足社会需要。世界上许多国家对工程质量的要求都有一套严密的监督检查办法。

### 10.1.1 工程建设项目质量管理的相关概念

（1）质量管理

质量管理是指确定质量方针、目标和职责，并在质量体系中通过诸如质量策划、质量控制、质量保证和质量改进使其实施全部管理职能的所有活动。质量管理是下述管理职能中的所有活动：

1）确定质量方针和目标。

2）确定岗位职责和权限。

3）建立质量体系并使之有效运行。

（2）质量体系

质量体系是指为实施质量管理所需的组织结构、程序、过程和资源。

组织结构是一个组织为行使其职能按某种方式建立的职责、权限及其相互关系，通常以组织结构图予以规定。

资源包括人员、设备、设施、资金、技术和方法。质量体系应提供适宜的各项资源，以确保过程和产品的质量。

一个组织所建立的质量体系应既满足本组织管理的需要，又满足顾客对本组织的质量体系要求，但主要目的应是满足本组织管理的需要。顾客仅评价组织质量体系中与顾客订购产品有关的部分，而不是组织质量体系的全部。

质量体系和质量管理的关系是：质量管理需要通过质量体系来运作，建立质量体系并使之有效运行是质量管理的主要任务。

（3）质量方针

质量方针是由组织的最高管理者正式发布的该组织总的质量宗旨和方向。企业最高管理者主持制定质量方针并形成文件。质量方针是企业的质量宗旨和方向，体现了企业的经营目标和顾客的期望及需求，是企业质量行为的准则。质量方针的制定应充分体现质量管理八项原则的思想。

质量方针的内涵如下:

1)对满足要求做出承诺。这些要求可能来源于顾客或法律法规或企业内部发展需要所做出的承诺。

2)对持续改进质量管理体系的有效性做出承诺。质量方针为企业制定和评审质量目标提供了框架。质量目标是在质量方针的指引下针对质量管理中的关键性内容制定的。

企业的最高管理者应保证质量方针在企业内部得到充分的贯彻,使全体员工对其内涵有充分的理解,并在实际工作中得到充分的实施。

企业的最高管理者应适时对质量方针的适宜性进行评审,必要时进行修订,以适应内部管理和外部环境变化的需要。

(4)质量目标

质量目标是在质量方面所追求的目的。

1)企业的最高管理者主持和制定企业的质量目标并形成文件,此外相关的职能部门和基层组织也应建立各自的质量目标。

2)企业的质量目标是对质量方针的展开,是企业在质量方面所追求的目标,通常依据企业的质量方针来制定。企业的质量目标要高于现有水平,且经过努力应该是可以达到的。

3)企业的质量目标必须包括满足产品要求所需要的内容。它反映了企业对产品要求具体追求的质量品质目标,也应不断满足市场、顾客的要求。它是建立在质量方针基础上的。

4)质量目标应是可测量的,因而质量目标应该在相关职能部门和项目上分解展开,建立自己的质量目标,在作业层进行量化,以便于操作,以下级质量目标的完成来确保上级质量目标的实现。

(5)质量策划

质量策划是质量管理中,致力于设定质量目标并规定必要的作业过程和相关资源,以实现其质量目标的部分。

企业的最高管理者应对实现质量方针、目标和要求所需的各项活动与资源进行质量策划,并且策划的结果应用文件的形式表现。

质量策划是质量管理中的策划活动,是企业领导和管理部门的质量职责之一。企业要在市场竞争中处于优胜地位,就必须根据市场信息、用户反馈意见、国内外发展动向等因素对产品实现等过程进行策划。

(6)质量控制

质量控制是指为达到质量要求所采取的作业技术和活动。

1)质量控制的对象是过程,控制的结果应能使被控制对象达到规定的质量要求。

2)为了使被控制对象达到规定的质量要求,就必须采取适宜的、有效的措施,包括作业技术和方法。

(7)质量保证

质量保证是指为了提供足够的信任表明实体能够满足质量要求,而在质量体系中实施并根据需要进行证实的全部有计划和有系统的活动。

1）质量保证不是买到不合格产品以后的保修、保换、保退，质量保证定义的关键是"信任"，对达到预期质量要求的能力提供足够的信任。

2）信任的依据是质量体系的建立和有效运行。因为这样的质量保证体系具有持续稳定地满足规定质量要求的能力，它将所有影响质量的因素都采取了有效的方法进行控制，因此具有减少、消除、预防不合格产品的机制。

3）供方规定的质量要求，包括产品的、过程的和质量体系的要求，必须完全反映顾客的需求，才能使顾客产生足够的信任。

4）质量保证分为外部和内部两个方面。内部质量保证是组织向自己的管理者提供信任；外部质量保证是供方向顾客或第三方认证机构提供信任。

（8）质量改进

质量改进是指质量管理中致力于提高有效性和效率的部分。

质量改进的目的是向企业自身和顾客提供更多的利益，如更低的消耗、更多的收益、更新的产品和服务。质量改进是为了向本企业及其顾客提供增值效益，在整个组织范围内采取的活动和过程的效果及效率的措施。质量改进是质量管理的支柱之一。

（9）PDCA 循环

PDCA 循环是指由计划（plan）、实施（do）、检查（check）和处理（action）四个阶段组成的工作循环，是一种科学管理程序和方法，如图 10-1 所示。

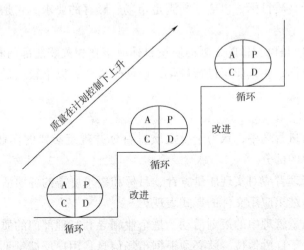

图 10-1　PDCA 循环工作过程

PDCA 循环由以下几个阶段组成：

1）计划阶段。

①分析质量现状，找出存在的质量问题。

②分析产生质量问题的原因和影响因素。

③找出影响质量的主要因素。

④制定改善质量的措施，提出行动计划。

2）实施阶段。在实施阶段，企业组织对项目质量计划的实施，为此应做好计划的交底、落实。落实包括组织落实、技术落实和资源落实。计划的落实要依靠质量管理体系。

3）检查阶段。在检查阶段，检查计划实施后的效果，即检查计划是否实施、有无按照计划执行、是否达到预期目的。

4）处理阶段。

①总结经验，巩固成绩。对确有效果的措施和在实施中取得的好经验，在修订相应的工艺文件、作业标准和质量管理规章时加以总结，作为后续工作的指导。

②提出本次循环尚未解决的问题，转入下一循环。

PDCA 循环是不断进行的，每循环一次，就实现一定的质量目标，解决一些质量问题，使质量水平有所提高。这样周而复始地不断循环，使质量水平不断提高。

## 10.1.2　质量管理的八项原则及作用

（1）八项质量管理原则的内容

八项质量管理原则的内容如下：

1）以顾客为关注焦点。企业依存于顾客，因此企业应理解顾客当前的和未来的需求，满足顾客要求并争取超越顾客期望。

顾客是每个企业实现其产品的基础，因而企业的存在依赖于顾客，所以企业应把顾客的要求放在第一位。对于以顾客为关注焦点，企业应从以下两个方面去理解：

①企业的最终顾客是企业产品的接受者，是企业生存的根本。在激烈的竞争市场中，企业只有赢得顾客的信任，提高社会信誉，才能保持和提高企业的市场份额，增加企业收入，使企业处于不败之地。而要想赢得顾客的信任，必须树立以顾客为关注焦点的思想，在日常工作中采取各种措施，充分、及时地掌握顾客的需求和希望（包括明示的和隐含的、当前的和长远的），并在产品实现过程中围绕着顾客的需求和希望进行质量控制，确保顾客的要求得到充分的满足。

通过不断改进的质量和服务，争取超越顾客的期望。为使顾客的满意度处于受控状态，企业各有关部门要建立顾客要求和期望的信息沟通渠道，提高服务意识，及时准确地掌握和测量顾客满意度，及时处理好与顾客的关系，确保顾客及相关方的利益。

②在日常工作中，应树立以工作服务对象（含中间顾客）为关注焦点的思想，充分掌握并最大限度地满足工作服务对象的合理要求，努力提高工作服务质量，为满足最终顾客要求创造条件。

2）领导作用。领导者确立企业统一的宗旨和方向，应创造并保持使员工能充分参与并实现企业目标的内部环境。领导作用是企业质量管理体系建立和有效运行的根本保证。

在实际工作中，企业的最高管理者，在建立、保持并完善质量管理体系的同时，还应做好以下几方面的工作：

①企业的最高管理者根据企业的具体情况确定企业的质量方针和质量目标，并在企业内大力宣传质量方针和质量目标的意义，使全体员工充分理解其内涵，激励广大员工积极参与企业质量管理活动。

②企业领导规定各级、各部门的工作准则；领导者应以身作则并采取必要措施，责成各部门、各单位严格按标准要求进行管理。

③企业领导创造一个宽松、和谐和有序的环境，全体员工能够理解企业的目标并努力实现这些目标；同时及时掌握质量管理体系的运行状况，亲自主持质量管理体系的评审，并为确保其正常运行提供必要的资源。

④企业领导及时、准确地提出质量管理体系的改进要求，确保持续改进，并督促其有效实施。

3）全员参与。各级员工是企业之本，只有其充分参与，才能为企业带来收益。

企业的质量管理不仅需要最高管理者的正确领导，还有赖于全员的参与。为此必须在全体员工范围内进行质量意识、职业道德、以顾客为关注焦点的意识和敬业精神教育，还要激发他们的积极性和责任感。在实际工作中应注意以下几个方面：

①应把全员的质量目标分解到职能部门和基层，让员工看到更贴近自己的目标。

②营造一个良好的员工参与管理、生产的环境，建立员工激励机制，激励员工为实现目标而努力，并及时评价员工的业绩。

③通过多种途径，采取多种手段，做好员工质量意识、技能和经验方面的培训，提高员工的整体素质。

4）过程方法。将活动和相关的资源作为过程进行管理，可以更高效地得到期望的结果。对于过程方法，应从以下两个方面去理解：

①ISO 9000标准对质量管理体系建立了一个过程模式，如图10-2所示。这个以过程为基础的质量管理体系模式中把管理职责，资源管理，产品实现，测量、分析、改进作为质量管理体系的四大主要过程，描述其相互关系，并以顾客要求为输入，以顾客满意为输出，评价质量管理体系的业绩。

②要求在具体每项工作开展前和开展过程中，充分识别四个过程的具体内容及其之间的联系，识别输入、掌握分析和确认输出，将质量管理每个环节的每个具体活动都按过程模式要求进行管理。

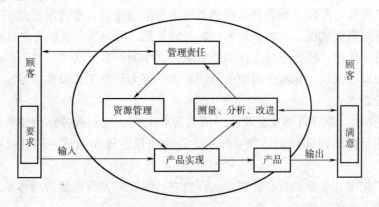

图10-2　以过程为基础的质量管理体系模式

5）管理的系统方法。将相互关联的过程作为系统加以识别、理解和管理，有助于企业提高实现目标的有效性和效率。

在质量管理中采用系统方法，就是要把质量管理体系作为一个大系统，对组成质量管理体系的各个过程加以识别、理解和管理，以达到实现质量方针和质量目标的目的。

系统方法和工程方法关系非常密切，其都以过程为基础，都要求对各个过程之间的相互作用进行识别和管理。但前者着眼于整个系统和实现总目标，使企业所策划的过程之间相互协调和相容；后者着眼于具体过程，对其输入、输出和相互关联、相互作用的活动进行连续的控制，以实现每个过程的预期结果。

ISO 9000 标准要求质量管理体系的建立和改进应是系统性的工作，其步骤如下：

①建立企业的质量方针和质量目标。

②确定顾客和其他相关方的需求与期望。

③确定实现目标必需的过程、过程职责及工程实施的目标或接收标准。

④确定和提供必需的资源。

⑤规定每个过程有效性和效率的测量方法，以及相关工程之间的沟通渠道和方法。

⑥应用既定的方法确定每个过程的有效性和效率。

⑦确定防止不合格并消除产生原因的措施。

⑧建立和应用持续改进质量管理体系的过程。

这八个工作步骤形成一个管理工作系统方法，在实际工作中成为质量管理体系建立、运行和改进的基本运作轨迹，从而使工作进程更具系统性、更加紧凑，其有效性和工作效率更易得到保证。

6）持续改进。持续改进整体业绩应是企业的一个永恒目标。

为了改进企业的整体业绩，企业应不断改进其产品质量，提高质量管理体系及过程的有效性和效率，以满足顾客日益增长和不断变化的需求与期望。只有坚持持续改进，企业才能不断进步，才能在激烈的市场竞争中取得更多的市场份额。企业领导者应对持续改进做出承诺并积极推动，全体员工也应积极参与持续改进的活动。持续改进是永无止境的，因此持续改进应成为每个企业永恒的追求、永恒的目标和永恒的活动。

在企业实现持续改进的过程中，应做好以下几方面的工作：

①在企业内部使持续改进成为一种制度，始终如一地推行持续改进，并对改进的结果进行总结。

②对企业内部员工进行持续改进方法和工具应用的培训，努力提高员工工作改进意识和改进能力。

③通过 PDCA 循环运作模式实现持续改进。

④对持续改进进行指导，对改进的结果进行总结，对改进成果进行认可，对改进成果的获得者进行表彰，以激励广大员工。

7）基于事实的决策方法。有效决策建立在数据和信息分析的基础上。

基于事实的决策方法强调决策应以事实为依据，为此在日常工作中对信息搜集、信息渠道建立、信息传递和信息分析判断都应有严格的工作程序。只有上述工作准确无误，才能确保决策的正确性。具体操作时，通过提高质量职能人员的职业道德、控制质量建立的真实性、采用适当的统计技术、建立畅通的信息系统等方法，确保作为分析判断的数据和信息足够精确、可靠，从而实现有效决策。

8）与供方互利的关系。企业与供方是相互依存的，互利的关系可增强双方创造价值的能力。

供方向企业提供的产品将对企业向顾客提供的产品产生重要影响，因此处理好与供方的关系影响到企业能否持续稳定地提供给顾客满意的产品。过去质量管理中主要强调对供方的控制，但在企业经营活动中"互利"是可持续发展的条件，把供方看作企业经营战略中的一个组成部分，有利于企业之间专业化协作，形成共同的竞争优势。

（2）八项质量管理原则的作用

八项质量管理原则是国际标准化组织在总结优秀质量管理实践经验的基础上用精练的语言表达的最基本、最通用的质量管理的一般规律，可成为企业文化的一个重要组成部分，以指导企业在较长时期内通过关注顾客及其他相关方的需求和期望而达到改进总体业绩的目的。

八项质量管理原则的作用如下：

1）指导企业采用先进、科学的管理方式。

2）指出企业获得成功的途径。例如，针对所有相关方的需求，实施并保持持续改进其业绩的管理体系。

3）帮助企业获得持久成功。

4）以八项质量管理原则为指导思想，构筑改进业绩的框架。

5）指导企业的管理者建立、实施和改进本企业的质量管理体系。

6）指导企业按照相关标准编制质量管理体系文件。

## 10.1.3 质量管理体系的建立、运行及意义

（1）质量管理体系的建立

1）企业质量管理体系的建立是在确定市场及顾客需求的前提下，按照八项质量管理原则制定企业的质量方针、质量目标、质量手册、程序文件、质量记录等体系文件，并将质量目标分解落实到相关层次、相关岗位的职能和职责中，形成企业质量管理体系的执行系统。

2）企业质量管理体系的建立要求对不同层次的员工进行培训，使体系的运行要求、关系内容为员工所理解，从而为全员参与质量管理体系运行创造条件。

3）企业质量管理体系的建立需识别并提供实现质量目标和持续改进所需的资源，包括人员、基础设施、环境、信息等。

（2）质量管理体系的运行

1）企业质量管理体系的运行是在生产及服务的全过程中，按质量管理体系文件所制定的程序、标准、工作要求及目标分解的岗位职责进行运作。

2）在企业质量管理体系运行过程中，按各类体系文件的要求监视、测量和分析过程的有效性与效率，做好文件规定的质量记录，持续收集、记录并分析过程的数据和信息，全面反映产品质量和过程，并具有可追溯的效能。

3）按照质量管理体系文件规定的办法进行质量管理评审和考核，对企业质量管理体系运行过程的评审考核工作，应针对发现的主要问题采取必要的改进措施，使这些过

程达到所策划的结果并实现对过程的持续改进。

4）落实质量管理体系的内部审核程序，有组织、有计划地开展内部质量审核活动，其主要目的如下：

①评价质量管理程序的执行情况及适用性。

②揭露过程中存在的问题，为质量改进提供依据。

③建立质量管理体系运行的信息。

④向外部审核单位提供体系有效的证据。

为确保系统内部审核的效果，企业领导应充分发挥其职能，制订审核政策和计划，组织内审人员队伍，落实内审条件，对审核发现的问题采取纠正措施，逐步完善质量体系。

（3）建立和有效运行质量管理体系的意义

ISO 9000 标准是一套精心设计、结构严谨、定义明确、内容具体、适用性很强的管理标准。它不受具体行业和企业性质等制约，为质量管理提供指南，为质量保证提供通用的质量要求，具有广泛的应用空间。其意义表现为以下几点：

①提高供方企业的质量信誉。

②促进企业完善质量管理体系。

③增强企业的国际市场竞争能力。

④有利于保护消费者利益。

## 10.2　影响建筑工程质量因素的控制

工程项目建设过程就是工程项目质量的形成过程，质量蕴藏于工程产品的形成中。因此，分析影响工程项目质量的因素，采取有效措施控制质量影响因素，是工程项目施工过程中的一项重要工作。

### 10.2.1　工程项目建设阶段对质量形成的影响

工程建设项目实施需要依次经过建设程序所规定的各个不同阶段，工程建设的不同阶段对工程建设项目质量的形成所起的作用则各不相同。

（1）项目可行性研究阶段对工程建设项目质量的影响

项目可行性研究是运用工程经济学原理，在对项目投资有关技术、经济、社会、环境等各方面条件进行调查研究的基础上，对各种可能的拟建投资方案及其建成投产后的经济效益、社会效益和环境效益进行技术分析论证，以确定项目建设的可行性，并提出最佳投资建设方案作为决策、设计依据的一系列工作过程。项目可行性研究阶段的质量管理工作是确定项目的质量要求，因而这一阶段必然会对项目的决策和设计质量产生直接影响，是影响工程建设项目质量的首要环节。

（2）项目决策阶段对工程建设项目质量的影响

项目决策阶段质量管理工作的要求是确定工程建设项目应当达到的质量目标及水平。工程建设项目的建设通常要求从总体上同时控制工程投资、质量和进度。但鉴于上述三项目标互为制约的关系，要做到投资、质量、进度三者的协调统一，达到业主最满意的质量水平，必须在项目可行性研究的基础上，通过科学决策来确定工程建设项目所应达到的质量目标及水平。

没有经过资源论证、市场需求预测而盲目建设、重复建设，建成后不能投入生产和使用，所形成的合格而无用途的产品，从根本上来说是对社会资源的极大浪费，不具备质量适用性的特征。同样地，盲目追求高标准，缺乏质量经济性考虑的决策，也将对工程质量的形成产生不利影响。因此，在项目决策阶段提出建设实施方案是对项目目标及其水平的确定，也是项目在投资和进度目标约束下对预定质量标准的确定。项目决策阶段是影响工程建设项目质量的关键阶段。

（3）项目设计阶段对工程建设项目质量的影响

工程建设项目设计阶段质量管理工作的要求是根据决策阶段已确定的质量目标水平，通过工程设计使之进一步具体化。总体规划关系到土地的合理使用、功能组织和平面布局、竖向设计、总体运输及交通组织的合理性，工程设计具体确定建筑产品或工程目的物的质量标准值，直接将建设意图变为工程蓝图，将实用、美观、经济融为一体，为建设施工提供标准和依据。建设构造与结构的合理性、可靠性和可施工性都直接影响工程质量。

设计方案技术上是否可行，经济上是否合理，设备是否完善配套，结构使用是否安全可靠，都将决定项目建成后的实际使用情况。因此，项目设计阶段必然影响项目建成后的使用价值和功能的正常发挥。项目设计阶段是影响工程建设项目质量的决定性环节。

（4）施工阶段对工程建设项目质量的影响

工程建设项目施工阶段是根据设计文件和图纸的要求通过施工活动而形成工程实体的连续过程。因此，施工阶段质量管理工作的要求是保证形成符合合同与设计方案要求的工程实体质量。这一阶段直接影响工程建设项目的最终质量，是影响工程建设项目质量的关键环节。

（5）竣工验收阶段对工程建设项目质量的影响

工程建设项目竣工验收阶段的质量管理工作要求是通过质量检测评定、试车运转等环节考核工程质量的实际水平是否与设计阶段确定的质量目标水平相符。这一阶段是工程建设项目自建设过程向生产使用过程发生转移的必要环节，体现的是工程质量水平的最终结果。因此，工程竣工验收阶段影响工程能否最终形成生产能力，是影响工程建设项目质量的最后一个重要环节。

## 10.2.2 建筑工程质量形成的影响因素

影响施工工程项目的因素主要包括五大方面，即建筑工程的4M1E，具体指人（man）、材料（material）、机械（machine）、方法（method）和环境（environment）。在施工过程中，事前对这五方面严加控制，是施工管理中的核心工作，是保证施工项目质量的关键。

（1）人的质量意识和质量能力对工程质量的影响

人是质量活动的主体，对建设工程项目而言，人是泛指与工程有关的单位、组织和个人，具体如下：

1）建设单位、勘察设计单位、施工承包单位、监理及咨询服务单位。

2）政府主管及工程质量监督检测单位。

3）策划者、设计者、作业者、管理者等。

建筑业实行企业经营资质管理、市场准入制度、执业资格注册制度、持证上岗制度及质量责任制度等，规定按资质等级承包工程任务，不得越级、不得挂靠、不得转包，严禁无证设计、无证施工。

人的工作质量是工程项目质量的一个重要组成部分，只有提高工作质量，才能保证工程质量，而工作质量的高低又取决于与工程建设有关的所有部门和人员。因此，每个工作岗位和每个人的工作都直接或间接地影响着工程项目的质量。提高工作质量的关键在于控制人的素质，人的素质包括很多方面，主要有思想觉悟、技术水平、文化修养、心理行为、质量意识、身体条件等。

（2）建筑材料、构配件及相关工程用品对工程质量的影响

材料是指在工程项目建设中所使用的原材料、半成品、成品、构配件和生产用的机电设备等，是建筑生产的劳动对象。建筑质量的水平在很大程度上取决于材料工业的发展，原材料、建筑装饰材料及其制品的开发导致人们对建筑消费需求日新月异的变化。因此，正确、合理地选择材料，控制材料构配件及工程用品的质量规格、性能、特性符合设计规范标准，直接关系到工程项目的质量形成。

质量检验所用的仪器设备是评价和鉴定工程质量的物质基础，对工程质量评定的准确性和真实性及确保工程质量有着重要作用。

（3）方法对工程质量的影响

方法（或工艺）是施工方案、施工工艺、施工组织设计、施工技术措施等的综合。施工方案的合理性、施工工艺的先进性、施工组织设计的科学性和施工技术措施的适用性对工程质量均有重要影响。

例如，施工方案包括工程技术方案和施工组织方案。前者指施工的技术、工艺、方法和机械、设备、模具等施工手段的配置，后者指施工程序、工艺顺序、施工流向、劳动组织之间的决定和安排。通常的施工顺序是先准备后施工、先场外后场内、先地下后地上、先深后浅、先主体后装修、先土建后安装等，其都应在施工方案中明确并编制相应的施工组织设计。这两种方案都会对工程质量的形成产生影响。

在施工工程实践中，往往由于施工方案考虑不周和施工工艺落后而拖延工程进度，影响工程质量，增加工程投资。为此，在制定施工方案和施工工艺时，必须结合工程实际从技术、组织、管理、措施、经济等方面进行全面分析、综合考虑，确保施工方案技术上可行、经济上合理且有利于提高工程质量。

（4）工程项目的施工环境对工程质量的影响

影响工程质量的环境因素较多，有工程技术环境，包括地质、水文、气候等自然环境及施工现场的通风、照明、安全卫生防护设施等劳动作业环境；工程管理环境，即由工程承发包合同结构所派生的多单位、多专业共同施工的管理关系、组织协调方式及现场施工质量控制系统等构成的管理环境，如质量保证体系、质量管理制度等；劳动环

境，如劳动组合、作业场所、工作面；等等。环境因素对工程质量的影响具有复杂而多变的特点，如气象条件变化万千，温度、湿度、大风、暴雨、酷暑、严寒都直接影响工程质量。又如前一道工序就是后一道工序的环境，前一分项工程、分部工程就是后一分项工程、分部工程的环境。

因此，根据工程特点和具体条件，应对影响工程质量的环境因素采取有效的措施，严加控制。

## 10.3 建筑工程项目质量计划

### 10.3.1 建筑工程项目质量计划编制的依据和原则

建筑企业的产品具有单件性、生产周期长、空间固定性、露天作业及人为影响因素多等特点，使得工程实施过程繁杂、涉及面广且协作要求多。因此，在编制项目质量计划时，应针对项目的具体特点有所侧重。一般的项目质量计划的编制依据和原则可归纳为以下几个方面：

1）项目质量计划应符合国家及地区现行有关法律、法规和标准、规范的要求。

2）项目质量计划应以合同的要求为编制前提。

3）项目质量计划应体现出企业质量目标在项目上的分解。

4）项目质量计划对质量手册、程序文件中已明确规定的内容仅做引用和说明如何使用即可，而不需要整篇搬移。

5）如果已有文件的规定不适合或有没涉及的内容，在项目质量计划中做出规定或补充。

6）按工程规模、结构特点、技术难易程度和具体质量要求来确定项目质量计划的详略程度。

### 10.3.2 建筑工程项目质量计划编制的意义及作用

在《质量管理体系要求》（GB/T 19001—2008）中，对保证项目质量计划没有做出明确的规定，而且企业根据 GB/T 19001—2008 建立的质量管理体系已为其生产、经营活动提供了科学、严密的质量管理方法和手段。然而，对于建筑企业特别是其具体的项目而言，由于其产品的特殊性，仅有一个总的质量管理体系是不够的，还需要制定一个针对性极强的控制和保证质量的文件——项目质量计划。项目质量计划既是项目实施现场质量管理的依据，又是向顾客保证工程质量承诺的输出，因此，编制项目质量计划是非常重要的。

项目质量计划的作用可归纳为以下三个方面：

①为操作者提供活动指导文件，指导具体操作人员如何工作、完成哪些活动。

②为检查者提供检查项目，是一种活动控制文件，指导、跟踪具体施工，检查具体结果。

③提供活动结果证据。所有活动的时间、地点、人员、活动项目等均依实记录，得

到控制并经验证。

### 10.3.3 建筑工程项目质量计划与施工组织设计的关系

施工组织设计是针对某一特定工程项目，指导工程施工全局、统筹施工过程，在建筑安装施工管理中起中轴作用的重要技术经济文件。它对项目施工中劳动力、机械设备、原材料和技术资源及工程进度等方面均科学、合理地进行统筹，着重解决施工过程中可能遇到的技术难题。其内容包括工程进度、工程质量、工程成本和施工安全等，在施工技术和必要的经济指标方面比较具体；而在实施施工管理方面描述得较为粗浅，不便于指导施工过程。

项目质量计划侧重于对施工现场的管理控制，对某个工程、某个工序由什么人、如何操作等做出了明确规定；对项目施工过程影响工程质量的环节进行控制，以合理的组织结构、培训合格的在岗人员和必要的控制手段保证工程质量达到合同要求，但其在经济技术指标方面很少涉及。

但是，二者又有一定的相同点。项目施工组织设计和项目质量计划都是以具体的工程项目为对象并以文件的形式提出的；编制的依据都是政府的法律法规文件、项目的设计文件、现行的规范和操作规程、工程的施工合同，以及有关的技术经济资料、企业的资源配置情况和施工现场的环境条件；编制的目的都是强化项目施工管理和对工程施工的控制。但是两者的作用、编制原则、内容等方面有较大的区别。

在过去，部分建筑企业尝试性地将施工组织设计与项目质量计划融合编制，仍以施工组织设计的名称出现，但效果并不好。其主要原因是施工组织设计是建筑企业多年来长期使用、行之有效的方法，融入项目质量计划的内容后，与传统习惯不相宜，建设单位也不接受。但从施工组织设计和项目质量计划独立编制的企业情况来看，两者存在着相当的重复交叉现象，不但增加了编写的工作量，而且使用起来也不方便。为此，在处理二者关系时，应以施工组织设计为主，项目质量计划作为施工组织设计的补充，对施工组织设计中已明确的内容，在项目质量计划中不再阐述，对施工组织设计中没有或未做详细说明的，在项目质量计划中则应做出详细规定。

此外，项目质量计划与建筑企业现行的各种管理技术文件有着密切关系，对一个运行有效的企业质量管理体系来讲，其质量手册、程序文件通常都包含了项目质量计划的基本内容。因此，在编制项目质量计划前，应熟悉企业的质量管理体系文件，看哪些内容能直接引用或采用，需要详细说明的内容或文件有哪些。在项目质量计划编制过程中，应将这些通用的程序文件与补充的内容有机地结合起来，以达到所规定的要求。

在编写项目质量计划时，还要处理好项目质量计划与质量管理体系、质量体系文件、质量策划、产品实现的策划之间的关系，保持项目质量计划与现行文件之间在要求上的一致性。当项目质量计划中的某些要求由于顾客要求等因素必须高于质量体系要求时，要注意项目质量计划与其他现行质量文件的协调。项目质量计划的要求可以高于但不能低于通用质量体系文件的要求。

项目质量计划的编写应体现全员参与的质量管理原则，编写时应由项目部的项目总工程师主持，质量、技术、资料和设备等有关人员参加编制。合同无规定时，项目质量计划由项目经理批准生效；合同有规定时，可按规定的审批程序办理。

项目质量计划的繁简程度应与工程项目的复杂性相适应，应尽量简练，便于操作，无关的过程可以删减，但应在项目质量计划的前言中对删减进行说明。

总之，项目质量计划是项目实施过程中的法规性文件，是进行施工管理、保证工程质量的管理性文件。认真编制、严格执行项目质量计划对确保建筑企业的质量方针和质量目标的实现有着重要的意义。

### 10.3.4　建筑工程项目质量计划的内容

（1）项目质量计划的范围

项目组织应确定项目质量计划包含的内容，避免与组织的质量管理体系文件重复或不相吻合。

（2）项目质量计划的输入

项目组织在编制项目质量计划时，应识别编制项目质量计划的输入，以便于项目质量计划的使用者参考输入文件，在项目质量计划的执行过程中检查输入文件的符合性和识别输入文件的更改。具体输入内容如下：

①特定情况的要求。

②项目质量计划的要求，包括顾客、法律法规和行业规范的要求。

③组织的质量管理体系要求。

④资源要求及其可获得性。

⑤着手进行项目质量计划中所包含的活动所需的信息。

⑥使用项目质量计划的其他相关方所需的信息。

⑦其他相关计划。

（3）质量目标

项目质量计划应明确特定情况的质量目标，以及如何实现该质量目标。

（4）管理职责

项目质量计划规定组织内负责质量目标实现的各岗位工作人员的职责。

（5）文件和资料控制

项目质量计划应说明项目组织及相关方如何识别文件和资料，由谁评审、批准文件和资料，由谁分发文件和资料或通报其可用性，如何获得文件和资料。

（6）记录的控制

项目质量计划应说明建立什么记录、如何保持记录和记录可以包括检验和试验记录、体系运行评审记录、过程测量记录、会议记录等。

（7）资源

项目质量计划应规定顺利执行计划所需的资源类型和数量。这些资源包括材料、人力资源、基础设施和工作环境。

（8）与业主的沟通

项目质量计划应说明特定情况下由谁负责与顾客沟通、沟通使用的方法和保持的记录，以及收到顾客意见时的后续工作。

（9）项目采购

项目质量计划中针对采购应规定如下内容：

①影响项目质量的采购品的关键特性，以及如何将其特性传递给供方，以保证供方在项目使用过程中进行适当的控制。

②评价、选择和控制供方所采用的方法。

③满足相关质量保证要求所采用的方法。

④项目组织如何验证采购品是否符合规定的要求。

⑤拟外包的项目如何实施。

（10）项目实施的过程

项目实施、监视和测量过程共同构成项目质量计划的主要部分。根据项目额度特点，项目质量计划所包含的过程会有所不同。项目质量计划应识别项目实施过程所需的输入、实现活动和输出。

（11）可追溯性

在有可追溯性要求的场合，项目质量计划应规定其范围和内容，包括对受影响的项目过程如何进行标识。

（12）业主财产

项目质量计划应说明如何识别和控制业主提供产品，验证业主提供产品满足规定要求所使用的方法，对业主提供的产品不合格如何进行控制，对损坏、丢失或不适用的产品如何进行控制。

（13）产品防护

项目质量计划应说明可交付成果防护，以及交付的具体要求和过程。

（14）不合格品的控制

项目质量计划应规定如何对不合格产品进行识别和控制，以防止在适当位置或让步接收前被误用，并且对返工或返修如何审批实施做出规定。

（15）监视和测量过程

项目质量计划关于监视和测量过程的内容如下：

①在哪些阶段对哪些过程和产品的哪些质量特性进行监视和测量。

②应使用的程序和接收准则。

③应使用的统计过程控制方法。

④人员资格的认可。

⑤哪些检验或试验在何地必须由法定机构或业主进行见证或实施。

⑥组织计划受顾客、法定机构要求，在何处、何时、以何种方式由第三方机构进行检验或试验。

⑦产品放行的准则。

（16）审核

项目质量计划应规定需进行的审核、审核的性质和范围，以及如何使用审核结算。

总之，项目质量计划强调的是针对性强、便于操作，因此要求其内容尽可能简单直观，一目了然。

## 10.4　设计阶段的质量控制

### 10.4.1　设计质量控制的任务、内容和依据

工程建设通常是先对拟建项目的建设条件、建设方案等进行比较，论证推荐方案实施的必要性、可行性和合理性，进而提出可行性研究报告，报经上级有关部门批准后，该工程建设项目才进入实质性的建设阶段。工程项目设计是工程建设的第一阶段，是工程建设质量控制的起点，这个阶段质量控制得好，就为保证整个工程建设质量奠定了基础。否则，工程建设带着"先天不足"进入后续工作，即使以后各项工序均控制得很好，工程建成后也不能确保其质量。因此，工程建设设计质量的控制是工程建设全面质量控制最重要的环节。

工程设计阶段的质量控制要解决的问题是确保工程设计质量、投资、进度三者之间的关系。其中，工程设计质量是最重要的，应尽量做到适用、经济、美观、安全、节能、节约用地、生态环保和可持续发展等综合协调工作。

（1）设计质量控制的任务

工程建设项目的规模不同、重要性不同，设计阶段的划分和任务也不相同。一般工程建设项目可分为扩大初步设计阶段和施工图设计阶段，重要的工程建设项目可分为初步设计、技术设计和施工图设计三个阶段。

1）初步设计阶段的任务。初步设计是已批准的建设项目在可行性研究报告的基础上开展工作。其基本任务是：进一步论证建设项目在技术上的可行性和经济上的合理性，确定主要建筑物的形式、控制尺寸及总体布置方案，确定施工现场的总平面布置、道路、绿化、小区设施和施工辅助设施方案，等等。初步设计应提交初步设计图纸及其有关设计说明等设计文件。

2）技术设计阶段的任务。技术设计是在已批准的建设项目初步设计的基础上开展工作。其基本任务应视工程项目的具体情况、特点和需要而确定，一般包括：对重大技术方案进行分析、研究、设计，对构筑物某关键部位采用的新结构、新材料、新工艺和具体尺寸进行研究确定，等等。

3）施工图设计阶段的任务。施工图设计是在已批准的建设项目技术设计（或初步设计）的基础上开展工作。其基本任务是：按照初步设计（或技术设计）所确定的设计原则、结构方案、控制尺寸和建筑施工进度的需要，分期分批地绘制出施工详图，提供给工程项目施工承包商等在施工中使用。

（2）设计质量控制的内容

工程建设的行业不同（如工业与民用工程、公路与桥梁工程、水利水电工程等），其建设特点也不同，设计质量控制的具体内容和任务也各有差异。在设计阶段，监理方对设计质量控制起着主导作用，设计质量控制通常应当包括以下内容：

①根据可行性研究报告和行业工程设计规范、标准、法规，编制"设计要求"文件。

②根据业主的委托，协助业主编制设计招标文件。

③协助业主在组织设计招标中对设计投标人进行资质审查。

④可以参加评标工作，选择设计中标单位。

⑤可以根据业主的委托与设计承包商签订设计承包合同。

⑥代表业主向设计承包商进行技术交底。

⑦对设计方案的合理性及图纸和说明文件的正确性予以确认，即进行设计过程的质量控制。

⑧控制设计中供应施工图的速度。

（3）设计质量控制及评定的依据

经国家决策部门批准的设计任务书是工程项目设计阶段质量控制和评定的主要依据。而设计合同根据项目任务书规定的质量水平及标准，提出了工程项目的具体质量目标。因此，设计合同是开展设计工作质量控制及评定的直接依据。此外，以下各项资料也作为设计质量控制及评定的依据。

1）有关工程建设及质量管理方面的法律、法规。例如，有关城市规划、建设用地、市政管理、环境保护、"三废"治理、建筑工程质量监督等方面的法律、行政法规和部门规章，以及各地政府在本地区根据实际情况发布的地方法规和规章。

2）有关工程建设项目的技术标准，各种设计规范、规章、设计标准，以及有关设计参数的定额、指标等。

3）经有关主管部门批准的项目可行性研究报告、项目评估报告、项目选址报告等资料和文件。

4）有关建设工程项目或个别建筑物的模型试验报告及其他有关试验报告。

5）反映项目建设过程及使用寿命周期的有关自然、技术、经济、社会协作等方面情况的数据资料。

6）有关建设主管部门核发的建设用地规划许可证和征地移民报告。

7）有关设计方面的技术报告，如工程测量报告、工程地质报告、水文地质报告、气象报告等。

## 10.4.2　设计方案和设计图纸的审核

（1）设计方案的审核

设计方案的审核是控制设计质量的最重要的环节。工程实践证明，只有重视和加强设计方案的审核工作，才能保证项目设计符合设计纲要的要求，才能符合国家有关工程建设的方针、政策，才能符合现行建筑设计标准、规范，才能适应我国的基本国情和符合工程实际，才能达到工艺合理、技术先进，才能充分发挥工程项目的社会效益、经济效益和环境效益。

设计方案审核意味着对设计方案的批准生效，应贯穿于初步设计、技术设计或扩大初步设计阶段，其主要包括总体方案审核和各专业设计方案审核两部分。

对设计方案的审核是综合分析，将技术与效果、方案与投资等有机结合起来，通过多方案的技术和经济的论证与审核，从中选择最优方案。

1）总体方案审核。总体方案审核主要在初步设计时进行，重点审核设计依据、设计规模、产品方案、工艺流程、项目组成、工程布局、设施配套、占地面积、协作条件、三废治理、环境保护、防灾抗灾、建设期限、投资概算等方面的可靠性、合理性、经济性、先进性和协调性，是否满足决策质量目标和水平。

工程项目的总体方案审核具体包括以下内容：

①设计规模。对生产性工程项目，其设计规模是指年生产能力；对非生产性工程项目，其设计规模则可用设计容量来表示，如医院的床位数、学校的学生人数、歌剧院的座位数、住宅小区的户数等。

②项目组成及工程布局。其主要是总建筑面积及组成部分的面积分配。

③采用的生产工艺和技术水平是否先进，主要工艺设备选型等是否科学合理。

④建筑平面造型及立面构图是否符合规划要求，建筑总高度等是否达到标准。

⑤是否符合当地城市规划及市政方面的要求。

2）专业设计方案审核。专业设计方案审核是总体方案审核的细化审核。其重点是审核设计方案的设计参数、设计标准、设备和结构选型、功能和使用价值等方面，是否满足适用、经济、美观、安全、可靠等要求。

专业设计方案审核应从不同专业的角度分别进行，一般主要包括以下十个方面：

①建筑设计方案审核是专业设计方案审核中的关键，为各专业设计方案的审核打下良好基础。其主要包括平面布置、空间布置、室内装修和建筑物理功能。

②结构设计方案审核关系到建筑工程的先进性、安全性和可靠性，是专业设计方案的另一重点。其主要包括主体结构体系的选择，结构方案的设计依据和设计参数，地基基础设计方案的选择，安全度、可靠性、抗震设计要求，结构材料的选择，等等。

③给水工程设计方案审核主要包括给水方案的设计依据和设计参数，给水方案的选择，给水管线的布置，所需设备、器材的选择，等等。

④通风、空调设计方案审核主要包括通风、空调方案的设计依据和设计参数，通风、空调方案的选择，通风管道的布置和所需设备、器材的选择，等等。

⑤动力工程设计方案审核主要包括动力方案的设计依据和设计参数，动力方案的选择，所需设备、器材的选择，等等。

⑥供热工程设计方案审核主要包括供热方案的设计依据和设计参数，供热方案的选择，供热管网的布置，所需设备、器材的选择，等等。

⑦通信工程设计方案审核主要包括通信方案的设计依据和设计参数，通信方案的选择，通信线路的布置，所需设备、器材的选择，等等。

⑧厂内运输设计方案审核主要包括厂内运输方案的设计依据和设计参数，厂内运输方案的选择，运输线路及构筑物的布置和设计，所需设备、器材和工程材料的选择，等等。

⑨排水工程设计方案审核主要包括排水方案的设计依据和设计参数，排水方案的选择，排水管网的布置，所需设备、器材和工程材料的选择，等等。

⑩"三废"治理工程设计方案审核主要包括"三废"治理方案的设计依据和设计参数，"三废"治理方案的选择，工程构筑物及管网的布置与设计，所需设备、器材和工

程材料的选择，等等。

对设计方案的审核并不是一个简单的技术问题，也不是一个简单的经济问题，更不能就方案论方案，而应综合加以分析研究，将技术与效果、方案与投资等有机地结合起来，通过多方案的技术经济的论证和审核，从中选择最优方案。

（2）设计图纸的审核

设计图纸是设计工作的最终成果，也是工程施工的标准和依据。设计阶段质量控制的任务最终还要体现在设计图纸的质量上。因此，设计图纸的审核是保证工程质量最关键的环节，也是对设计阶段的质量评价。

审核人员通过对设计文件的审核，确认并保证主要设计方案和设计参数在设计总体上正确，设计的基本原理符合有关规定，在实施中能做到切实可行，符合业主和本工程的要求。设计图纸的审核主要包括业主对设计图纸的审核和政府机构对设计图纸的审核。

1）业主对设计图纸的审核。

①初步设计阶段的审核。由于初步设计阶段是决定工程采用的技术方案的阶段，因而初步设计阶段图纸的审核侧重于工程所采用的技术方案是否符合总体方案的要求，以及是否能达到项目决策阶段确定的质量标准。

②技术设计阶段的审核。技术设计是在初步设计的基础上对初步设计方案的具体化，因此，对技术设计阶段图纸的审核侧重于各专业设计是否符合预定的质量标准和要求。

还需指出的是，由于工程项目要求的质量与其所支出的资金是正相关的，因此，业主（监理工程师）在初步设计及技术设计阶段审核方案或图纸时，需要同时审核相应的概算文件。只有符合预定的质量标准而投资费用又在控制限额内时，以上两阶段的设计才能得以通过。

③施工图设计的审核。施工图是建筑物、设备、管线等所有工程对象物的尺寸、布置、选用材料、构造、相互关系、施工及安装质量要求的详细图纸和说明，是指导施工的直接依据，因而也是设计阶段质量控制的一个重点。对施工图设计的审核应侧重于反映使用功能及质量要求是否得到满足。

施工图主要包括建筑施工图、结构施工图、给排水施工图、电气施工图和供热采暖施工图。

2）政府机构对设计图纸的审核。与业主（监理工程师）对设计图纸的审核不同，政府机构对设计图纸的审核是一种控制性的宏观审核，其主要内容包括以下三个方面：

①设计图纸是否符合城市规划方面的要求。如工程项目的占地面积及界限、建筑红线、建筑层数及高度、立面造型及与所在地区的环境协调等是否符合城市规划要求。

②工程建设对象本身是否符合法定的技术标准。如在安全、防火、卫生、防震、三废治理等方面是否符合有关标准的规定。

③有关专业工程的审核。如对供水、排水、供电、供热、供天然气、交通道路、通信等专业工程的设计，应主要审核是否与工程所在地区的各项公共设施相协调与衔接等。

### 10.4.3 设计文件的审查和图纸会审

（1）设计文件的审查

设计文件的审查是指在施工图交付施工承包单位使用前或使用中进行的设计文件的全面审查。这种审查工作可以由业主、监理工程师和施工单位分别进行，随着工程的施工进展，更多的问题暴露出来，经过充分论证、分析，然后加以解决。

工程项目设计文件是保证工程质量的关键，控制设计文件的质量是确保工程质量的基础。控制设计文件质量的主要手段就是要定期对设计文件进行审查，发现不符合质量标准和要求的，设计人员应对其进行修改，直至符合标准为止。设计文件的审查内容主要包括以下几个方面：

1）图纸的规范性的审查。审查图纸的规范性主要是审查图纸是否规范、标准，如图纸的编号、名称、设计人、校核人、审定人、日期、版次等栏目是否齐全。

2）建筑造型与立面设计的审查。在考察选定的设计方案进入正式设计阶段后，应认真审查建筑造型与立面设计方面能否满足要求。

3）平面设计的审查。平面设计是确定设计方案的重要组成部分。例如，房屋建筑平面设计的审查内容包括房建布置、面积分配、楼梯布置、总面积等是否满足要求。

4）空间设计的审查。空间设计同平面设计一样，是确定建筑结构尺寸、形式的基本技术资料。例如，房屋建筑空间设计的审查内容包括层高、净高、空间利用等情况。

5）装修设计的审查。随着环境的美化标准和人们审美观点的提高，装饰工程的造价越来越高，加强对装修设计的审查，对于满足装修要求和降低工程造价均有十分重要的意义。例如，房屋建筑装修设计的审查包括内外墙、楼地面、天花板等装修设计标准和协调性是否满足业主的要求。

6）结构设计的审查。结构设计的审查是工程项目设计审查的重中之重，它关系到整个工程项目的可靠性。结构设计的审查主要审查结构方案的可靠性、经济性等情况。例如，对房屋建筑的结构，根据地基情况审查采用的基础形式；根据当地情况审查选用的建筑材料，构件（梁、板、柱）的尺寸及配筋等情况；审查主要结构参数的取值情况；审查主要结构的计算书；验证结构抗震抗风的可靠度；等等。

7）工艺流程设计的审查。工艺流程设计的审查主要审查其合理性、可行性和先进性等。

8）设备设计的审查。设备设计的审查内容主要包括设备的布置和选型，如电梯布置选型、锅炉布置选型、中央空调布置选型等。

9）水电、自控制设计的审查。水电、自控制设计的审查内容主要包括给水、排水、强电、弱电、自控消防等设计方面的合理性和先进性。

10）对有关部门要求的审查。是否满足有关部门要求的审查也是目前设计审查中的一项重要内容，其主要包括对城市规划、环境保护、消防安全、人防工程、卫生标准等方面的要求。

11）各专业设计协调情况的审查。各专业设计协调情况的审查内容主要包括建筑、结构、设备等专业设计之间是否尺寸一致，各部位是否相符。

12）施工可行性的审查。施工可行性的审查主要审查图纸的设计意图能否在现有的施工条件和施工环境下得以实现。

有了对设计文件的审查，决不等于设计单位就可以因此取消原来的逐级校核和审定制度；相反，对这种自身的校审制度更应加强，以保证工程项目设计的质量。

（2）设计交底和图纸会审工作

设计图纸是进行质量控制的重要依据。为了使施工单位熟悉有关的设计图纸，充分了解拟建项目的特点、设计意图和工艺与质量要求，减少图纸的差错，消除图纸中的质量隐患，应做设计交底和图纸会审工作。

1）设计交底。工程施工前，设计单位向施工单位有关人员进行设计交底。设计交底的具体内容如下：

①地形、地貌、水文、气象、工程地质及水文地质等自然条件。

②施工图设计依据，如初步设计文件、规划、环境等要求，设计规范。

③设计意图、设计思想和设计方案比较，基础处理方案，结构设计意图，设备安装和调试要求，施工进度安排，等等。

④施工注意事项，如对地基处理的要求，对建筑材料的要求，采用新结构、新工艺的要求，施工组织和技术保证措施，等等。

设计交底后，施工单位提出图纸中的问题和疑点及要解决的技术难题，经协商研究提出解决办法。

2）图纸会审。为了确保建筑工程的设计质量，加强设计与采购、施工、试车各个环节的联系，在工程正式施工前应实行各环节负责单位共同参加的联合会审制度，充分吸收多方的意见，各方对设计图纸形成共识，提高设计的可操作性和安全性。

在总承包方式下，图纸会审由总承包商组织联合会审，其采购、施工、试车和设计各单位共同参加；在直接承包方式下，图纸会审则由业主项目经理（监理工程师）组织联合会审，其采购、施工、试车、设计各单位共同参加。

图纸会审实质上是对设计质量的最终控制，也是在工程施工前对设计进行的集体认可。图纸会审使设计更加完善、更加符合实际，从而使图纸会审的结果成为各单位共同努力的目标和标准。图纸会审的内容没有具体的规定，一般应包括以下几个方面：

①对设计单位再次进行资质审查；对设计图纸确认是否无证设计或越级设计，设计图纸是否经设计单位正式签署。

②建筑工程项目的地质勘探资料是否齐全，工程基础设计是否与地质勘探资料相符。

③工程项目的设计图纸与设计说明是否齐全，有无分期供图的时间表，供图安排是否满足施工进度的要求。

④工程项目的抗震设计是否满足要求，设计地震烈度是否符合国家和当地的要求。

⑤如果工程设计由几个设计单位共同完成，设计图纸相互间有无矛盾；专业图纸之间、平立剖面图之间有无矛盾；设计图纸中的标注有无遗漏。

⑥总平面图与施工图的几何尺寸、平面位置、结构形式、设计标高、选用材料等是否一致。

⑦工程项目的防火、消防设计是否符合国家有关规定，这是保证今后使用安全的非常重要的问题。

⑧建筑结构与各专业图纸本身是否有差错及矛盾，结构图与建筑图的平面尺寸及标高是否一致，建筑图与结构图的表示方法是否清楚，所有设计图纸是否符合制图标准，预埋件在图纸上是否表示清楚，有无钢筋明细表或钢筋的构造要求在图中是否表达清楚。

⑨施工图中所列的各种标准图册施工单位是否具备；若不具备，采取何种措施加以解决。

⑩材料来源有无保证，无保证时能否代换；图中所要求的条件能否满足；新材料、新技术的应用有无把握。

⑪地基处理方法是否合理，建筑与结构构造是否存在不能施工、不便于施工的技术问题，或容易导致质量、安全、工程费用增加等方面的问题。

⑫工艺管道、电气设备、设备安装、运输道路、施工平面布置与建筑物之间有无矛盾，布置是否可行、合理。

⑬施工安全措施是否有保证，施工对周围环境的影响是否符合有关规定。

⑭设计图纸是否符合质量目标中关于性能、经济、可靠、安全等方面的要求。

## 10.5 施工阶段的质量控制

### 10.5.1 施工质量控制的目标

施工进度是形成工程实体的阶段，也是最终形成工程产品质量和工程项目使用价值的重要阶段。由于工程施工阶段有工期长、露天作业多、受自然条件影响大、影响质量的因素多等特点，因而施工阶段的质量控制尤为重要。施工阶段的质量控制不但是承包商和监理工程师的核心工作内容，也是工程项目质量控制的重点。明确各主体方的施工质量控制目标就显得格外重要。

施工质量控制的总体目标是贯彻执行建设项目质量法规和强制性标准，正确配置施工生产要素和采用科学管理的方法，实现工程项目预期的使用功能和质量标准。这是工程参与各方的共同责任。

建设单位的质量控制目标是通过施工全过程的全面质量监督和管理、协调和决策，保证竣工项目达到投资决策所确定的质量标准。

施工单位的质量控制目标是通过施工全过程的全面质量自控，保证交付满足施工合同及设计文件所规定的质量标准（含工程质量创优要求）的建设工程产品。

监理单位在施工阶段的质量目标是通过审核施工质量文件、报告、报表及现场旁站检查、平行检测、施工指令和结算支付控制等手段的应用，监控施工承包单位的工程质量，协调施工关系，正确履行工程质量的监督责任，以保证工程质量达到施工合同和设计文件所规定的质量标准。

## 10.5.2 施工项目质量控制的对策

对施工项目而言，质量控制是为了确保合同所规定的质量标准所采取的一系列检测、监控措施、手段和方法。在进行施工项目质量控制的过程中，为确保工程质量，需做好以下主要工作。

（1）以人的工作质量确保工程质量

工程质量是人（包括参与工程建设的组织者、指挥者和操作者）所创造的。人的政治思想素质、责任感、事业心、质量观、业务能力、技术水平等均直接影响工程质量。据统计资料，88%的质量安全事故都是人的失误造成的。为此，对工程质量的控制始终"以人为本"，狠抓人的工作质量，避免人的失误；充分调动人的积极性，发挥人的主导作用，增强人的质量观和责任感，使每个人牢牢树立"百年大计，质量第一"的思想，认真负责地搞好本职工作，以优异的工作质量来创造优质的工程质量。

（2）严格控制投入品的质量

任何一项工程施工均需投入大量的各种原材料、成品、半成品、构配件和机械设备，要采用不同的施工工艺和施工方法，这是构成工程质量的基础。如果投入品质量不符合要求，工程质量就不可能符合标准，所以严格控制投入品的质量是确保工程质量的前提。为此，对投入品的订货、采购、检查、验收、取样、试验均应进行全面控制，从组织货源、优选供货厂家直到使用认证，做到层层把关；对施工过程中所采用的施工方案进行充分论证，做到工艺先进、技术合理、环境协调，这样才有利于安全文明施工，有利于提高工程质量。

（3）严格执行《工程建设标准强制性条文》

《工程建设标准强制性条文》是工程建设全过程的强制性规定，具有强制性和法律效力；是参与建设各方主体执行工程建设强制性标准的依据，也是政府对执行工程建设强制性标准情况实施监督的依据。严格执行《工程建设标准强制性条文》，是贯彻《建设工程质量管理条例》和现行建筑工程施工质量验收规范、标准的有力保证，是确保工程质量和施工安全的关键，是规范建设市场、完善市场运行、依法经营、科学管理的重大举措。

（4）全面控制施工工程，重点控制工序质量

任何一个工程项目都是由分项工程和分部工程组成的，要想确保整个工程项目的质量达到整体优化的目的，就必须全面控制施工工程，使每个分项、分部工程符合质量标准。而每个分项、分部工程又是通过一道道工序来完成的，由此可见，工程质量是在工序中创造的，为此，要确保工程质量就必须重点确保工序质量。对每道工序质量都必须进行严格检查，当上一道工序质量不符合要求时，绝不允许进入下一道工序施工。这样，只要每道工序质量都符合要求，整个工程项目的质量就能得到保证。

（5）贯彻以预防为主的方针

以预防为主，防患于未然，把质量问题消灭于萌芽之中，是现代化管理的观念。以预防为主，就是要加强对影响质量因素和投入品质量的控制。从对质量的事后检验把关，转向对质量的事前控制、事中控制；从对产品质量的检查，转向对工作质量的检

查、对工序质量的检查、对中间产品的检查。这些是确保施工质量的有效措施。

（6）严把检验批质量检验评定关

检验批的质量等级是分项工程、分部工程、单位工程质量等评定的基础；如检验批的质量等级不符合质量标准，分项工程、分部工程、单位工程的质量也不可能合格；而检验批等级质量评定正确与否又直接影响分项工程、分部工程、单位工程质量等级的真实性和可靠性。为此，在进行检验批质量检验评定时，应坚持质量标准，严格检查，用数据说话，避免出现第一、第二判断错误。

（7）严防系统性因素的质量变异

系统性因素，如使用不合格的材料、违反操作规程、混凝土达不到设计强度等级、机械设备发生故障等，必然会产生不合格产品或工程质量事故。系统性因素的特点是易于识别、易于消除、可以避免。只要增强质量观念，提高工作质量，精心施工，就完全可以预防系统性因素引起的质量变异。为此，工程质量的控制就是把质量变异控制在偶然性因素引起的范围内，严防或杜绝系统性因素引起的质量变异，以免造成工程质量事故。

### 10.5.3　施工项目质量控制的过程

任何工程都是由分项工程、分部工程和单位工程组成的，施工项目是通过一道道工序来完成的。因此，施工项目的质量控制是从工序质量到分项工程质量、分部工程质量、单位工程质量的系统控制过程；也是一个从对投入品的质量控制开始，直到完成工程质量检验为止的全过程的系统过程，如图 10-3 所示。

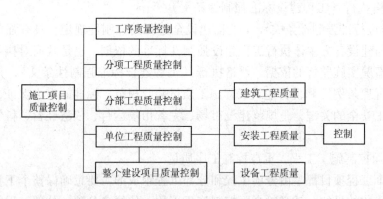

图 10-3　施工项目质量控制的过程

### 10.5.4　施工项目质量控制阶段

为了加强对施工项目的质量控制，明确各施工阶段质量控制的重点，可把施工项目质量控制分为事前质量控制、事中质量控制和事后质量控制三个阶段。

（1）事前质量控制

事前质量控制是指在正式施工前进行的质量控制，其控制重点是做好施工准备工作，且施工准备工作应贯穿于施工全过程中。

1）施工准备的范围。

①全场性施工准备是以整个项目施工现场为对象而进行的各项施工准备。

②分项（部）工程施工准备是以单位工程中的一个分项（部）工程或冬雨季施工为对象而进行的施工准备。

③项目开工前的施工准备是在拟建项目正式开工前所进行的一切准备。

④项目开工后的施工准备是在拟建项目开工后每个施工阶段开工前所进行的施工准备，如混合结构住宅施工通常分为基础工程、主体工程和装饰工程等施工阶段，每个阶段的施工内容不同，其所需的物质技术条件、组织要求和现场布置也不同，因此必须做好相应的施工准备。

2）施工准备的内容。施工准备的内容包括以下几个方面：

①技术准备。技术准备包括项目扩大初步设计方案的审查，熟悉和审查项目的施工图纸，项目建设地点的自然条件、技术经济条件调查分析，编制项目施工图预算和施工预算，编制项目施工组织设计，等等。

②物质准备。物质准备包括建筑材料准备、构配件和制品加工准备、施工机具准备、生产工艺准备等。

③组织招标。组织招标包括建立项目组织机构，集结施工队伍，对施工队伍进行入场教育，等等。

④施工现场招标。施工现场招标包括控制网、水准点、标桩测量，"五通一平"，生产、生活临时设施的准备，组织机具、材料进场，拟订有关试验、试制及技术进步项目计划，制定季节性施工措施，制定施工现场管理制度，等等。

（2）事中质量控制

事中质量控制是指在施工过程中进行的质量控制。事中质量控制的策略是全面控制施工过程，重点控制工序质量。其具体措施是：工序交接有检查，质量预控有对策，施工项目有方案，技术措施有交底，图纸会审有记录，配制材料有试验，隐藏工程有验收，计量器具校正有复核，设计变更有手续，钢筋代换有制度，质量处理有复查，成品保护有措施，行使质控有否决（如发现质量异常、隐蔽工程未经验收、质量问题未处理、擅自变更设计图纸、擅自代换或使用不合格材料、无证上岗、未经资质审查的操作人员无证上岗等，均应对质量予以否决），质量文件有档案（凡是与质量有关的技术文件，如对水准、坐标位置，测量、放线记录，沉降，变形观测记录，图纸会审记录，材料合格证明，实验报告，施工记录，隐蔽工程验收记录，设计变更记录，测试、试压记录，试车运转记录，竣工图等，都要编目建档）。

（3）事后质量控制

事后质量控制是指在完成施工过程形成产品阶段的质量控制，其具体工作内容如下：

①组织联动试车。

②准备竣工验收资料，组织自检和初步验收。

③按规定的质量评定标准和办法对完成的分项、分部、单位工程进行质量评定。

④组织竣工验收。

⑤质量文件编目建档。

⑥办理工程交接手续。

### 10.5.5　施工生产要素的控制

（1）劳动主体的控制

劳动主体的质量包括参与工程施工各类人员的生产能力、文化素养、生理体能、心理行为等方面的个体素质及经过合理组织充分发挥其潜在能力的群体素质。人作为控制的对象，应避免产生失误；作为控制的动力，应充分发挥人的积极性，发挥人的主导作用。为此，除了加强人的政治思想教育、职业道德教育、专业技术培训，健全岗位责任制，改善劳动关系，公平合理地激励劳动热情外，还需根据工程特点，从确保质量出发，在人的技术水平、生理缺陷、心理行为、错误行为等方面来控制人的使用。例如，对技术复杂、难度大、精度高的工序或操作，应由技术熟练、经验丰富的工人来完成；反应稍慢、应变能力差的人不能操作快速运行、动作复杂的机械设备；对某些要求万无一失的工序和操作，应分析人的心理行为，控制人的思想活动，稳定人的情绪；对具有危险源的现场作业，应控制人的错误作为，严禁吸烟、嬉戏、误判断、误动作等。

此外，应严格禁止无技术资质的人员上岗操作；对不懂装懂、图省事、碰运气、有意违章的行为，必须及时制止。总之，企业应通过择优录用、加强思想教育及技能方面的教育培训，合理组织，严格考核，并辅以必要的激励机制，使企业员工的潜在能力得以最好地组合和充分地发挥，从而保证劳动主体在质量控制系统中发挥主体自控作用。

在使用人的问题上，坚持对所派出的项目领导者、组织者进行质量意识教育和组织管理能力的培训，坚持对分包商的资质考核和施工人员的资格考核，坚持工种按规定持证上岗制度，从政治素质、思想素质、业务素质和身体素质等方面综合考虑、全面控制。

（2）劳动对象的控制

原材料、半成品、设备是构成工程实体的基础，其质量是工程项目实体质量的组成部分。故加强原材料、半成品、设备的质量控制，不仅是提高工程质量的条件，也是实现工程项目投资目标和进度目标的前提。

1）材料质量控制的要点。

①掌握材料信息，优选供货厂家。掌握材料质量、价格、供货能力等信息，选择好供货厂家，就可获得质量好、价格低的材料资源，从而确保工程质量，降低工程造价。这是企业获得良好社会收益、经济收益，提高市场竞争力的重要因素。

②合理组织材料供应，确保施工正常进行。合理、科学地组织材料的采购、加工、储备、运输，建立严密的计划、调度体系，加快材料的周转，减少材料的占有量，按质按量如期地满足建设需求，是提高供应效益、确保正常施工的关键环节。

③合理地组织材料使用，减少材料的损失。正确按定额计算使用材料，加强运输、仓库、保管工作，加强材料限额管理和发放工作，健全现场材料管理制度，避免材料损失、变质，是确保材料质量、节约材料的重要措施。

④加强材料检查验收，严把材料质量关。

a. 对用于工程的主要材料，进场时必须具备正式的出厂合格证和材料化验单；如不具备正式的出厂合格证和材料化验单或对检验证明有怀疑时，应补做检验。

b. 施工过程中所用构件必须具有厂家的批号和出厂合格证。对钢筋混凝土和预应力钢筋混凝土构件，均应按规定的方法进行抽样检验。对运输、安装原因而出现的质量问题，应研究分析，经处理鉴定后方能使用。

c. 凡标志不清或认为质量有问题的材料，对质量保证资料有怀疑或与合同规定不符的一般材料，由工程的重要程度决定应进行一定比例试验的材料，以及需要进行追踪检验以控制和保证其质量的材料等，均应进行抽检。对进口的材料、设备和重要工程或关键施工部位所用的材料，则应进行全部检验。

d. 材料质量抽样和检验的方法应符合建筑材料质量标准与管理规定，应能反映该批材料的质量性能。对于重要构件或非匀质材料，还应酌情增加检验的数量。

e. 对在现场配制的材料（如混凝土、砂浆、防水材料、防腐材料、绝缘材料、保温材料等），应先提出适配要求，经适配检验合格后才能使用。

f. 对进口材料、设备，应会同商检局进行检查，如核对凭证中发现问题，应取得供方和商检人员签署的商务记录，按其提出索赔。对高压电缆和电压绝缘材料应进行耐压试验。

⑤应重视材料的使用认证，以防错用或使用不合格的材料。

a. 对主要装饰材料及建筑配件，应在订货前要求厂家提供样品或看样订货；主要设备订货时，应审核设备清单是否符合设计要求。

b. 对材料性能、质量标准、使用范围和施工要求必须充分了解，以便慎重选择和使用材料。例如，红色大理石或带色纹（红、暗红、金黄色纹）的大理石易风化剥落，不宜用于外装饰；外加剂木钙粉不宜用蒸汽养护；早强剂三乙醇胺不能用作抗冻剂；碎石或卵石中含有无定型二氧化硅时，将会使混凝土产生碱—集料反应，使其质量受到影响。

c. 凡是用于重要结构、部位的材料，使用时必须仔细地核对，认证其品种、规格、型号、性能有无错误，是否适合工程特点和满足设计要求。

d. 新材料应用必须通过试验和鉴定；代用材料必须通过计算和充分的论证，并要符合结构构造的要求。

e. 材料认证不合格时，不许用于工程中；对有些不合格材料，如过期、受潮的水泥是否降级使用，需结合工程的特点予以论证，但决不允许用于重要的工程或部位。

⑥现场材料应按以下要求管理：

a. 入库材料应按型号、品种分区堆放，予以标识，分别编号。

b. 对易燃易爆的物资，应专门存放、专人负责，并有严格的消防保护措施。

c. 对有防湿防潮要求的材料，应有防湿防潮措施并要有标识。

d. 对有保质期的材料应定期检查，防止过期并做好标识。

e. 对易损坏的资料、设备，应保护好其外包装，防止损坏。

2）对原材料、半成品及设备进行质量控制的内容。

①材料质量标准。材料质量标准是用以衡量材料质量的尺度，也是作为验收、检验

材料质量的依据。不同的材料有不同的质量标准，如水泥的质量标准有细度、标准稠度、用水量、凝结时间、强度、体积安定性等。掌握材料的质量标准，就便于可靠地控制材料和工程的质量。例如，水泥颗粒越细，水化作用越充分，强度就越高；初凝时间过短，不能满足施工所需的操作时间，初凝时间过长，直接危害结构的安全。因此，对水泥的质量控制，就是要检验水泥是否符合质量标准。

②材料质量的检验。

a. 材料质量检验的目的。材料质量检验的目的是通过一系列的检测手段，将取得的材料数据与材料的质量标准相比较，借以判断材料质量的可靠性，能否适用于工程中；同时，还有利于掌握材料的信息。

b. 材料质量的检测方法。材料质量的检测方法有书面检验、外观检验、理化检验和无损检验四种。

书面检验是通过对提供的材料质量保证资料、试验报告等进行审核，取得认可方能使用。

外观检验是对材料从品种、规格、标志、外形尺寸等进行直接检查，看其有无质量问题。

理化检验是借助试验设备和仪器对材料样品的化学成分、机械性能等进行科学的鉴定。

无损检验是在不破坏材料样品的前提下，利用超声波、X射线、表面探伤仪等进行检测。

c. 材料质量检验程度。根据材料信息和保证资料的具体情况，材料质量检验程度分免检、抽检和全部检测三种。

d. 材料质量检验项目。材料质量检验项目分为一般试验项目（通常进行的项目）和其他试验项目（根据需要进行的试验项目）。

e. 材料质量检验的取样。材料质量检验的取样必须有代表性，即所采取的质量应能代表该批材料的质量。在采取试样时，必须按规定的部位、数量及采选的操作要求进行。

f. 材料抽样检验的判断。抽样检验一般适用于对原材料、半成品或产品的质量鉴定。由于产品数量大或检验费用高，因而不可能对产品逐个进行检验，特别是破坏性和损伤性的检验。通过抽样检验可判断整批产品是否合格。一次抽样方案如图10-4所示。其中，c为允许最大不合格数。

g. 材料质量检验的标准。对不同的材料，有不同的检验项目和不同的检验标准，而检验标准则是用以判断材料是否合格的依据。

3）材料的选择和使用要求。材料的选择和使用不当，均会严重影响工程质量或造成质量事故。为此，必须针对工程特点，根据材料的性能、质量标准、适用范围和施工

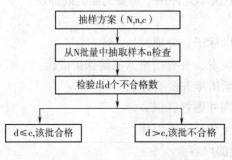

图10-4 一次抽样方案

要求等方面进行综合考虑，慎重地选择和使用材料。

施工企业应在施工过程中贯彻执行企业质量程序文件，明确材料设备在封样、采购、进场检验、抽样检测及质保资料提交等方面一系列明确规定的控制标准。

（3）施工方法的控制

这里所指的施工方法控制包括施工方案、施工工艺、施工组织设计、施工技术措施等的控制。尤其是施工方案正确与否，是直接影响施工项目的进度控制、质量控制和投资控制三大目标能否顺利实现的关键；往往由于施工方案考虑不周而拖延进度，影响质量，增加投资。为此，在制定和审核施工方案时，必须结合工程实际，从技术、组织、管理、工艺、操作、经济等方面进行全面分析、综合考虑，力求方案技术可行、经济合理、工艺先进、措施得力、操作方便，这有利于提高质量、加快进度、降低成本。

施工方法的先进合理是直接影响工程质量、工程进度和工程造价的关键因素，施工方法的合理可靠还直接影响工程施工安全。因此，在工程项目质量控制系统中，制定和采用先进合理的施工方法是工程质量控制的重要环节。

施工项目质量控制的方法主要是审核有关技术文件、报告和直接进行现场质量检验或必要的试验等。

1）审核有关技术文件、报告或报表。对技术文件、报告或报表的审核是项目经理对工程质量进行全面控制的重要手段，其具体内容如下：

①审核有关技术资质证明文件。

②审核开工报告并经现场核实。

③审核施工方案、施工组织设计和技术措施。

④审核有关材料、半成品的质量检验报告。

⑤审核反映工序控制动态的统计资料或控制报表。

⑥审核设计变更、修改图纸和技术核定书。

⑦审核有关质量问题的处理报告。

⑧审核有关应用新工艺、新材料、新技术和新结构的技术鉴定书。

⑨审核有关工序交接检查，分项、分部工程质量检查报告。

⑩审核并签署现场有关技术签证、文件等。

2）现场质量检验。

①现场质量检验的内容。

a. 开工检查。开工检查的目的是检查是否具备开工条件，开工后能否连续正常施工，能否保证工程质量。

b. 工序交接检查。对于重要的工序或对工程质量有重大影响的工序，在自检、互检的基础上还要组织专职人员进行工序交接检查。

c. 隐蔽工程检查。凡是隐蔽工程均应检查认证后方能掩盖。

d. 停工后复工前的检查。当处理质量问题或某种原因停工后需复工时，应经检查认可后方能复工。

e. 分项、分部工程完工后，应检查认可，签署记录后才允许进行下一项工程施工。

f. 成品保护检查。检查成品有无保护措施，或保护措施是否可靠。

此外，还应经常深入现场，对施工操作质量进行巡视检查；必要时，还应进行跟班或追踪检查。

②现场质量检查的作用。现场质量检查就是根据一定的质量标准，借助一定的检测手段来估价工程产品、材料或设备等的性能特征或质量状况的工作。要想保证和提高施工质量，质量检查是必不可少的手段。质量检验的主要作用如下：

a. 现场质量检查是质量保证与质量控制的重要手段。为了保证工程质量，在质量控制中，需要将工程产品或材料、半成品等的实际质量状况（质量特性等）与规定的某一标准进行比较，以便于判断其质量状况是否符合要求的标准，这就需要通过质量检查手段来检测实际情况。

b. 现场质量检查为质量分析和质量控制提供了所需依据的有关技术数据和信息，所以它是质量分析、质量控制和质量保证的基础。

c. 通过对进场和使用的材料、半成品、构配件及其他器材、物资进行全面的质量检查工作，可以避免材料、物资的质量问题导致的工程质量事故的发生。

d. 在施工过程中，通过对施工工序的检验取得数据，可以及时判断质量，采取措施来防止质量问题的延续与积累。

③现场质量检查的方法。现场质量检查的方法有目测法、实测法和试验法三种。

a. 目测法。其手段可归纳为看、摸、敲、照四个字。

b. 实测法。实测法就是通过实测数据与施工规范及质量标准所规定的允许偏差对照，来判别质量是否合格。实测法的手段也可归纳为靠、吊、量、套四个字。

c. 试验法。试验法是指通过必要的试验手段才能对质量进行判断的检查方法。如对桩或地基的静载试验，确定其承载力；对钢结构进行稳定性试验，确定是否会产生失稳现象；对钢筋对焊接头进行拉力试验和冷弯试验，以检验对焊接头的质量是否合格；等等。

（4）施工机械设备的控制

施工机械设备是实现施工机械化的重要物质基础，是现代化施工中不可缺少的设备，对施工项目的质量、进度和造价均有直接的影响。

施工机械设备的控制主要是指对施工机械设备和机具的选用控制。

施工机械设备的选用，必须综合考虑施工现场的条件、建筑结构类型、机械设备性能、施工工艺和方法、施工组织与管理、建筑技术经济等各种因素并进行多方案比较，使之合理装备、配套使用、有机联系，以充分发挥机械设备的效能，力求获得较好的综合经济效益。

机械设备的选用，应着重从机械设备的选型、机械设备的主要性能参数和机械设备的使用、操作要求三方面予以控制。

1）机械设备的选型。机械设备的选择，应本着因地制宜、因工程制宜，按照技术上先进、经济上合理、生产上适用、性能上可靠、使用上安全、操作方便和维修方便的原则，贯彻执行机械化、半机械化与改良工具相结合的方针，突出施工与机械相结合的特色，使其具有工程的适用性，保证工程质量的可靠性和使用操作的方便性及安全性。

对施工机械设备及器具的选用应重点做好以下工作：

①对施工所用的机械设备（包括起重设备、各项加工机械、专项技术设备、检查测量仪表设备及人货两用电梯等），应从设备选型、主要性能参数及使用操作要求等方面加以控制。机械设备的使用形式包括自行采购、租赁、承包和调配。

②对施工方案中选用的模板、脚手架等施工设备，除按使用的标准定性选用外，一般须按设计及施工要求进行专项设计；对其设计方案及制作质量的控制和验收应作为重点进行控制。

③按现行施工管理制度要求，工程所用的施工机械、模板、脚手架，特别是危险性较大的现场安装的起重机械设备，不仅要对其设计安装方案进行审批，而且在安装完毕交付使用前必须经专业管理部门的验收，合格后方可使用。同时在使用过程中，尚须落实相应的管理制度，以确保其安全正常使用。

2）机械设备的主要性能参数。机械设备的主要性能参数是选择机械设备的依据，应能满足需要和保证质量的要求。如起重机的选择是吊装工程的重要环节，因为起重机的性能和参数直接影响构件的吊装方法、起重机开行路线与停机点的位置、构件预制和就位的平面布置等问题。根据工程结构的特点，应使所选择的起重机的性能参数，必须满足结构吊装中的起重量 $Q$、起重高度 $H$ 和起重半径 $R$ 的要求，才能保证正常施工，不致引起安全质量事故。

3）机械设备使用、操作要求。合理使用机械设备，正确地进行操作，是保证项目施工质量的重要环节。应贯彻"人机固定"原则，实行定机、定人、定岗位责任的"三定"制度，合理划分好施工段，组织好机械设备的流水施工。搞好机械设备的综合利用，尽量做到一机多用，充分发挥其效率。要使施工现场环境、施工平面布置适合施工作业要求，为机械设备的施工创造良好条件。施工机械设备保养与维修要实行例行保养与制度保养相结合。操作人员必须认真执行各项规章制度，严格遵守操作规程，防止出现安全质量事故。

机械设备在使用中应尽量避免发生故障，尤其是预防事故损坏（非正常损坏），即人为的损坏。造成机械设备事故损坏的主要原因有：操作人员违反安全技术操作规程和保养规程，操作人员技术不熟练或麻痹大意，机械设备保养、维修不良，机械设备运输和保管不当，施工使用方法不合理和指挥错误，气候和作业条件的影响，等等。对这些都必须采取措施，严加防范，以"五好"标准予以检查控制。"五好"标准的内容如下：

①完成任务好。应做到高效、优质、低耗和服务好。

②技术状况好。应做到机械设备经常处于完好状态，工作性能达到规定要求，机容整洁和随机工具部件及附属装置等完整齐全。

③使用好。应认真执行以岗位责任制为主的各项制度，做到合理使用、正确操作和原始记录齐全准确。

④保养好。应认真执行保养规程，做到精心保养，随时搞好清洁、润滑、调整、紧固、防腐。

⑤安全好。应认真遵守安全操作规程和有关安全制度，做到安全生产，无机械事故。调动人的积极性，建立健全合理的规章制度，严格执行技术规定，提高机械设备的完好率、利用率和效率。

（5）施工环境的控制

根据工程特点和具体条件，应对影响质量的环境因素采取有效的措施严加控制。尤其是施工现场，应建立文明施工和文明生产的环境，保持材料工具堆放有序、道路畅通、工作场所清洁整齐、施工程序井井有条，为确保质量和安全创造良好条件。

环境因素的控制又与施工方案和技术措施紧密相关。例如，在可能产生流沙和管涌工程地质条件下进行基础工程施工时，就不能采用明沟排水大开挖的施工方案，否则，必然诱发流沙、管涌现象。这样，不仅会使施工条件恶化，拖延工期，增加费用，而且更严重的是将影响地基的质量。

环境因素对工程施工的影响一般难以避免。要想消除其对施工质量的不利影响，主要采取预测、预防的控制方法：

对地质水文等方面影响因素的控制，应根据设计要求，分析地基地质资料，预测不利因素，并会同设计等单位采取相应的措施，如降水、排水、加固等技术控制方案。

对天气、气象等方面的不利条件，应在施工方案中制定专项施工方案，明确施工措施，落实人员、器材等方面各项准备工作以紧急应对，从而控制其对施工质量的不利影响。例如，在冬期、雨期、风季、炎热季节施工中，应针对工程的特点，尤其是对混凝土工程、土方工程、深基础工程、水下工程及高空作业等，必须拟定季节性施工保证质量安全的有效措施，以免工程质量受到冻害、干裂、冲刷、塌陷的危害。同时要不断改善施工现场的环境和作业环境；加强对自然环境和文物的保护；尽可能减少施工所产生的危害对环境的污染；健全施工现场管理制度，合理地布置，使施工现场秩序化、标准化和规范化，实现文明施工。

环境因素造成的施工中断往往会对工程质量造成不良影响，必须采取加强管理、调整计划等措施加以控制。

（6）施工作业过程的质量控制

建筑工程施工项目是由一系列相互关联、相互制约的作业过程（工序）所构成，控制工程项目施工过程的质量，必须控制全部作业过程，即各道工序的施工质量。

1）施工作业过程质量控制的基本程序。

①进行作业技术交底，包括作业技术要领，质量标准，施工依据，与前、后工序的关系等。技术交底包括如下内容：

a. 按照工程重要程度，单位工程开工前，应由企业或项目技术负责人组织全面的技术交底。对工程复杂、工期长的工程可按基础、结构、装修几个阶段分别组织技术交底。

b. 交底的内容应包括图纸交底、施工组织设计交底、分项工程技术交底、安全交底等。

c. 交底的作用是明确对轴线、构件尺寸、标高、预留孔洞、预埋件、材料规格及配合比等要求，明确工序搭接、工种配合、施工方法、进度等施工安排，明确质量、安全、节约措施。

d. 交底的形式除书面、口头外，必要时可采用样板、示范操作等。交底应以书面交底为主，应履行签字制度，以明确责任。

②检查施工工序程序的合理性、科学性，防止工序流程错误而导致工序质量失控。其检查内容包括施工总体流程和具体施工作业的先后顺序，在正常情况下应坚持先准备后施工、先深后浅、先土建后安装、先验收后交工等。

③检查工序施工条件，即每道工序投入的材料，使用的工具、设备及操作工艺和环境条件等是否符合施工组织设计的要求。

④检查工序施工时工种人员操作程序、操作质量是否符合质量规程要求。

⑤检查工序施工中产品的质量，即工序质量和分项工程质量。

⑥对工序质量符合要求的中间产品（分项工程）及时进行工序验收及隐蔽工程验收。

⑦质量合格的工序经验收后可进入下道工序施工，未经验收合格的工序不得进入下道工序施工。

2）施工工序质量控制的要求。工序质量是施工质量的基础，也是施工顺利进行的关键。

工序施工过程中，测得的工序特征数据是波动的，其产生的原因有两种，波动也分为两种。一类是操作人员在相同技术条件下，按照工艺标准去做，可是不同的产品却存在波动。这种波动在目前的技术条件下还不能控制，称为偶然性因素，如混凝土试块强度较大偏差。另一类是在施工过程中发生的异常现象，如不遵守工艺标准、违反操作规程等，这类因素称为异常因素，在技术上是可以避免的。

工序管理就是分析和发现影响施工中每道工序质量的这两类因素中影响质量的异常因素，采取相应的技术和管理措施，使这些因素被控制在允许的范围内，从而保证每道工序的质量。工序管理的实质是工序质量控制，即使工序处于稳定的受控状态。

工序质量控制是指为把工序质量的波动限制在要求的界限内所进行的质量控制活动，其最终目的是保证稳定地生产合格产品。工程质量控制的实质是对工序因素的控制，特别是对主导因素的控制，所以工序质量控制的核心是管理因素，而不是管理结果。

为达到对工序质量的控制效果，在工序管理方面应做到以下几点：

①贯彻预防为主的要求，设置工序质量检查点，将材料质量状况、工具设备状况、施工程序、关键操作、安全条件、新材料新工艺应用、常见质量通病，甚至操作者的行为等影响因素列为控制点，作为重点检查项目进行预控。

②落实工序操作质量巡查、抽查及重要部位跟踪检查等方法，及时掌握施工质量总体状况。

③对工序产品、分项工程的检查应按标准要求进行目测、实测及抽样试验的程序，做好原始记录，经数据分析后及时做出合格或不合格的判断。

④对合格工序产品应及时提交监理进行隐蔽工程验收。

⑤完善管理过程中的各项检查记录、监测资料及验收资料，作为工程质量验收的依据，并为工程质量分析提供可追溯的依据。

## 10.5.6　特殊过程控制

（1）特殊过程控制概述

特殊过程控制是指对施工过程或工序施工质量不易或不能通过其后的检验和试验而

得到充分的验证，或者万一发生质量事故则难以挽救的施工对象进行施工质量控制。

特殊过程控制是施工质量控制的重点，设置质量控制点的目的就是依据工程项目的特点，抓住影响工序质量的主要因素，进行施工质量的重点控制。

质量控制点一般是指对工程的性能、安全、寿命、可靠性等有严重影响的关键部位或对下道工序有严重影响的关键工序。这些点的质量得到了有效控制，工程质量就有了保证。

质量控制点可分为 A、B、C 三级。A 级为最重要的质量控制点，由施工项目部、施工单位、业主或监理工程师三方检查确认；B 级为重要质量控制点，由施工项目部、监理工程师双方检查确认；C 级为一般质量控制点，由施工项目部检查确认。

（2）质量控制点设置原则

①对工程的适用性、安全性、可靠性和经济效益有直接影响的关键部位设立控制点。

②对下道工序有较大影响的上道工序设立控制点。

③对质量不稳定、经常容易出现不良品的工序设立控制点。

④对用户反馈和过去有过返工的不良工序设立控制点。

（3）质量控制点的管理

为保证项目控制点的目标的实现，应建立三级检查制度：操作人员每日的自检；两班组之间的互检；质检员的专检，上级单位、部门进行抽查，最后由监理工程师验收。

## 10.5.7　成品保护

在施工过程中，有些分项、分部工程已经完成，其他工程尚在施工，或者某些部位已经完成，其他部位正在施工中，如果对已完成的成品不采取妥善的措施加以保护，就会造成其损伤，影响其质量。这样不仅会增加修补工作量、浪费工料、拖延工期，更严重的是有的损伤难以恢复到原样，成为永久性的缺陷。因此，做好成品保护是一项关系到确保工程质量、降低工程成本、按期竣工的重要环节。

加强成品保护，首先应教育全体职工树立质量观念，对国家、对人民负责，自觉爱护公物，尊重他人和自己的劳动成果，施工操作时珍惜已完成的和部分完成的成品；其次应合理安排施工顺序，采取行之有效的成品保护措施。

（1）施工顺序与成品保护

合理地安排施工顺序，按正确的施工流程组织施工，是进行成品保护的有效途径之一。其具体示例如下：

1）遵循先地下后地上、先深后浅的施工顺序，就不至于破坏地下管网和道路路面。

2）地下管道与基础工程相配合进行施工，可避免基础完工后打洞、挖槽、安装管道，影响质量和进度。

3）先做房心回填土后做基础防潮层，则可保护防潮层不受填土夯实损伤。

4）装饰工程采取自上而下的流水顺序，可以使房屋主体工程完成后有一定的沉降量，已做好的屋面防水层可防止雨水渗漏。这些都有利于保护装饰工程质量。

5）先做地面，后做顶棚、墙面抹灰，可以保护下层顶棚、墙面抹灰不受渗水污染；

但在已做好的地面上施工时，需对地面加以保护。若先做顶棚、墙面抹灰，后做地面，则要求楼板灌缝密实，以免漏水污染墙面。

6）楼梯间和踏步饰面宜在整个饰面工程完成后自上而下地进行，门窗的安装通常在抹灰后进行，一般先刷油漆后安装玻璃。这些施工顺序均有利于成品保护。

7）当采用单排外脚手砌墙时，由于砖墙上面有脚手洞眼，故一般情况下内墙抹灰需待同一层外墙粉刷完成、脚手架拆除、洞眼填补后才能进行，以免影响内墙抹灰的质量。

8）先喷浆后安装灯具，可避免安装灯具后又修理表层，从而避免污染灯具。

9）当铺贴连续多跨的卷材防水屋面时，应按先高跨后低跨，先远（离交通进出口）后近，先天窗油漆、玻璃后铺贴卷材屋面的顺序进行。这样可避免在铺好的卷材屋面上行走和堆放材料、工具等物品，有利于保护屋面的质量。

以上示例说明，只要合理安排施工顺序，就可有效地保护成品的质量，也可有效地防止后道工序损伤或污染前道工序。

（2）成品保护的措施

成品保护主要有护、包、盖、封四种措施。

## 10.6　工程质量评定及竣工验收

### 10.6.1　工程质量评定及竣工验收的作用

工程质量评定及竣工验收的作用就是采用一定的方法和手段，以工程技术立法形式，对建筑安装工程的分部、分项工程及单位工程进行检测，并根据检测结果和国家颁布的有关工程项目质量检验评定标准与验收标准，对工程项目进行质量评定和办理竣工验收交接手续，通过工程质量的评定与验收，对工程项目施工过程中的质量进行有效控制，对检查出来的不合格分项工程与单位工程进行相应处理，使其符合质量标准和验收标准。把住建筑安装工程的最终产品关，为用户提供符合工程质量标准的建筑产品。

### 10.6.2　工程质量评定项目划分

一个工程的建成，从施工准备到竣工验收交付使用，需要经过若干工种的配合施工，每个工种又由若干工序组成。为了便于对工程质量的控制，将一个工程划分成若干个分部工程，每个分部工程又划分为若干个分项工程，每个分项工程又划分为若干个检验批。因此，建筑安装工程质量评定是以分项工程质量来综合鉴定分部工程的质量，以各分部工程质量来鉴定单位工程质量。

建设工程的质量评定包括建筑工程质量评定和建筑设备安装质量评定两部分。

（1）建筑工程的项目划分

1）检验批。检验批是指按相同的生产条件或规定的方式将分项工程划分为由一定数量样本组成的检验批。

检验批从属于分项工程，可根据施工及质量控制和专业验收需要按楼层、施工段、变形缝等进行划分。在一个分项工程中，以各检验批质量来综合鉴定该分项工程质量。

2）分项工程。分项工程一般按主要工种进行划分，如砌砖工程。

3）分部工程。分部工程是各项工程的组合，一般按主要部分划分为四大分部：地基与基础、主体结构、建筑装饰装修（含内外墙面、地面与楼面、门窗）和建筑屋面。

当分部工程较大或较复杂时，可按材料种类、施工特点、施工程序、专业系统及类别等划分为若干子分部工程。

4）子单位工程。建筑规模较大的单位工程，可以将其能形成独立使用功能的部分作为一个子单位工程。

（2）建筑设备安装工程项目划分

1）检验批。检验批根据施工及质量控制和专业验收需要按楼层、施工段、变形缝等进行划分。

2）分项工程。建筑设备安装工程的分项工程一般按用途、种类及设备组别进行划分，如室内给水管线安装工程；也可按系统、区段来划分，如采暖卫生与煤气工程。

3）分部工程。建筑设备安装工程的分部工程按工种分类划分为五个分部工程：建筑给排水与采暖、建筑电气、智能建筑、通风与空调和电梯分部工程。

在建筑工程和建筑安装工程中每个分项工程均应独立参加评定分部工程质量等级，这是严格划分分项工程的目的，以便正确鉴定分部工程的质量等级，进而正确判定单位工程的质量等级，从而确定是否达到工程合同的要求，能否进行竣工验收等工作。

4）单位工程。

①独立工程的单位工程。建筑物与建安工程共同组成一个单位工程。

②小区建设中的单位工程。在新建、扩建的居住小区或厂房内，室外给排水供热和煤气等分项工程可组成一个单位工程。

③道路或围墙建筑工程分项工程也可组成一个单位工程，室外架空线路、电缆线路和电灯安装工程等分部工程也可组成一个单位工程。但在原有小区内进行施工的零星工程，如修建几段道路、增设几排路灯等，不能视作一个单位工程进行质量评定。

建筑工程质量验收是对已完工程的工程实体的外观质量及内在质量按规定程序检查后，确认其是否符合设计及各项验收标准的要求，可交付使用的一个重要环节。正确地进行工程项目的检查评定和验收是保证工程质量的重要手段。

鉴于建筑工程施工规模较大、专业分工较多、技术安全要求高等特点，国家相关行政管理部门对各类工程项目的质量验收标准制定了相应的规范，以保证工程验收的质量，工程验收应严格执行相应国家规范的标准和要求。

## 10.6.3　工程质量评定合格规定

（1）检验批合格规定

检验批合格质量应符合下列规定：

1）主控项目和一般项目的质量经抽样检验合格。

2）具有完整的施工操作依据和质量检查记录。

检验批是工程验收的最小单位，是分项工程乃至整个建筑工程质量验收的基础。检验批是施工过程中条件相同并有一定数量的材料、构配件或安装项目，由于其质量基本均匀一致，因此可以作为检验的基础单位并按批验收。

检验批质量合格的条件有三个方面：资料检查、主控项目检验和一般项目检验。

质量控制资料反映了检验批从原材料到最终验收的各施工工序的操作依据、检查情况，以及保证质量所必需的管理制度等。对其完整性的检查，实际是对过程控制的确认，这是检验批合格的前提。

为了使检验批的质量符合安全和功能的基本要求，达到保证建筑工程质量的目的，各检验批的主控项目必须全部符合有关专业工程验收规范的规定。这意味着主控项目不允许有不符合要求的检验结果，即这种项目的检查具有否决权。鉴于主控项目对基本质量的决定性影响，从严要求是必须的。

（2）分项工程合格规定

分项工程质量验收合格应符合下列规定：

1）分项工程所含的检验批均应符合合格质量的规定。

2）分项工程所含的检验批的质量验收记录应完整。

3）分项工程的验收在检验批的基础上进行。一般情况下，两者具有相同或相近的性质，只是批量的大小不同而已。因此，应将有关的检验批汇集构成分项工程。分项工程质量合格的条件比较简单，只要构成分项工程的各检验批的验收资料完整且均验收合格，则分项工程验收合格。

（3）分部工程合格规定

分部（子分部）工程质量验收合格应符合下列规定：

1）分部（子分部）工程所含分项工程的质量均应验收合格。

2）质量控制资料应完整。

3）地基与基础、主体结构和设备安装等分部工程有关安全及功能的检验与抽样检测结果应符合有关规定。

4）观感质量验收应符合要求。

5）分部工程的验收在其所含各分项工程验收的基础上进行。

6）分部工程验收合格的条件：首先，分部工程的各分项工程必须已验收合格且相应的质量控制资料文件必须完整，这是验收的基本条件；其次，由于各分项工程的性质不尽相同，因此对分项工程不能简单地组合而加以验收。

对涉及安全和使用功能的地基基础、主体结构、有关安全及重要使用功能的安装分部工程，应进行有关见证取样、送样试验或抽样检测。关于观感质量验收，这类检查往往难以定量，只能以观察、触摸或简单量测的方式进行，并由个人的主观印象判断，检查结果并不给出"合格"或"不合格"的结论，而是综合给出质量评价。对于"差"的检查点应通过返修处理等补救。

（4）单位工程合格规定

单位（子单位）工程质量验收合格应符合下列规定：

1）单位（子单位）工程所含分部（子分部）工程的质量应验收合格。

2）质量控制资料应完整。

3）单位（子单位）工程所含分部工程有关安全和功能的检测资料应完整。

4）主要功能项目的抽查结果应符合相关专业质量验收规范的规定。

5）观感质量验收应符合要求。单位工程质量验收也称质量竣工验收，是建筑工程投入使用前的最后一次验收。

（5）建筑工程施工质量合格规定

工程施工质量合格应符合下列要求：

1）工程质量验收均在施工单位自行检查、评定的基础上进行。

2）参加工程施工质量验收的各方人员应具有规定的资格。

3）建设项目的施工应符合工程勘察设计文件的要求。

4）隐蔽工程应在隐蔽前由施工单位通知有关单位进行验收，并形成验收文件。

5）单位工程施工质量应符合相关验收规范的标准。

6）对涉及结构安全的材料及施工内容，应有按照规定对材料及施工内容进行的见证取样检测资料。

7）对涉及结构安全和使用功能的重要部位工程、专业工程应进行功能性抽样检测。

8）工程外观质量应由验收人员通过现场检查后共同确认。

## 10.6.4　工程项目竣工验收

（1）最终验收和试验

单位工程质量验收合格的条件有以下五个：

1）构成单位工程的各分部工程的质量均应验收合格。

2）有关内业资料文件应完整。

3）对涉及安全和使用功能的分部工程应进行检验资料的复查。不仅要全面检查其完整性（不得有漏检缺项），而且对分部工程验收时补充进行的见证抽样检验报告也应进行复核。这种强化验收的手段体现了对安全和使用功能的重视。

4）主要使用功能项目抽样结果应符合相关专业质量验收规范的规定。

5）使用功能的检查是对建筑和设备安装工程最终质量的综合检查，也是用户最关心的内容。因此，在分部、分项工程验收合格的基础上，竣工验收时再做全面检查。抽查项目时在检查资料文件的基础上由参加验收的各方人员商定，用计量、计数的抽样方法确定检查部位。其检查要求按有关专业工程施工质量验收标准的要求进行。

由参加验收的各方人员共同进行观感质量验收并应符合要求。

各单位工程技术负责人应按编制竣工资料的要求收集和整理原材料、构配件及设备的质量合格证明材料，验收材料，各种材料的试验、检验资料，隐蔽工程、分项工程和竣工工程验收记录，其他的施工记录，等等。

（2）技术资料的整理

技术资料，特别是永久性技术资料，是工程项目进行竣工验收的主要依据，也是项目施工情况的重要记录。因此，技术资料的整理应符合有关规定及规范的要求，必须做到准确、齐全，能满足建设工程进行维修、改造和扩建的需要。监理工程师应对技术资料进行审查，并请建设单位及有关人员对技术资料进行检查验证。

技术资料有：工程项目开工报告，工程项目竣工报告，图纸会审和设计交底记录，设计变更通知单，技术变更核定单，工程质量事故发生后调查和处理资料，水准点位置、定位测量记录，沉降及位移观测记录，材料、设备构件的质量合格证明资料，试验、检验报告，隐蔽工程验收记录及施工日志，竣工图，质量验收评定资料，工程竣工验收资料。

（3）施工质量缺陷的处理

1）缺陷与不合格的区别。缺陷是指未满足与期望或规定用途有关的要求。

缺陷与不合格两术语在含义上有区别。不合格是指未满足要求，该要求指习惯上隐含的或必须履行的需求或期望，是一个包含多方面内容的要求，当然也包括"与期望或规定用途有关的要求"。而缺陷是指未满足其中特定的（与期望或规定用途有关的）要求，因此，缺陷是不合格中特定的一种。例如，建筑物的内阴角线局部略有不直，属于不合格，但若不妨碍使用功能要求且客户也认可的情况下，则不属于质量缺陷。

2）质量缺陷的处理方案。

①修补处理。如工程的某些部位质量虽未达到规定的标准、规范或设计要求，存在一定的缺陷，但经修补后可达到要求的标准，又不影响使用功能或外观要求，可以做出进行修补处理的决定。例如，某些混凝土结构表面出现蜂窝麻面，经检查分析，该部位经处理修补后不影响使用及外观要求。

②返工处理。工程质量未达到规定的标准要求，有明显的严重的质量问题，对结构使用和安全有重大影响，又无法通过修补方法给予纠正时，可做出返工处理。例如，在某钢筋混凝土楼梯施工中，对施工图理解不透造成起步段位置错误，影响了使用功能的要求，修补效果不理想，为确保施工质量和美观的要求，最终决定将起跑段楼梯凿掉进行返工处理。

③限制使用。当工程质量缺陷按修补方法处理无法保证达到规定的使用要求和安全需要，又无法返工处理时，可做出结构卸荷、减荷及限制使用的决定。

④不做处理。如某些工程质量缺陷虽不符合规定的要求或标准，但其情况不严重，经分析论证和慎重考虑后，可以做出不做处理的决定。这些情况有：不影响结构安全和使用要求的，经后序工序可弥补的不严重的质量缺陷，或经复核验算仍能满足要求的质量缺陷。

⑤对通过返修或加固处理仍不能满足安全使用要求的分部工程、单位（子单位）工程，严禁验收。

（4）工程竣工文件的编制和移交准备

1）整理项目可行性研究报告。项目可行性研究报告包括项目立项批准书，土地、规划批准文件，设计任务书，初步设计（扩大初步设计），工程概算，等等。

2）整理竣工资料。整理竣工资料，绘制竣工图，编制竣工决算。

3）编制竣工验收报告。竣工验收报告包括建设项目总说明、技术档案建立情况、建设情况、效益情况、存在和遗留的问题等。

竣工验收报告的主要附件有竣工项目概况一览表、已完单位工程一览表、已完设备一览表、应完未完设备一览表、竣工项目财务决算综合表、概算调整与执行情况一览表、交付使用（生产单位）财务总表及交付使用（生产）财务一览表、单位工程质量汇总项目（工程）总体质量评价表。

工程项目交接是在工程质量验收后，由承包单位向业主进行移交项目所有权的过程。

工程项目移交前，施工单位应编制竣工决算书，还应将成套的工程技术资料进行分类整理，编目建档。

（5）产品的防护

竣工验收期间，应定人定岗，采取有效的防护措施保护已完工程。设备、设施发生丢失或损失时，应及时补救。设备、设施未经允许不得擅自启用，以防止设备失灵或设施不符合使用要求。

（6）撤场计划

工程交工后，项目经理部编制的撤场计划内容应包括：施工机具、暂设工程、建筑残土、剩余构件在规定时间内拆除运走，达到场清地平；对有绿化要求的达到树活草青。

## 10.6.5  工程项目竣工验收程序和步骤

工程项目的竣工验收应由监理工程师牵头，会同业主单位、承建单位、设计单位和质检部门等共同进行，其具体竣工验收的程序如下。

（1）工程项目竣工验收程序

1）施工单位竣工预验。施工单位竣工预验是指工程项目完工后，先由承建单位自行组织内部验收，以便发现存在的质量问题，并及时采取措施进行处理，以保证正式验收的顺利通过。根据工程重要程度及规模大小不同，施工单位竣工预验通常有以下三个层次：

①基层施工单位的竣工预验。基层施工单位的竣工预验由施工队长组织有关职能人员对拟报竣工工程的情况和条件根据设计图纸、合同条件和验收标准，自行进行评价验收。其主要内容包括：竣工项目是否符合有关规定，工程质量是否符合质量检验评定标准，工程资料是否完备，工程完成情况是否符合设计要求，等等。若有不足之处，及时组织人力、物力，限期按质完成。

②项目经理组织自验。项目经理部根据基层施工单位的预验报告和提交的有关资料由项目经理组织有关职能人员进行自验。为使项目正式验收顺利进行，最好能邀请现场监理人员参加。经严格检验，项目达到竣工标准，可填报验收通知；否则，应提出整改措施，限期完成。

③公司级组织预验。根据项目经理部的申请，竣工工程可视其重要程度和规模大小，由公司组织有关职能人员（也可邀请监理工程师参加）进行检查预验，并进行初步评价。对不合适的项目，提出整改意见和措施，由相应施工队限期完成；并再次组织检查验收，以决定是否提请正式验收报告。

2）施工单位提交验收申请报告。施工单位决定正式提请验收后应向监理单位送交验收申请报告，监理工程师收到验收申请报告后应参照工程合同的相应要求、验收标准等进行仔细的审查。

3）根据申请报告做现场初验。监理工程师审查完验收申请报告后，若认为可以进行验收，则应由监理人员组成验收班子对竣工的工程项目进行初验，对初验中发现的质量问题应及时以书面通知或以备忘录的形式通告施工单位，并令其按有关的质量要求进行修理甚至返工。

4）由监理工程师牵头，组织业主、设计单位、施工单位等参加正式验收。在监理工程师初验合格的基础上，便可由监理工程师牵头，组织业主、设计单位、施工单位等在规定时间内进行正式验收。

（2）工程项目竣工验收步骤

工程项目竣工验收一般分为两个步骤进行。

1）单项工程验收。单项工程验收是指在一个总体建设项目中，一个单项工程或一个车间已按设计要求建设完成，能满足生产要求或具备使用条件，且施工单位已预验，监理工程师已初验通过，在此条件下进行的正式验收。

由几个建筑安装企业负责施工的单项工程，当其中某一个企业所负责的部分已按设计完成，也可组织正式验收，办理交工手续，交工时应请总包施工单位参加，以免相互耽误时间。例如，自来水厂的进水口工程中的钢筋混凝土沉箱和水下顶管是基础公司承担施工的，泵房土建则由建筑公司承担，建筑公司是总包单位，基础公司是分包单位，基础公司负责的单体施工完毕后，即可办理竣工验收交接手续，请总包单位（建筑公司）参加。

对于建成的住宅可分幢进行正式验收。例如，一个住宅基地的一部分住宅已按设计内容要求全部建成，另一部分还未建成，可对建成具备居住条件的住宅进行正式验收，以便及早交付使用，提高投资效益。

2）全部验收。全部验收是指整个建设项目已按设计要求全部建设完成，并已符合竣工验收标准，施工单位预验通过，监理工程师初验认可，由监理工程师组织以建设单位为主，由设计、施工等单位参加的正式验收。在对整个项目进行全部验收时，对已验收过的单项工程可以不再进行正式验收和办理验收手续，但应将单项工程验收单作为全部工程验收的附件并加以说明。

全部验收的程序如下：

①项目经理介绍工程施工情况、自检情况及竣工情况，出示竣工资料（竣工图和各项原始资料及记录）。

②监理工程师通报工程监理中的主要内容，发表竣工验收的意见。

③业主根据竣工项目目测中发现的问题，按照合同规定对施工单位提出限期处理的意见。

④暂时休会，由质检部门会同业主及监理工程师讨论工程正式验收是否合格。

⑤复会，由监理工程师宣布验收结果，质检人员宣布工程项目质量等级。

⑥办理竣工验收签证书。竣工验收签证书必须有三方的签字方可生效。

## 10.7 常见的工程质量统计分析方法的应用

### 10.7.1 分层法

由于影响工程质量形成的因素较多，因此对工程质量状况的调查和质量问题的分析必须分门别类地进行，以便准确有效地找出问题及其原因。这就是分层法的基本思想。

例如，一个焊工班组有 A、B、C 三位工人实施焊接作业，共抽检 60 个焊接点，发现有 18 个焊接点不合格，占 30%，问题究竟出在哪里呢？根据分层调查的统计数据表10-1 可知，主要原因是作业工人 C 的焊接质量影响了总体质量水平。

**表 10-1　分层调查统计数据表**

| 作业工人 | 抽检点数 | 不合格点数 | 个体不合格率/% | 占不合格点总数百分率/% |
|---|---|---|---|---|
| A | 20 | 2 | 10 | 11 |
| B | 20 | 4 | 20 | 22 |
| C | 20 | 12 | 60 | 67 |
| 合计 | 60 | 18 | 30 | |

根据管理需要和统计目的，通常可按照以下分层方法取得原始数据：

1）按时间分为季节、月、日、上午、下午、白天、晚间。
2）按地点分为地域、城市、乡村、楼层、内墙、外墙。
3）按材料分为产地、厂商、规格、品种。
4）按测定分为方法、仪器、测定人、取样方式。
5）按作业分为工法、班组、工长、工人、分包商。
6）按工程分为住宅、办公楼、道路、桥梁、隧道。
7）按合同分为总承包、专业分包、劳务分包。

### 10.7.2 因果分析图法

因果分析图法也称质量特性要因分析法（鱼刺图法），其基本原理是对每个质量特性或问题采用图 10-5 所示的方法，逐层深入排查可能原因，然后确定其中最主要的原因，进行有的放矢的处置和管理。图 10-5 所示的混凝土强度不合格的原因分析，是从人工、机械、材料、施工方法和施工环境进行分析。

使用因果分析图法时，应注意以下事项：

1）一个质量特性或一个质量问题使用一张图分析。
2）通常采用 QC 小组活动的方式进行，集思广益，共同分析。
3）必要时邀请小组以外的有关人员参与，广泛听取意见。
4）分析时应充分发表意见，层层深入，列出所有可能的原因。

5）在充分分析的基础上，由各参与人员采用投票或其他方式，从中选择 1~5 项多数人达成共识的最主要原因。

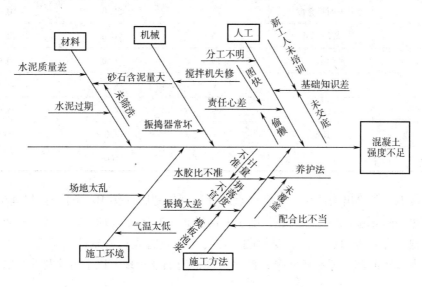

图 10 - 5　混凝土强度不合格的原因分析

## 10.7.3　排列图法

在质量管理过程中，通过抽样检查或检验试验所得到的质量问题、偏差、缺陷、不合格等统计数据，以及造成质量问题的原因分析统计数据，均可采用排列图法进行状况描述。它具有直观、主次分明的特点。表 10 - 2 是对某项模板施工精度进行抽样检查，得到的 150 个不合格点数的统计数据；然后按照质量特性不合格点数（频数）从大到小的顺序重新整理为表 10 - 3，并分别计算出累计频数和累计频率。

表 10 - 2　构件尺寸抽样检查统计表

| 序号 | 检查项目 | 不合格点数 |
| --- | --- | --- |
| 1 | 轴线位置 | 1 |
| 2 | 垂直度 | 8 |
| 3 | 标高 | 4 |
| 4 | 截面尺寸 | 45 |
| 5 | 平面水平度 | 15 |
| 6 | 表面平整度 | 75 |
| 7 | 预埋设施中心位置 | 1 |
| 8 | 预留孔洞中心位置 | 1 |

表 10 - 3　构件尺寸不合格点顺序排列表

| 序号 | 检查项目 | 频数 | 频率/% | 累计频率/% |
|---|---|---|---|---|
| | 表面平整度 | 75 | 50.0 | 50.0 |
| | 截面尺寸 | 45 | 30.0 | 80.0 |
| | 平面水平度 | 15 | 10.0 | 90.0 |
| | 垂直度 | 8 | 5.3 | 95.3 |
| | 标高 | 4 | 2.7 | 98.0 |
| | 其他 | 3 | 2.0 | 100.0 |
| 合计 | | 150 | 100 | |

根据表 10 - 3 绘出构件尺寸不合格点统计数据排列图（图 10 - 6），并将其中累计频率在 0 ~ 80% 的问题定为 A 类问题，即主要问题，进行重点管理；将累计频率在 80% ~ 90% 的问题定为 B 类问题，即次要问题，作为次重点管理；将累计频率在 90% ~ 100% 的问题定为 C 类问题，即一般问题，按照常规适当加强管理。以上方法称为 ABC 分类管理法。

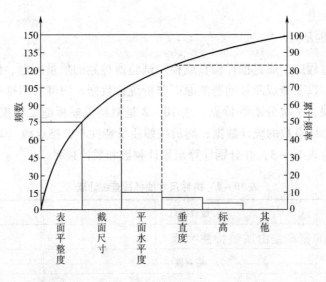

图 10 - 6　构件尺寸不合格点统计数据排列图

### 10.7.4　直方图法

（1）直方图的主要用途

直方图的主要用途为：整理统计数据，了解统计数据的分布特征，即数据分布的集中或离散状况，从中掌握质量能力状态；观察分析生产过程质量是否处于正常、稳定和受控状态，以及质量水平是否保持在公差允许的范围内。

（2）直方图法的应用

直方图法的应用为：收集当前生产过程质量特性抽检的数据，然后制作直方图进行观察分析，判断生产过程的质量状况和能力。

表10-4为某工程10组试块的抗压强度数据，共50个，但很难直接判断其质量状况是否正常、稳定及其受控情况，如将数据整理后绘制成直方图，就可以数据正态分布的特点进行分析判断，如图10-7所示。

**表10-4　某工程10组试块的抗压强度数据**　　　　单位：N/mm²

| 序号 | 抗压强度数据 | | | | | 最大值 | 最小值 |
|---|---|---|---|---|---|---|---|
| 1 | 39.8 | 37.7 | 33.8 | 31.5 | 36.1 | 39.8 | 31.5 |
| 2 | 37.2 | 38.0 | 33.1 | 39.0 | 36.0 | 39.0 | 33.1 |
| 3 | 35.8 | 35.2 | 31.8 | 37.1 | 34.0 | 37.1 | 31.8 |
| 4 | 39.9 | 34.3 | 33.2 | 40.4 | 41.3 | 41.3 | 33.2 |
| 5 | 39.2 | 35.4 | 34.4 | 38.1 | 40.3 | 40.3 | 34.4 |
| 6 | 42.3 | 37.5 | 35.5 | 39.8 | 37.8 | 42.3 | 35.5 |
| 7 | 35.9 | 42.4 | 41.8 | 36.3 | 36.2 | 42.4 | 35.9 |
| 8 | 46.2 | 37.6 | 38.3 | 39.7 | 38.0 | 46.2 | 37.6 |
| 9 | 36.4 | 36.3 | 43.4 | 38.2 | 38.0 | 43.4 | 36.3 |
| 10 | 44.4 | 42.0 | 37.9 | 38.4 | 39.5 | 44.4 | 37.9 |

（3）直方图的观察分析——形状观测分析

所谓形状观察分析，是指将绘制好的直方图形状与正态分布图的形状进行比较分析，一看形状是否相似，二看分布区间的宽窄。直方图的分布形状及分布区间的宽窄是由质量特性统计数据的平均值和标准偏差所决定的。

正常直方图呈正态分布的形状特征是中间高、两边低，是对称的，如图10-8（a）所示。正常直方图反映

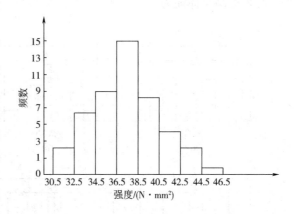

图10-7　混凝土强度分析直方图

生产过程质量处于正常、稳定状态；数理统计研究证明，当随机抽样方案合理且样本数量足够大时，生产能力处于正常、稳定状态，质量特性检测数据趋于正态分布。

异常直方图呈偏态分布，常见的异常直方图有折齿型、陡坡型、孤岛型、双峰型、峭壁型，分别如图10-8（b）、图10-8（c）、图10-8（d）、图10-8（e）、图10-8（f）所示，出现异常的原因可能是生产过程存在影响质量的系统因素，或收集整理数据

制作直方图的方法不当，应具体分析。

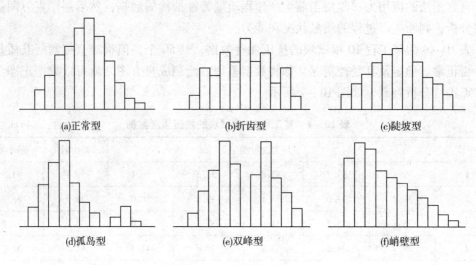

图 10 - 8　常见的直方图

（4）直方图的观察分析——位置观察分析

所谓位置观察分析，是指将直方图的分布位置与公差标准的上下限范围进行比较分析，如图 10 - 9 所示。

生产过程的质量正常、稳定和受控，还必须在公差标准上下限范围内达到质量合格的要求。此时的状态才是经济合理的受控状态，如图 10 - 9（a）所示。

图 10 - 9（b）中质量特性数据分布偏向公差标准下限，易出现不合格。因此，在管理上必须提高总体能力。

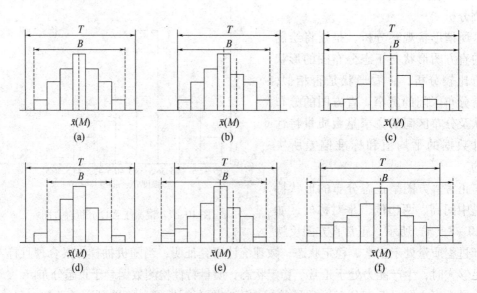

图 10 - 9　直方图与公差标准上下限

T—标准公差；B—实际公差

图 10 - 9（c）中质量特性数据的分布充满公差标准上下限，质量能力处于临界状态，易出现不合格。因此，必须分析其原因，采取措施。

图 10 - 9（d）中质量特性数据的分布居中且边界与公差标准上下限有较大的距离。其说明质量能力偏大，不经济。

图 10 - 9（e）、（f）中均已出现超出公差标准上下限的数据，说明生产过程存在质量不合格。需要分析其原因，采取措施进行纠偏。

# 10.8 建筑工程项目质量改进和质量事故

## 10.8.1 建筑工程项目质量改进

建设项目质量是指国家现行的有关法律、法规、技术标准和设计文件及建设项目合同中对建设项目的安全、使用、经济、美观等特性的综合要求。它通常体现在适用性、可靠性、经济性、外观质量与环境协调等方面。

（1）建筑工程项目质量改进的意义及要求

质量的持续改进是八项质量管理原则之一，在企业的质量管理活动中占有非常重要的位置。因此，建筑工程项目质量的持续改进应做好以下工作：

1）项目经理部定期对项目质量情况进行检查、分析，向组织提出质量报告，提出目前质量状况、发包人及其他相关方满意程度、产品要求的符合性，以及项目经理部的质量改进措施。

2）组织应对项目经理部进行检查、考核，定期进行内部审核，并将审核结果作为管理评审的输入，来促进项目经理部的质量改进。

3）组织应了解发包人及其他相关方对质量的意见，对质量管理体系进行审核，确定改进目标，提出相应措施并检查落实。

（2）建筑工程项目质量改进的方法

1）质量改进应坚持全面质量管理的 PDCA 循环方法。随着质量管理循环的不停进行，原有的问题解决了，新的问题又产生了，问题不断产生而又不断被解决，如此循环不止，每次循环都把质量管理活动推向一个新的高度。

2）质量改进应坚持"三全"管理模式。"三全"管理即全过程管理、全员管理和全企业管理。

3）质量改进应运用先进的管理办法、专业技术和数理统计方法。

## 10.8.2 建筑工程项目质量事故

（1）建筑工程项目质量事故分类

建筑工程项目质量事故有多种分类方法，具体见表 10 - 5。

表 10 –5　建筑工程项目质量事故的分类

| 序号 | 分类方法 | 事故类型 | 内容及说明 |
|---|---|---|---|
| 1 | 按质量事故的性质及严重程度区分 | 一般事故 | 通常是指经济损失在 0.5 万 ~10 万元额度内的质量事故 |
| | | 重大事故 | 凡是有下列情况之一者，可列为重大事故：<br>（1）建筑物、构筑物或其他主要结构倒塌<br>（2）超过规范规定或设计要求的基础严重不均匀沉降，建筑物倾斜，结构开裂或主体结构强度严重不足，影响建筑物的寿命，造成不可补救的永久性质量缺陷或事故<br>（3）影响建筑设备及其相应系统的使用功能，造成永久性质量损失<br>（4）经济损失在 10 万元以上 |
| 2 | 按质量事故产生的原因区分 | 技术原因引发的质量事故 | 指在工程项目实施中，设计、施工技术的失误造成的质量事故，如结构设计计算错误，地质情况估计错误，盲目采用技术上未成熟、实际应用中未得到充分的实践检验证实其可靠程度的新技术，采用了不适宜的施工方法或工艺，等等 |
| | | 管理原因引发的质量事故 | 主要是指管理上的不完善或失误引发的质量事故，如施工单位或监理单位的质量体系不完善、检验制度不严密、质量控制不严格、质量管理措施落实不力、检测仪器设备管理不善而失准、材料检验不严等 |
| | | 社会、经济原因引发的质量事故 | 主要指社会、经济因素及社会上存在的弊端和不正之风引起建设中的错误行为而导致的质量事故 |

（2）建筑工程项目质量问题产生的原因

建筑工程项目在施工过程中受到的影响因素很多，因此出现的质量问题也多种多样，但归纳其原因通常表现为表 10 –6 所示的几个方面。

表 10 –6　建筑工程质量问题发生的原因

| 序号 | 事故原因 | 内容及说明 |
|---|---|---|
| 1 | 违背建设程序 | 未经可行性论证，不做调查分析就拍板定案；未搞清工程地质、水文地质条件就仓促开工；无证设计、无证施工，任意修改设计，不按图纸施工；工程竣工不进行试车运转，未经验收就交付使用 |
| 2 | 工程地质勘察原因 | 未认真进行地质勘察就提供地质资料，且数据有误；钻孔间距太大或钻孔深度不够，致使地质勘察报告不详细、不准确 |
| 3 | 未加固处理好地基 | 对不均匀地基未进行加固处理或处理不当，导致重大质量问题 |
| 4 | 设计计算问题 | 设计考虑不周、结构构造不合理、计算简图不正确、计算荷载取值过小、内力分布有误等 |
| 5 | 建筑材料及制品不合格 | 导致混凝土结构强度不足，裂缝、渗漏、蜂窝、露筋，甚至断裂、垮塌 |

| 序号 | 事故原因 | 内容及说明 |
|---|---|---|
| 6 | 施工和管理问题 | 不熟悉图纸，未经图纸会审而盲目施工；不按图纸施工，不按有关操作规程施工，不按有关施工验收规范验收；缺乏基本结构知识，施工蛮干；施工管理混乱，施工方案考虑不周，施工顺序错误，未进行施工技术交底，违章作业；等等 |
| 7 | 自然条件影响 | 温度、湿度、日照、雷电、大雨、暴风等都可能造成重大的质量事故 |
| 8 | 建筑结构使用问题 | 建筑物使用不当，使用荷载超过原设计的容许荷载；任意开槽、打洞，削弱承重结构的截面；等等 |

（3）建筑工程项目质量问题处理

1）处理程序。工程项目质量问题和质量事故的处理是施工质量控制的重要环节。建筑工程项目质量问题和质量事故处理的一般程序分别如图 10-10 和图 10-11 所示。

2）处理原则。建筑工程质量问题和质量事故的处理应遵循"四不放过"原则，即事故原因没有查清不放过，事故责任者和员工没有受到教育不放过，事故责任者没有受到处理不放过，没有制定防范措施不放过。

3）处理要求。

①处理应达到安全可靠，不留隐患，满足生产、使用要求，施工方便，经济合理的目的。

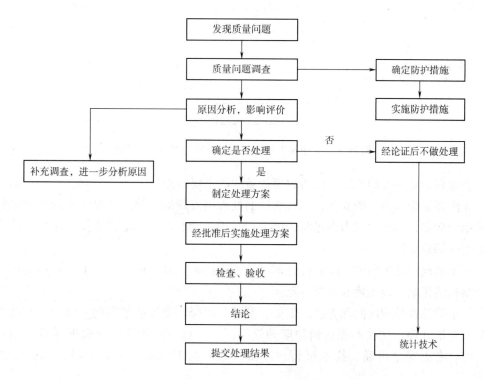

图 10-10　建筑工程项目质量问题处理的一般程序

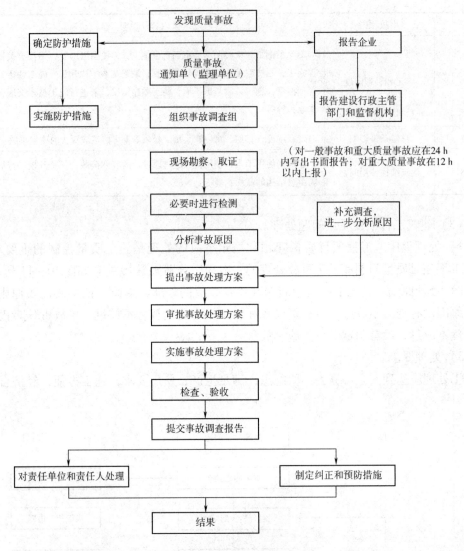

图 10 – 11　建筑工程项目质量事故处理的一般程序

②重视消除事故的原因，是防止事故重演的重要措施。

③注意综合治理。既要防止原有事故的处理引发新的事故，又要注意处理方法的综合应用。例如，结构承载力不足时，可采用结构补强、卸荷、增设支撑、改变结构方案等方法的综合应用。

④正确确定处理范围。除直接处理事故发生的部位外，还应检查事故对相邻区域及整个结构的影响，以正确确定处理范围。

⑤正确选择处理时间和方法。例如，裂缝、沉降、变形质量问题发现后，在其尚未稳定就匆忙处理，往往不能达到预期的效果。而处理方法的选择应根据质量问题的特点，综合考虑安全可靠、技术可行、经济合理、施工方便等因素，经分析比较择优选定。

⑥加强事故处理的检查验收工作。从事故处理的施工准备到竣工，均应根据有关规范的规定和设计要求的质量标准进行检查验收。

⑦认真复查事故的实际情况。在事故处理中，若发现事故情况与调查报告中所述内容差异较大时应停止施工，待查清问题的实质，采取相应的措施后继续施工。

⑧确保事故处理期的安全。事故现场中不安全因素较多，应事先采取可靠的安全技术措施和防护措施，并严格检查、执行。

## 复习思考题

1. 什么是质量管理？
2. 施工项目的事前、事中、事后质量控制包括哪些内容？
3. 简述质量管理的原则。
4. 简述因果分析图的原理。
5. 工程质量评定是如何进行项目划分的？评定合格的标准是什么？

# 11　工程项目风险管理

## 11.1　工程项目风险管理概述

工程项目风险管理是指通过风险识别、风险分析和风险评价认识工程项目的风险，并以此为基础合理地使用各种风险应对措施、管理方法、技术和手段对项目的风险实行有效的控制，妥善处理风险事件造成的不利后果，以最少的成本保证项目总体目标实现的管理工作。

### 11.1.1　现代工程项目中的风险

（1）风险是项目系统中的不确定因素

工程项目的构思、目标设计、可行性研究、设计和计划都是基于对将来情况（政治、经济、社会、自然等）的预测上的，基于正常的、理想的技术、管理和组织上的。而在工程建设及运行过程中，这些因素都有可能发生变化，在各个方面都存在着不确定性。这些变化会使得原定的计划受到干扰，既定的目标不能实现。人们将这些事先不能确定的内部和外部的干扰因素称为风险。

（2）风险与机会共存

通常将对项目目标有负面影响的可能发生的事件称为风险，而将对项目目标有正面影响的可能发生的事件称为机会。在工程项目中，风险和机会具有相同的规律性，而且有一定的连带性。本章将风险作为研究的重点。

在现代工程项目中，风险和机会同在。通常只有风险大的项目才能拥有较高的盈利机会，所以风险又是对管理者的挑战。风险控制得好能够使项目获得非常高的收益，同时它有助于增强竞争能力，提高管理者的素质和管理水平。

（3）风险是普遍客观存在的

工程项目中普遍存在风险，它会造成项目的失控，如工期延长、成本增加、计划修改等，最终导致工程经济效益降低甚至项目失败。现代工程项目风险产生的原因如下：

1）现代工程项目的特点是规模大、技术新颖、结构复杂、技术标准和质量标准高、持续时间长、与环境接口复杂，这些都会导致实施和管理难度的增加。

2）由于工程实施时间长、涉及面广，受外界环境的影响大，如经济、社会、法律和自然等条件的变化都会产生风险。这些因素是很难预测和控制的，但都会妨碍工程的正常实施，造成经济损失。

3）工程项目的参与和协作单位众多，即使一个简单的工程就涉及业主、总包、分包、材料供应商、设备供应商、设计单位、监理单位、运输单位和保险单位等，少则十几家，多则几十家。各方面责任界限的划分和权利、义务的定义异常复杂，设计、计划和合同文件等出现错误与矛盾的可能性增大。

4）现代工程项目不再是传统意义上的建筑工程，科技含量较高，集研究、开发、建设和运行于一身。项目投资管理、经营管理和资产管理的任务加重，难度增大。

5）由于市场竞争激烈和技术更新速度加快，产品从概念形成到进入市场的时间缩短，面临着必须在短期内完成工程建设（如开发新产品）的巨大压力。

6）新的融资模式、承包模式和管理模式不断涌现，使工程项目的组织关系、合同关系，以及实施和运行的程序越来越复杂。

7）项目所需资金、技术、设备、工程承包和咨询服务的国际化（如国际工程承包、国际投资和合作）增加了项目的风险。

8）项目管理必须服从企业战略，满足用户和相关者的需求。现在政府、企业、投资者、业主和社会各方对工程的期望与要求越来越高，且干预也越来越多。

许多工程领域，由于其项目风险大，风险的危害性大，被称为风险型项目领域。特别在国际工程承包领域，将风险作为项目失败的主要原因之一。在我国的许多项目中由风险造成的损失也是触目惊心的。

## 11.1.2　工程项目风险的特征

分析现代工程项目的许多案例可以看出，工程项目风险具有以下四个特点。

（1）风险的普遍性

风险的普遍性即一般工程项目中均普遍存在风险，涉及工程全寿命期，而不仅仅局限在实施阶段：

1）在目标设计中可能存在构思的错误、重要边界条件的遗漏及目标优化的错误。

2）可行性研究中可能存在方案失误、调查不完全和市场分析错误等。

3）技术设计中存在专业不协调、地质不确定及图纸和规范错误等。

4）施工中物价上涨，实施方案不完备，资金缺乏，气候条件变化。

5）运行中市场需求变化、产品不受欢迎、运行达不到设计能力、操作失误等。

（2）风险的多样性

风险的多样性即在一个项目中存在许多种类的风险，如政治风险、经济风险、法律风险、自然风险、合同风险和合作者风险等。这些风险之间有复杂的内在联系。

（3）风险影响的全局性

风险造成的影响常常不是局部的，而是全局的。例如，反常的气候条件造成工程的停滞，则会影响整个后续计划，影响后期所有参与者的工作。它不仅会造成工期拖延，而且会造成费用的增加，对工程质量带来危害。项目中的许多风险影响会随着时间推移有逐渐扩大的趋势，一些局部的风险也会随着项目的进展而影响全局。

（4）风险的规律性

项目风险具有客观性、偶然性和可变性，同时又有一定的规律性。这是因为工程项目的环境变化和项目的实施有一定的规律性，所以风险的发生和影响也有一定的规律性，是可以预测的。工程项目各方应有风险意识，重视风险，对风险进行全面的控制。

### 11.1.3　全面风险管理的概念

在现代项目管理中，风险管理问题已经成为研究的热点之一。无论在学术领域，还是在应用领域，人们对风险都做了很多研究。它已成为项目管理的一大职能，作为 PM-BOK 的九大知识体系之一。

人们对风险的研究历史悠久。起初人们用概率论、数理统计方法研究风险发生的规律，后来将风险引入网络，提出不确定型网络；并研究提出决策树方法，在计算机上采用仿真技术等研究风险的规律。现在它们仍是风险管理的基本方法。

全面风险管理首先是在软件开发等项目管理中应用的。直至近十几年，人们才在项目管理系统中应用它。全面风险管理是用系统的、动态的方法进行风险控制，以减少项目过程中的不确定性。

（1）全过程的风险管理

1）风险管理强调事前的识别、评价和预防措施。在项目目标设计阶段就应开展风险识别工作，对影响项目目标的重大风险进行预测并提出应对措施。

2）在可行性研究中，对风险的分析必须细化，进一步预测风险发生的可能性和规律性，同时必须研究各风险事件对项目目标的影响程度，即项目的敏感性分析。

3）在设计和计划过程中，随着技术设计的不断深入，实施方案也逐步细化，项目的结构分析逐渐清晰。这时风险分析不仅要针对风险的种类，而且必须细化（落实）到各项目结构单元直到最低层次的工作包上。要考虑对风险的防范措施，如风险准备金的计划，备选技术方案，在招标文件（合同文件）中应明确规定工程实施中的风险的分担。

4）在工程实施中加强风险的控制，包括以下工作：

①建立风险监控系统，能及早地发现风险，及早做出反应。

②及早采取预定的措施，控制风险的影响范围和影响量，以减少项目的损失。

③在风险发生情况下，采取有效措施保证工程正常实施，维护正常的施工秩序，及时修改方案、调整计划，以恢复正常的施工状态，减少损失。

④在阶段性计划调整过程中，需加强对近期风险的预测，并纳入近期的计划中；同时要考虑到计划的调整和修改所带来的新的问题与风险。

5）项目结束后应对整个项目的风险及其管理效果进行评价，以此作为以后同类项目风险管理的经验和教训。

（2）对全部风险的管理

在实施全过程的风险管理的同时，在每个阶段开展风险管理时都要罗列各种可能产生的风险，做风险分解结构，并将它们作为管理对象，尽量避免遗漏和疏忽。

（3）全方位的风险管理

1）要分析风险对各方面的影响，例如，对整个项目，对项目的工期、成本、施工过程、合同、技术和计划等各个方面，甚至对工程全寿命期的影响。

2）采用的对策、措施也必须考虑综合手段，从合同、经济、组织、技术和管理等方面确定解决方法。

3）对各种风险进行全过程管理，包括风险识别、风险分析、风险文档管理、风险评价和风险控制等。

（4）全面的风险组织措施

对已被确定的有重要影响的风险，应落实专人负责风险管理，并赋予相应的职责、权力和资源。在组织上全面落实风险控制责任，建立风险控制体系，将风险管理作为项目各层次管理人员的任务之一，让大家都有风险意识，都参与风险的监控工作。

## 11.1.4　工程项目风险管理的特点

1）风险管理尽管有一些通用的方法，如概率分析方法、模拟方法、专家咨询法等，但若针对某一具体项目的风险，则必须与该项目的特点相结合，例如：

①项目的类型及其所在的领域。不同领域的项目风险有其特有的规律性，其行业特点也不相同。例如，计算机开发项目的风险与建筑工程项目就截然不同。

②该项目的复杂性、系统性、新颖性，规模、工艺的成熟程度。

③项目所处的地域，如国度、环境条件等。

在风险管理中，各层次管理人员应高度重视以往同类项目的资料、经验和教训。

2）风险管理需要大量地占有信息，对项目系统及系统的环境有十分深入的了解并要进行预测，所以不熟悉情况是不可能进行有效的风险管理的。

3）虽然人们通过全面风险管理，在很大程度上已经将过去凭直觉、经验的管理上升到理性的全过程的管理，但风险管理在很大程度上仍依赖于管理者的经验及管理者以往工程的经历，即对环境的了解程度和对项目本身的熟悉程度。同时，在整个风险管理过程中，人的因素至关重要，人的认识程度、精神、创造力等都会影响风险管理的效果。因此，管理者在风险管理中要注意调查分析，向专家咨询，吸取经验和教训。这不仅包括向专家了解其对风险范围和规律的认识，而且包括应对风险的处理方法、工作程序，并将它们系统化、信息化和知识化，以便于对新项目进行决策支持。

4）在项目管理中，风险管理属于高层次的综合性管理工作。它涉及企业管理和项目管理的各个阶段与各个方面，涉及项目管理的各个子系统。因此，它必须与企业战略管理、合同管理、成本管理、工期管理和质量管理等连成一体，形成集成化的管理过程。

5）在工程项目中大多数风险是不可能由项目管理者消灭或排除的，风险管理的目的并不是消灭风险，而在于有准备、理性地进行项目实施，预防和减少风险的损失。

## 11.1.5　风险管理的主要工作

项目风险管理是对项目风险进行识别、分析和应对的系统化过程。

1）风险识别。确定可能影响项目的风险的种类，即判断可能有哪些风险发生，并按照风险特性对其进行系统化归纳。

2）风险分析。风险分析包括定性分析和定量分析。对项目风险发生的条件、概率及风险事件对项目目标的影响等进行分析和评估，并按其对项目目标的影响程度进行排序。

3）风险应对。

①制订风险管理计划。风险管理计划是组织与实施项目风险管理的文件，通常包括项目风险管理程序、风险应对计划和风险控制的组织责任分担等。

②实施中的风险监测与控制。在项目全过程各个阶段，跟踪已识别的风险，进行风险预警。在风险发生情况下，实施降低风险计划，保证对策、措施应用的有效性，监控残余风险，识别新的风险，更新风险计划，以及评价这些工作的有效性，等等。

## 11.2 工程项目风险因素识别

全面风险管理强调事前分析与评价，迫使人们提前关注、预测风险并为此做准备，把干扰减至最小。风险因素识别就是确定项目的风险范围，即存在哪些风险，将这些风险因素逐一列出，做项目风险目录表作为全面风险管理的对象。在不同的阶段，由于项目的目标设计、技术设计与计划及环境调查的深度不同，人们对风险的认识程度也不尽相同，经历了一个由浅入深逐步细化的过程。

在风险因素识别中，通常首先罗列对整个工程建设有影响的风险因素，然后注意对管理者自身有重大影响的风险。要从多角度、多方面罗列风险因素，以形成对项目系统风险的多方位的透视。风险因素分析可以采用结构化分析方法，即由总体到细节、由宏观到微观，层层分解。对风险因素通常可以从以下几个角度进行分析。

### 11.2.1 项目环境系统的风险

按照项目环境系统分析的基本思路，分析各环境要素可能存在的不确定性和变化，它往往是其他风险的根源，对它的分析可以与环境调查相对应，所以环境系统结构的建立和环境调查对风险分析是有很大帮助的。从这个角度看，最常见的风险因素有以下几个方面。

（1）政治风险

政治风险如政局的不稳定性，战争、动乱和政变的可能性，国家对外关系，政府信用和廉洁程度，政策及其稳定性，经济的开放程度或排外性，国有化的可能性，国内的民族矛盾，保护主义倾向，等等。

（2）法律风险

法律风险如法律不健全，有法不依、执法不严，相关法律内容变化，法律对项目的干预；可能对相关法律未能全面、正确理解，工程中可能有触犯法律的行为；等等。

（3）经济风险

经济风险如国家经济政策的变化，产业结构的调整，银根紧缩，项目的产品市场需求变化；工程承包市场和材料供应市场、劳动力市场的变动，工资的提高，物价上涨，通货膨胀速度加快，原材料进口限制，金融危机及外汇汇率的变化；等等。

（4）自然条件风险

自然条件风险如地震，风暴，特殊的未预测到的地质条件（如泥石流、河塘、垃圾场、流砂等），反常的雨、雪天气，冰冻天气，恶劣的现场条件，周边存在对项目的干扰源，工程建设可能造成对自然环境的破坏，不良的运输条件可能造成的供应中断。

（5）社会风险

社会风险包括宗教信仰的影响和冲击、社会治安的稳定性、社会禁忌、劳动者的文化素质、社会风气等。

## 11.2.2 工程技术系统的风险

现代工程技术新颖、结构复杂，专业系统之间界面处理困难，存在如下两方面的风险：

①工程的生产工艺和流程出现问题、新技术不稳定，对将来的生产和运行产生影响。

②施工工艺在选择和应用过程中也可能出现问题。

## 11.2.3 项目实施活动的风险

项目实施活动的风险是指工程项目实施过程中可能遇到的各种障碍、异常情况，如工期拖延，技术问题，质量问题，人工、材料、机械和费用消耗的增加，等等。应以项目结构图为研究对象，对各个层次的项目单元到工作包进行研究分析。

## 11.2.4 项目行为主体产生的风险

项目行为主体产生的风险是从项目组织角度进行分析的，具体有以下几类。

（1）业主和投资者产生的风险

业主和投资者产生的风险举例如下：

1）业主的支付能力差，企业的经营状况恶化，资信不好，企业倒闭，撤走资金，或改变投资方向，改变项目目标。

2）业主违约、苛求、刁难，随意变更但又不赔偿，错误的行为和指令，非程序地干预工程。

3）业主不能完成合同责任，不及时供应所负责的设备、材料，不及时交付场地，不及时支付工程款。

（2）承包商产生的风险

承包商（分包商、供应商）产生的风险举例如下：

1）技术能力和管理能力不足，没有适合的技术专家和项目经理，不能积极履行合同，管理和技术方面的失误造成工程中断。

2）缺乏有效的措施保证工程进度、安全和质量的相关要求。

3）财务状况恶化，无力采购和支付工资，企业处于破产境地。

4）工作人员罢工、抗议和软抵抗。

5）错误理解业主意图和招标文件，实施方案错误，报价失误，计划失效。

6）设计单位设计错误，工程技术系统之间不协调，设计文件不齐全，不能及时交付图纸，或无力完成设计工作。

（3）项目管理者产生的风险

项目管理者（如监理工程师）产生的风险举例如下：

1）管理能力、组织能力、工作热情和积极性、职业道德及公正性等出现问题。

2）管理风格、文化偏见可能导致其不正确地执行合同，在工程中要求苛刻。

3）起草错误的招标文件、合同条件，下达错误的指令。

（4）其他方面产生的风险

其他方面产生的风险如中介人的资信、可靠性差，政府机关工作人员、城市公共供应部门（如水、电等部门）的干预、苛求和个人需求，以及项目周边或涉及的居民或单位的干扰、抗议或苛刻的要求，等等。

## 11.2.5 项目管理过程风险

项目管理过程风险包括极其复杂的内容，常常是风险责任分析的依据，举例如下：

1）高层战略风险。如指导方针、战略思想失误而造成项目选择和目标设计错误。

2）环境调查和预测的风险。

3）决策风险。如选择错误的方案、错误的投标报价决策等。

4）工程规划和（或）技术设计风险。

5）计划风险。其包括对目标（任务书、招标文件）理解错误，合同中有不严密、错误、二义性、过于苛刻的、单方面约束性的、不完备的条款，以及实施方案、报价（预算）和施工组织措施等方面的错误。

6）实施控制中的风险，举例如下：

①合同风险。合同未履行，合同伙伴争执，责任不清，产生索赔要求。

②供应风险。如供应拖延、供应商不履行合同、运输中的损坏，以及在工地上的损失。

③新技术、新工艺带来的风险。

④分包层次太多，造成计划执行和调整控制困难。

⑤工程管理失误。

7）运行管理风险。如准备不足，工程无法正常运行，运行操作失误，销售渠道不畅。

## 11.2.6 项目目标风险

项目目标风险是按照项目目标系统结构进行分析的，是上述风险共同作用的结果，具体有以下几种：

1）工期风险。工期风险即造成工程不能及时竣工，不能按计划投入使用。

2）费用风险。费用风险包括财务风险、成本超支、投资追加、报价失误、收入减少、投资回收期延长和回报率降低。

3）质量风险。质量风险包括材料、工艺、工程不能通过验收，工程试生产不合格，工程质量未达标准。

4）生产能力风险。工程建成后达不到设计生产能力，可能是由于设计、设备问题，或生产用原材料、能源、水、电供应问题。

5）市场风险。工程建成后产品未达到预期的市场份额，销售不足，销路不畅，缺乏竞争力。

6）信誉风险。信誉风险即造成对企业形象、职业责任、企业信誉的损害。

7）造成人身伤亡、安全、健康事故及工程或设备的损坏。

8）法律责任。法律责任即可能被起诉或承担相应法律或合同的处罚。

9）对环境和项目的可持续发展的不良影响与损害。

### 11.2.7　各类风险的内在联系

1）在列出风险因素后，可以采用系统分析方法进行归纳整理，即分类、分项、分细目，形成相应的风险分析结构表，作为后面风险评价和落实风险责任的依据。

2）上述罗列的风险具有不同的特性。有些风险是根源型的，有些风险是结果型的。

①环境风险是根源型的，会引起其他所有风险。

②行为主体风险会引起管理过程风险、技术风险和实施过程风险。

③技术系统问题会引起实施过程风险。

④各类风险的最终表现是目标风险，即对项目目标的影响。

各类风险之间存在着内在联系，如图11-1所示。图中箭头的反向情况通常比较少。

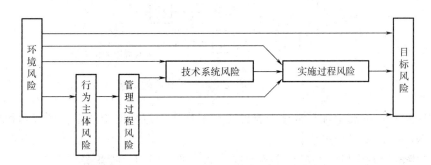

图 11-1　各类风险之间的关系

3）注意考虑不同风险间的交互作用，这是因为风险之间常常是有联系的。

①经济形势的恶化不但会造成物价上涨，而且可能会引起业主支付能力的变化。

②通货膨胀引起物价上涨，不仅增加了后期的采购、人工工资及各种费用支出，而且会影响整个后期的工程费用。

③设计图纸提供不及时，不仅会造成工期拖延，而且会造成费用提高（如人工和设备闲置、管理费开支），还可能使项目在原来可以避开的冬、雨期施工，造成工期更大的拖延和费用增加。

## 11.3　风险评价

### 11.3.1　风险评价的内容和过程

风险评价是对风险的规律性进行研究和量化分析。由于每种风险都有自身的规律性和特点、影响范围和影响量，可以通过分析将其统一为对成本目标和工期目标的影响，而以货币单位和时间单位来计量，因此应对罗列出来的每种风险做出以下分析和评价。

（1）风险存在和发生的时间分析

许多风险有明显的阶段性，有的风险直接与具体的工程活动（工作包）相联系。应分析风险可能在项目的哪个阶段、哪个环节上发生。这对风险的预警有很大的作用。

（2）风险的影响和损失分析

风险的影响是个非常复杂的问题，有的风险影响面较小；有的风险影响面很大，可能导致整个工程的中断或报废。

例如，某个工程活动受到干扰而拖延，则可能影响其后面的许多活动，如图 11 – 2 所示。

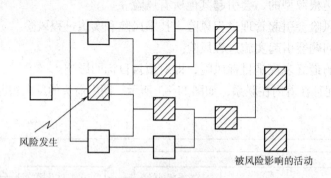

风险发生

被风险影响的活动

图 11 – 2　工程活动受风险干扰后的影响

因为风险对目标的干扰常常首先表现在对工程实施过程的干扰上，所以对风险的影响分析一般经历以下三个过程：

1）考虑没有发生风险的项目实施状况，如工期、费用、收益等。

2）将风险加入，看其发生的变化，如实施过程、劳动效率、消耗的变化。

3）以上两者的差异则为风险的影响。所以这实质上是一个新的计划、新的估价。但风险仅是一种可能，所以通常又不必十分精确地进行估价和计划。

（3）风险发生的可能性分析

风险发生的可能性分析即分析研究风险发生的规律性，通常可以用概率表示。既然被视为风险，则它必然在必然事件（概率＝1）与不可能事件（概率＝0）之间。它的发生有一定的规律性，但也有不确定性。可以通过后文所提及的各种方法预测风险发生的概率。

（4）风险级别的确定

虽然风险因素众多，涉及各个方面，但不能对所有的风险都予以同样的重视。否则将大大提高管理费用，而且谨小慎微反而会干扰正常的决策过程。

1）风险位能的概念。通常对一个具体的风险，若其发生，则损失为 $R_H$，发生的可能性为 $E_W$，则风险的期望值 $R_W$ 为

$$R_W = R_H E_W$$

例如，一种自然环境如果发生，则损失达 20 万元，而发生的可能性为 0.1，则损失

的期望值 $R_W = 20 \times 0.1 = 2$ 万元。

引用物理学中位能的概念，损失期望值高的，则风险位能高。可以在二维坐标中作等位能（损失期望值相等）线，如图 11-3 所示，则具体项目中的任何一个风险都可以在图上找到一个表示其位能的点。

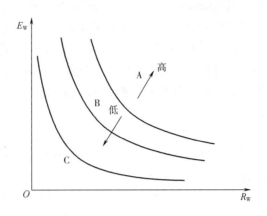

图 11-3 风险位能线

2）ABC 分类法。按照风险位能的不同，可以将项目风险进行以下分类：

①A 类。A 类是高位能的，即损失期望值很大的风险。其通常发生的可能性很大，而且一旦发生损失也很大。

②B 类。B 类是中位能的，即损失期望值一般的风险。其通常发生的可能性不大，损失也不大，或发生可能性很大但损失极小，或损失比较大但发生可能性极小。

③C 类。C 类是低位能的，即损失期望值极小的风险。其通常发生的可能性极小，即使发生损失也很小。

因此，在风险管理中，A 类是重点，B 类应顾及，C 类可以不考虑。当然有时不采用 ABC 分类法，而是按照级别形式划分，如Ⅰ级、Ⅱ级、Ⅲ级等，其意义是相同的。

（5）风险的起因和可控性

1）风险的起因。实质上，在前面的风险分类中，有的风险是从产生根源上进行分类的，如环境的变化、人为的失误等。对风险起因的研究是为风险预测、对策研究（解决根源问题）和责任分析服务的。

2）风险的可控性。风险的可控性是指人们对风险影响干预的可能性。有的风险是业主、项目经理或承包商可以控制的，如承包商对招标文件理解的风险，实施方案的安全性和效率风险，报价的正确性风险，等等；而有的风险是不可以控制的，如物价风险、反常的气候风险等。

## 11.3.2　风险评价方法

风险评价通常是凭经验、靠预测进行的，但也可以辅助一些基本的分析方法。风险分析方法通常分为两大类，即定性分析方法和定量分析方法，具体有以下几种分析方法。

（1）列举法

通过对同类已完工程的环境、实施过程进行调查分析、研究，可以建立该类项目的基本的风险结构体系，进而可以建立该项目的风险知识库（经验库），包括该类项目常见的风险因素。在对新项目决策或用专家经验法进行风险分析时给出提示，列出所有可能的风险因素，以引起人们的重视，或作为进一步分析的基础。

（2）专家经验法

专家经验法也称 Delphi 法，是收集专家对风险的意见和看法的一种有效方法，因为对许多风险常常是"旁观者清"。这不仅用于风险因素的罗列，还用于对风险影响和发生可能性的分析，一般可以采用以下两种方式：

1）采用提问表的形式。专家以匿名方式参与此项活动，主持人用问卷征询项目组织人员对项目有关重要风险的见解。问卷的答案交回并汇总后，随即在专家间传阅，请他们进一步发表意见。此过程进行若干轮后，就可以获得关于主要项目风险的一致看法。

2）专家会议法。

①召集有实践经验和代表性的专家组成风险管理专家小组，集体讨论项目风险问题。

②项目经理应让专家尽可能多地了解项目目标、项目结构、所处环境及工程状况，详细调查并提供信息，尽可能令专家进行实地考察，并对项目的实施和措施的构想进行说明，使大家对项目形成共识，否则容易增加风险分析结果的离散程度。

③项目经理有目的地与专家合作，一起定义风险因素及结构，以及可能的影响范围，作为讨论的基础和引导。专家对风险进行讨论，按以下次序逐渐深入：

a. 各个风险产生的原因。

b. 风险对实施过程的影响。

c. 风险对具体工程活动的影响范围，如技术、质量、费用消耗等。

d. 将影响统一到对成本和工期的影响上，预估影响量。

e. 各个专家对风险的影响程度（影响量）和出现的可能性给出评价意见。在这个过程中，如果专家有不同意见，可以提出讨论，但不能相互指责。为了获得真正的专家意见，可以采用匿名的形式发表意见，也可以采用辩论方法分析。

f. 统计、整理专家意见，得到评价结果。对各个专家意见按统计方法进行信息处理，得到各个风险影响值 $R_H$ 和出现的可能性 $E_W$，进而获得各个风险期望值 $R_W$。总风险期望值 $R_V$ 为各单个风险期望值 $R_W$ 之和，即

$$R_V = \sum R_W = \sum R_H E_W$$

（3）头脑风暴法

头脑风暴法是一种通用的激发想象力和创造力的方法，即召集一批项目组织成员或具体问题专家集体献计献策，激发个人的灵感，找出各种风险、主意或解决问题的办法。

（4）访谈

访谈是通过访问有经验的项目参与者、相关者或某项问题的专家，以识别风险。

（5）SWOT 分析

SWOT（优势、弱点、机会与威胁）分析是从项目的每个强项、弱项、机会和威胁的角度对项目风险进行全面考察。

（6）蒙特卡罗法分析

蒙特卡罗（Monte-Carlo）法也称为随机模式法、统计实验法等，是在目前的很多领域已经得到广泛应用的风险分析的方法。这种方法以概率统计理论为主要理论基础，以随机抽样（随机变量的抽样）为主要手段，对可能发生的风险规律进行模拟。

（7）敏感性分析

敏感性分析是用以确定某种风险对项目目标影响的定量分析和建模技术。敏感性分析可以考察在所有其他风险因素保持基准数值不变时，某风险因素变动（如物价上涨）对项目目标（如投资回报率）的影响程度。它经常被用于工程项目的可行性研究中。

（8）决策树方法

决策树方法常常用于不同方案的选择。例如，某种产品市场预测在 10 年中销路好的概率为 0.7，销路不好的概率为 0.3。相关工厂的建设有两个方案：

方案 A：新建大厂需投资 5000 万元，如果销路好每年可获利润 1500 万元；销路不好，每年亏损 20 万元。

方案 B：新建小厂需投资 2000 万元，如果销路好每年可获利 600 万元；销路不好，每年可获得利润 300 万元，则做出的决策树如图 11－4 所示。

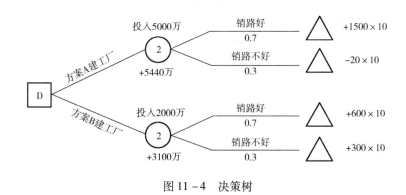

图 11－4　决策树

对 A 方案的收益期望值为

$$E_A = 1500 \times 10 \times 0.7 + (-20) \times 10 \times 0.3 - 5000 = 5440（万元）$$

对 B 方案的收益期望值为

$$E_B = 600 \times 10 \times 0.7 + 300 \times 10 \times 0.3 - 2000 = 3100（万元）$$

因为 A 方案的收益期望值比 B 方案高，所以选择 A 方案是有利的。

（9）风险相关性评价

从前述分析可见，有些风险之间存在着相关性，即一种风险出现后另一种风险发生的可能性增加。例如，自然条件发生变化有可能会导致承包商技术能力不能满足实际需要；金融危机会导致业主支付能力不足；等等。

这些风险都是相互关联的，具有交互作用。用概率来表示各种风险发生的可能性，设某项目中可能遇到 $i$ 种风险（$i = 1, 2, \cdots$），$P_i$ 表示各种风险发生的概率（$0 \leqslant P_i \leqslant 1$），$R_i$ 表示第 $i$ 种风险发生时给承包商造成的损失值。其评价步骤为：

1）找出各种风险之间相关概率 $P_{ab}$。设 $P_{ab}$ 表示风险 a 发生后，由此导致风险 b 发生的概率（$0 \leqslant P_{ab} \leqslant 1$）。若 $P_{ab} = 0$，表示风险 a、b 之间无必然联系；若 $P_{ab} = 1$，表示风险 a 出现时必然会引起风险 b 发生。根据各种风险之间的关系也可找出各风险之间的 $P_{ab}$，见表 11－1。

表 11 - 1　各风险之间的相关概率

| 风险 | | 1 | 2 | … | $i$ | … |
|---|---|---|---|---|---|---|
| 1 | $P_1$ | 1 | $P_{12}$ | … | $P_{1i}$ | … |
| 2 | $P_2$ | $P_{21}$ | 1 | … | $P_{2i}$ | … |
| … | … | … | … | … | … | … |
| $i$ | $P_i$ | $P_{i1}$ | $P_{i2}$ | … | 1 | |
| … | … | … | … | … | … | … |

2）计算各风险发生的条件概率 $P$（b/a）。已知风险 a 发生概率为 $P_a$，则在风险 a 发生的情况下引起风险 b 的条件概率 $P$（b/a）$=P_a \cdot P_{ab}$，见表 11 - 2。

表 11 - 2　各风险发生概率及风险条件概率

| 风险 | 1 | 2 | 3 | … | $i$ | … |
|---|---|---|---|---|---|---|
| 1 | $P1$ | $P$（2/1） | $P$（3/1） | … | $P$（i/1） | … |
| 2 | $P$（1/2） | $P2$ | $P$（3/2） | … | $P$（i/2） | … |
| … | … | … | … | … | … | … |
| $i$ | $P$（1/i） | $P$（2/i） | $P$（3/i） | … | $Pi$ | … |
| … | … | … | … | … | … | … |

3）计算各种风险损失情况 $R_i$。

$R_i$ = 风险 $i$ 发生后的工程成本 - 工程正常成本

4）计算各风险期望损失值 $W_i$。

$$
W_i = \begin{pmatrix} P1 & P(2/1) & P(3/1) & \cdots & P(i/1) & \cdots \\ P(1/2) & P2 & P(3/2) & \cdots & P(i/2) & \cdots \\ \cdots & \cdots & \cdots & & \cdots & \\ P(1/i) & P(3/i) & P(3/i) & \cdots & Pi & \cdots \\ \cdots & \cdots & \cdots & & \cdots & \end{pmatrix} \times \begin{pmatrix} R_1 \\ R_2 \\ \cdots \\ R_i \\ \cdots \end{pmatrix} = \begin{pmatrix} W_1 \\ W_2 \\ \cdots \\ W_i \\ \cdots \end{pmatrix}
$$

5）将期望损失值从大到小进行排列，并计算出各个期望值在总期望损失值中所占的百分率。

6）对累计百分率分类。期望损失值累计百分率在 80% 以下所对应的风险为 A 类风险，显然它们是主要风险；累计百分率在 80% ~90% 的风险为 B 类风险，是次要风险；累计百分率在 90% ~100% 的风险为 C 类风险，是一般风险。

（10）风险状态分析

有的风险有不同的状态、程度。例如，某工程实施过程中发生通货膨胀的概率可能为 0、3%、6%、9%、12%、15% 六种状态，由工程估价分析得到相应的风险损失分别为 0、20 万元、30 万元、45 万元、60 万元、90 万元。现请四位专家进行风险咨询，预估的各种状态发生的概率见表 11 - 3。

表 11 - 3　某工程通货膨胀风险概率

| 专家 | 风险状态：通货膨胀/% | | | | | | 合计 |
|---|---|---|---|---|---|---|---|
| | 0 | 3 | 6 | 9 | 12 | 15 | |
| | 风险损失/万元 | | | | | | |
| | 0 | 20 | 30 | 45 | 60 | 90 | |
| 1 | 20 | 20 | 35 | 15 | 10 | 0 | 100 |
| 2 | 0 | 0 | 55 | 20 | 15 | 10 | 100 |
| 3 | 10 | 10 | 40 | 20 | 15 | 5 | 100 |
| 4 | 10 | 10 | 30 | 25 | 20 | 5 | 100 |
| 平均 | 10 | 10 | 40 | 20 | 15 | 5 | 100 |

对四位专家的估计，可以采用取平均值的方法作为咨询结果（如果专家较多，可以去掉最高值和最低值，然后平均），则可以得到通货膨胀风险的影响分析，见表 11 - 4。

表 11 - 4　通货膨胀风险的影响分析

| 通货膨胀率/% | 发生概率 | 损失预计/万元 | 概率累计 |
|---|---|---|---|
| 0 | 0.1 | 0 | 1.0 |
| 3 | 0.1 | 20 | 0.90 |
| 6 | 0.4 | 30 | 0.80 |
| 9 | 0.2 | 45 | 0.40 |
| 12 | 0.15 | 60 | 0.20 |
| 15 | 0.05 | 90 | 0.05 |

将发生通货膨胀的各种状态的概率进行累计，则可作通货膨胀风险状态图，如图 11 - 5 所示。

从图 11 - 5 中可见通货膨胀的损失大致的风险状况。例如，损失预计达 45 万元，即 9% 的通货膨胀率约有 40% 的可能性。对一个项目不同种类的风险可以在该图上叠加求和。一般认为在图 10 - 6 中的可能性为 0.1 ~ 0.9 时，风险发生的可能性较大。

因此，风险状态曲线可反映风险的特性和规律，如风险的可能性及损失的大小、风险的波动范围等。

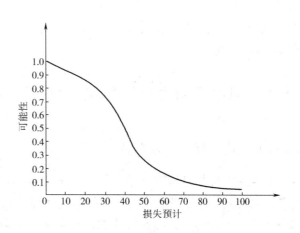

图 11 - 5　通货膨胀风险状态图

例如，在图 11 - 6 中，A 风险损失主要区间为（$A_1$，$A_2$），B 风险损失主要区间为（$B_1$，$B_2$）。A 的风险损失区间较大而 B 的较小，故 A 风险损失发生的可能性较大。

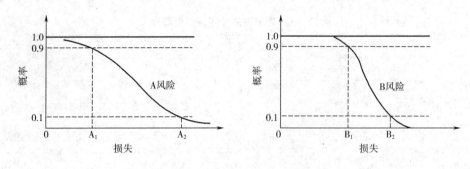

图 11 - 6　不同的风险状态曲线

### 11.3.3　风险分析说明表

风险分析结果必须用文字、图表的形式表示，作为风险管理的文档保存。这个结果不仅作为风险分析的成果，而且应作为风险管理的基本依据。表的内容可以按照分析的对象进行编制，如以项目单元（工作包）作为对象的风险分析说明表（表 11 - 5）。这是对工作包的风险研究，可以作为对工作包说明的补充分析文件。

表 11 - 5　以项目单元（工作包）作为对象的风险分析说明表

| 工作编号 | 风险名称 | 风险的影响范围 | 原因 | 损失 | | 可能性 | 损失期望 | 预防措施 | 评价等级(A、B、C) |
| --- | --- | --- | --- | --- | --- | --- | --- | --- | --- |
| | | | | 工期 | 费用 | | | | |
| | | | | | | | | | |

同时，也可以按风险分析结构进行分析说明，其表格形式同表 11 - 5。它是按照风险类别和风险因素，形象而有条理地说明已经识别的项目风险的层次结构，是工程项目的风险分解结构。

此外，风险应在各项任务单（工作包说明）、决策文件、研究文件、项目报告等文件中予以说明。

## 11.4　风险应对计划和风险控制

### 11.4.1　风险应对计划概述

风险应对计划是研究和选择消除、减少或转移风险的方法，或做接受风险的决定。它是项目计划的一部分，应与项目的其他计划（如进度计划、成本计划、组织计划和实施方案等）通盘考虑，在此必须考虑风险对其他计划的不利影响。

风险应对策略是项目实施策略的一部分，对风险，特别是重大的风险，在选择风险应对措施前必须进行专门的策略研究。通常应对风险采取如下策略：

1）风险规避。规避风险是指通过改变项目计划以排除风险，或保护项目目标，使其不受影响，或对受到威胁的一些目标放松要求。例如，对风险大的项目不参加投标，放弃项目机会；延长工期或减少工程范围。但这可能在规避风险的同时失去了机会。

2）风险减轻。风险减轻是指通过技术、管理、组织手段减轻风险的可能影响。例如，采用成熟的工艺、进行更多的测试、选用比较稳定可靠的承包商。提前采取措施减少风险发生的概率或者减少其对项目所造成的影响，比在风险发生后进行补救更为有效。

3）风险自担。风险自担即不采取任何行动，也不改变项目管理计划，准备自己承担风险产生的损失。

4）风险转移。通过合同和保险等方法将风险可能产生的后果连同应对的责任转移给第三方。

5）风险共担。风险共担即由合作者（如联营方、分包商）各方共同承担风险。

## 11.4.2　风险的分配

一个工程项目中的风险有一定的范围和规律性，这些风险必须在项目参与者（如投资者、业主、项目经理、各承包商、供应商等）之间进行分配。对已被确定的、有重要影响的风险，应指定专人负责风险管理，并赋予相应的职责、权限和资源。

（1）风险分配的作用

风险分配通常在任务书、责任证书、合同及招标文件等中定义。只有合理地分配风险，才能使各方通力合作，促使项目取得高效益。正确的风险分配具有以下作用：

1）可最大限度地发挥各方风险控制的积极性。每个参与者都必须承担一定的风险责任，这样其才有管理和控制风险的积极性与创造性。任何一方若不承担风险，则其管理的积极性和创造性不高，项目就不可能优化。

2）有助于对项目进行准确的、主动的计划和控制，减少工程中的不确定性。

3）业主可以得到一个合理的报价，承包商报价中不可预见风险费减少。

（2）风险分配的原则

对项目风险的分配，业主起主导作用，因为业主作为买方，负责起草招标文件、合同条件，确定合同类型，制定管理规则。但业主不能随心所欲，不能不顾主、客观条件地把风险全部推给承包商，而对自己免责。风险分配应遵从以下基本原则：

1）从工程整体效益的角度出发，最大限度地发挥各方积极性。项目参与者如果不承担任何风险管理的任务与责任，就缺乏风险控制的积极性。例如，对承包商采用成本加酬金合同，因承包商无风险责任，承包商就会千方百计地提高成本以争取工程利润，从而最终损害工程整体效益。

但是，让承包商承担全部风险责任也是不可行的，因为其会提高报价中的不可预见风险费。如果风险不发生，业主多支付了费用；如果风险发生，这笔不可预见风险费又不足以弥补承包商的损失，承包商得不到合理的利润或者亏本，则其履约的积极性不高，甚至想方设法地偷工减料、降低成本、拖延工期，并想方设法索赔，从而损害工程整体效益。而业主因不承担任何风险，便随意决策，对项目进行战略控制的动力不足，即使风险发生时也不积极地提供帮助，这同样会损害项目的整体效益。

从工程的整体效益的角度进行风险分配的准则如下：

①谁能有效地防止和控制风险，或通过一些风险管理措施（如保险、分包）将风险转移给其他方面，或对风险进行有效处理，则应由其承担相应的风险责任。

②风险承担者控制相关风险是经济的、有效的、方便的、可行的，只有通过其努力才能减少风险的影响。

③通过风险分配，强化项目参与者的责任，能更好地进行计划和组织，发挥双方管理和技术革新或改造的积极性等。

2）体现公平合理和责权利平衡。

①风险责任的责权利应是平衡的。风险的承担是一项责任，即风险承担者承担风险产生的损失责任。但风险承担者应有控制和处理风险的权利。例如，银行为项目提供贷款，由政府做担保，则银行风险很小，只能取得利息；而如果银行参与了 BOT 项目的融资，其承担很大的项目风险，则有权利参加运行管理及重大决策，并获取相应的利润。承包商承担施工方案的风险，则其就有权选用更为经济、合理和安全的施工方案。

同样，享有一项权利，就应承担相应的风险责任。例如，业主起草招标文件，就应对其正确性负责；业主指定分包商，则应承担相应的风险，若采用成本加酬金合同，业主承担全部风险，则就有权选择施工方案，干预施工过程；若采用固定总价合同，承包商承担全部风险，则承包商就应有相应的权利，业主不应过多地干预施工过程。

②风险与机会对等。风险承担者应同时享受风险控制获得的利益和机会收益。例如，承包商承担物价上涨的风险，则物价下跌带来的收益也应归承包商所有。若承包商承担工期风险，拖延工期要支付误期违约金，则工期提前就应得到奖励。

③承担的可能性和合理性。应赋予承担者对风险进行预测、计划和控制的条件与可能性，给其迅速采取控制风险措施的时间、信息等条件，否则对其来说风险管理就成了投机行为。例如，要承包商承担招标文件的理解、环境调查、方案拟定和实施，以及报价的风险，就必须给其合理的做标时间。业主应向其提供现场调查的机会，提供详细且正确的招标文件（特别是设计文件和合同条件），并及时地回答承包商做标中发现的问题。

3）符合工程项目惯例，符合通常的处理方法。一方面，惯例一般比较公平、合理，较好地反映合同双方的要求；另一方面，合同双方对惯例都很熟悉，工程更容易顺利实施。如果合同双方明显违反了国际（或国内）工程惯例，则常常显示出一种不公平，甚至会出现危险。

## 11.4.3　风险应对措施

工程项目参与者对自己承担的风险（明确规定的、隐含的）应有思想准备和相应对策，应制订计划，充分利用自己的技术、管理、组织的优势和过去的经验制订计划并贯彻实施。当然，不同的人员对风险有不同的态度，有不同的对策。通常的风险对策如下。

（1）回避风险大的项目，选择风险小或适中的项目

放弃明显导致亏损的，或风险超出自己承受能力、成功把握不大的项目，如不参与投标，不参与合资，甚至有时在工程进行到一半时，预测到后期风险很大，必然有更大

亏损，则采用中断项目的措施。

（2）采用技术措施

选择有弹性的、抗风险能力强的技术方案，一般不采用新的、未经过工程检验的、不成熟的施工方案；对地理、地质情况进行详细勘察或鉴定，预先进行技术试验、模拟，准备多套备选方案，采用各种保护措施和安全保障措施。

（3）采用管理和组织措施

对风险很大的项目加强计划工作，选派最得力的计划技术和管理人员，特别是项目经理；广泛搜集信息，进行风险计划和控制，将风险责任落实到各个组织成员，使大家树立风险意识；在资金、材料、设备和人力上对风险大的工程给予更多的支持，在同期项目中提高其优先级别并在实施过程中进行严密控制。

（4）采用保险

对一些无法排除的风险，如常见的工作损坏、第三方责任、人身伤亡和机械设备的损坏等，可以通过购买保险的办法解决。当风险发生时，由保险公司承担（赔偿）损失或部分损失。其前提条件是必须支付一笔保险金，对任何一种保险均应注意其保险范围、赔偿条件、理赔程序和赔偿额度等。

（5）要求对方提供担保

要求对方提供担保主要针对合作伙伴的资信风险。例如，由银行出具投标保函、预付款保函和履约保函，在BOT项目中由政府提供保证条件。

（6）预备风险准备金

风险准备金是从财务的角度为风险做好准备，在计划（或合同报价）中额外增加的一笔费用。例如，在投标报价中，承包商经常根据工程技术、业主的资信、自然环境、合同等方面风险的大小及发生的概率，在报价中加一笔不可预见的风险费。

一般地，风险越大，则风险准备金越高。从理论上说，风险准备金的数量应与风险期望的损失值相等，即风险发生所带来的损失与发生的可能性（概率）的乘积。

但是，风险准备金存在如下基本矛盾：

1）在工程项目过程中，经济、自然、政治等方面的风险的发生是不可捉摸的。许多风险突如其来，难以把握其规律，有时预计仅5%的可能性的风险发生了，而预计95%的可能性的风险却未发生。

2）风险若未发生，预备风险准备金则造成一种浪费。例如，合同风险很大，承包商报出了一笔不可预见风险费，结果风险未发生，则业主损失了一笔费用。有时，项目风险准备金会在无风险的情况下被用掉。

3）如果风险发生，这笔风险准备金又不足以弥补损失。因为它是仅按一定的折扣（概率）计算的，所以仍然会带来许多问题。

4）风险准备金的数量是一个管理决策问题，除了应考虑到理论值的高低外，还应考虑到项目边界条件和项目状态。例如，对承包商来说，在决定报价中的不可预见风险费时，应考虑到竞争者的数量、中标的可能性及项目对企业经营的影响等因素。如果风险准备金很高，则报价竞争力降低，中标的可能性很小，即不中标的风险增大。

（7）采取合作方式共同承担风险

任何项目不可能完全由一个企业或部门独立承担，须与其他企业或部门合作。

1）有合作就有风险的分担。但不同的合作方式，风险分配不同，各方的责权利关系也不一样。例如，借贷、租赁业务、分包、承包、联营和 BOT 项目有不同的合作紧密程度，有不同的风险分担方式，则有不同的利益分享。

2）寻找抗风险能力强的、可靠的、信誉好的合作伙伴。双方合作越紧密，则要求合作者越可靠。例如，合作者为政府、资信好的大型公司、金融集团等，则双方合作后项目的抗风险能力会大大增强。

3）通过合同分配风险。在许多情况下，通过合同排除（规避）风险是最重要的手段。合同规定风险分担的责任及由谁对风险负责。例如，承包商要想减少风险，则在工程承包合同中应明确规定以下内容：

①业主的风险责任，即哪些情况应由业主负责。

②承包商的索赔权利，即要求调整工期和价格的权利。

③工程付款方式、付款期，以及对业主不付款的处置权利。

④对业主违约行为的处理权利。

⑤承包商权利的保护性条款。

⑥采用符合惯例的、通用的合同条件。

⑦注意仲裁地点和适用法律的选择。

（8）采用其他方式

例如，在现代工程项目中采用多领域、多地域、多项目的投资以分散风险。因为理论和实践都证明：多项目投资，当多个项目的风险之间不相关时，其总风险最小，所以抗风险能力最强。这是目前许多国企投资公司的经营手段，通过参股、合资、合作，既拓展了投资面，扩大了经营范围，提高了资本的效用，能够进行独自不能承担的项目，同时又能与许多企业共同承担风险，进而降低总经营风险。

风险的对策措施应包括在项目计划中，对特别重大的风险应提出专门的分析报告。对选用的对策措施，应考虑是否可能产生新的风险，因为任何措施都可能带来新的问题。

## 11.4.4　工程实施中的风险控制

风险监测与控制贯穿于项目的全过程及工程全寿命期中，体现在项目的进度控制、成本控制、质量控制和合同控制过程中。风险控制的内容如下：

1）对已经识别的风险进行监控和预警。这是项目控制的主要内容之一。在项目中不断地搜集和分析各种信息，捕捉风险发生的信号，判断项目的预定条件是否仍然成立，了解项目的原有状态是否已经改变并进行趋势分析。同时，在工程实施过程中定期召开风险分析会议。

通常借助以下方法可以发现风险发生的征兆和警示：

①天气预测警报。

②股票信息，各种市场行情、价格动态。

③地质条件信息。

④政治形势和外交动态。

⑤各投资者企业状况的报告。

在工程中通过工期和进度的跟踪、成本的跟踪分析、合同监控、各种质量监控报告、现场情况报告等手段，及时了解工程现场的风险。

在工程的实施状况报告中应包括风险状况报告，鼓励人们预测、确定未来的风险。

2）风险一旦发生，应积极地采取措施，执行风险应对计划，及时控制风险的影响，降低损失，防止风险的蔓延，保证工程的顺利实施。其具体包括以下内容：

①控制工程施工，保证完成预定目标，防止工程中断和成本超支。

②迅速恢复生产，按原计划执行。

③尽可能修改计划、设计，按照工程中出现的新的状态进行调整。

④争取获得风险的赔偿，如向业主、保险单位、风险责任者提出索赔等。

由于风险是不确定的，预先分析、应对计划往往不能适用，因此在工程中风险的应对措施常常主要靠管理者的应变能力、经验、所掌握工程和环境状况的信息量及对专业问题的理解程度等进行随机处理。

3）进一步加强风险管理。在工程中还会出现新的风险，具体如下：

①出现风险分析表中未曾预料到的新的风险。

②由于风险发生，实施某些应对措施时而产生新的风险，如工程变更会引发新风险或导致已识别的风险发生变化。

③已发生的风险的影响与预期不同，出现了比预期更为严重的后果。

④若采取风险应对措施后仍存在风险，或存在"后遗症"，需监视残余风险。

4）对于大型复杂的工程项目，在风险监控过程中应经常对风险进行再评估。这些问题的处理要求人们灵活机动，即兴发挥，及时并妥善处理风险事件，实施风险应对计划并持续评价其风险管理的有效性。

## 复习思考题

1. 全面风险管理包括哪些内容？

2. 风险分配应遵循哪些基本原则？

3. 通常可以从哪几个角度进行风险分析？

4. 对常见的风险因素有哪些应对措施？

# 12 工程项目沟通管理

## 12.1 工程项目沟通管理概述

所谓沟通，是人与人之间的思想和信息的交换，是将信息由一个人传达给另一个人，逐渐广泛传播的过程。在项目管理中，将沟通管理作为了一个知识领域。PMBOK中也建议项目经理花75%以上的时间在沟通上，可见沟通在项目中的重要性。多数人理解的沟通就是善于表达，能说、会说；但项目管理中的沟通并不等同于人际交往的沟通技巧，更多的是对沟通的管理。

### 12.1.1 协调

项目在全过程中遇到各种各样的干扰因素，可能因此产生关系不畅，出现矛盾。为了处理好这些关系，必须加强协调，协调是工程项目成功的重要保证。协调可使矛盾的各方居于统一体中，解决其界面问题，消灭其间的不一致和冲突，使系统结构均衡，使项目实施和工程运行过程顺利。在整个项目的前期策划、设计和计划、实施控制中有各式各样的协调工作，具体如下：

①项目目标因素之间的协调。

②各工程专业系统的协调。

③项目各子系统内部、子系统之间、子系统与环境之间的协调。

④项目实施过程的协调。

⑤各种职能管理方法和过程（如成本管理、合同管理、工期管理和质量管理等）的协调。

⑥项目与环境之间的协调。

⑦项目参与者之间，以及项目经理部内部的组织协调等。

因此，协调作为一项管理职能贯穿于整个项目的全过程。在各种协调中，组织协调占据独特的地位，是其他协调有效性的保证。只有通过积极的组织协调，才能达到整个系统的全面协调。

现代项目中参与单位非常多，常常有几十家、几百家甚至几千家，形成了非常复杂的项目组织系统。项目的成功需要各方的支持、努力和合作，但各单位有着不同的目标和利益，都企图指导、干预项目实施过程。项目中组织利益的冲突比企业中各部门的利益冲突更为激烈与难以调和，而项目经理必须使参与各方协调一致、齐心协力地工作，进而实现项目目标。

## 12.1.2　沟通

（1）沟通的概念和目的

沟通是组织协调的手段，也是解决组织成员间障碍的基本方法。组织协调的程度和效果常常依赖于各项目参与者之间沟通的程度。通过沟通，不但可以解决各种协调的问题，如在目标、技术、过程、逻辑、管理方法和程序之间的矛盾、困难与不一致；而且可以解决各参与者心理的和行为的障碍，减少争执。通过沟通可达到以下目的：

①使总目标明确，项目参与者对项目的总目标达成共识。项目经理一方面要研究业主的总目标、战略、期望，以及项目的成功准则；另一方面在做系统分析、计划及控制前，把总目标通报给项目组织成员。通过这种沟通，大家把总目标作为行动指南。沟通的目的是化解组织之间的矛盾和争执，以便在行动上协调一致，共同完成项目的总目标。

②鼓励各项目参与者积极地为项目工作。因为项目组织成员的目标不同，容易产生组织矛盾和障碍，通过沟通使各成员互相理解、了解，建立和保持良好的团队精神。

③提高组织成员的信任度和凝聚力，达到一个较高的组织效率。

④增强项目的目标、结构、计划、设计和实施状况的透明度，特别是当项目出现困难时，通过沟通可使大家增强信心，积极准备，全力以赴。

⑤沟通是决策、计划、组织、激励、领导和控制等管理职能的基础和有效性的保证，是建立和改善人际关系必不可少的重要手段。项目管理工作中产生的误解、摩擦和低效率等问题在很大程度上源自沟通的失败。

（2）项目沟通管理的影响因素

工程项目沟通管理的涉及面很广，属于综合性的管理过程。其影响因素如下：

①沟通是个信息过程，是项目相关各方信息交换和共享的过程。

②沟通又是项目工程的组织过程，工程项目的计划、控制，以及专业工作流程和管理工作的流程设置等都是为了解决组织间的沟通问题。

③沟通还是心理和组织行为的过程。在项目协调与沟通中，信息过程是表面的，而心理过程是内在的和实质性的。

以前，人们仅注重项目管理工作手段和信息技术的研究、开发与应用；从20世纪70年代后期以来，人们已逐渐地认识到项目的组织行为、组织协调、沟通方式、组织争执和领导方式等问题的重要性。人们研究的重点逐渐集中在项目的组织行为方面，包括以下六个方面：

a. 将项目相关者的满意度作为项目组织成功的目标之一，渗透到全过程管理工作中。

b. 工程项目中的冲突管理。

c. 在项目组织中的行为，以及不同国家和文化背景的人的行为和合作问题。

d. 项目组织设计和团队建设。

e. 项目管理中的信息沟通。

f. 项目组织与企业、顾客和其他外部组织的关系。

（3）项目沟通的困难

项目组织和项目组织行为的特殊性，使得在现代工程项目中沟通是十分困难的，尽管有现代化的通信工具和信息搜集、储存、处理手段，减少了沟通技术上和时间上的障碍，使信息沟通非常方便和快捷，但仍然不能解决人们心理上的许多障碍。项目组织沟通的困难体现在以下九个方面：

①现代工程项目规模大，参加单位众多，且需要许多企业的合作，造成项目组织关系复杂，沟通面大，沟通渠道或沟通路径多，信息量大，为此需要建立复杂的沟通网络。

②现代工程技术复杂，要求高度的专业化和社会化的分工。专业化造成语义上的障碍，知识经验的限制和心理方面的影响容易产生专业隔阂，对项目目标和任务可能产生不完整的甚至错误的理解。而且，专业技能差异越大，沟通和协调越困难。项目管理的综合性特点和工程中的专业化分工的矛盾加大了交流与沟通的难度，特别是项目经理和各职能部门之间常常难以做到很好的沟通、协调。

③项目组织具有整体的、统一的目标和利益，要取得项目的成功，各项目参与者必须精诚合作，发挥各自的能力优势、积极性和创造性。但是由于项目参与者（如业主、项目经理、设计人员、承包商）来自不同的企业，隶属于不同的部门，承担着不同的项目任务，有着各自不同的利益，对项目有不同的期望和要求，而且项目目标与他们的关联性各不相同，从而造成了项目组织成员之间动机的不一致和利益冲突。这就要求项目经理在沟通过程中不仅应关注总目标，而且要顾及各方的利益，推动不同主体之间的利益平衡，使项目参与各方满意。协调项目相关者的矛盾是项目沟通管理的重要工作内容。

④项目的一次性和临时性特征使得项目参与者在工作中容易出现短期行为，即只考虑或首先考虑眼前的、本单位（本部门）的局部利益，而不顾整体的、长远的利益。同时，因为项目组织是常新的，不断遇到新的、陌生的、不同组织文化的合作者，所以与企业组织相比，项目组织摩擦增大，行为更为离散，协调和沟通更为困难。在项目开始后的很长时间里，项目参与者互相不适应，不熟悉项目管理系统的运作，容易产生沟通障碍。而项目结束前因组织即将解散，组织成员寻求新的工作岗位或新项目，人心不稳，组织涣散。

⑤在一次性、临时性的项目组织中，各项目参与者的归属感和安全感不强，团队的凝聚力较弱，项目组织的下级人员对项目组织的忠诚度不如职能组织的下级人员。同时由于参与者来自不同企业，组织文化不同，项目组织很难像企业组织一样形成自己的组织文化，即项目参与各方很难构成较为统一的行为方式、共同的信仰和价值观，从而加大了项目沟通难度。

⑥项目组织是一个崭新的系统，它会对企业组织、外部周边组织（如政府机关、周边居民等）和其他参与者组织产生影响，需要其改变行为方式和习惯，适应并接受新的结构和过程。这必然对其行为、心理产生影响，容易产生对抗。这种反对变革和对抗的态度常常会影响其对项目的支持程度，甚至会造成对项目实施的干扰和障碍。

⑦人的社会心理、文化、习惯、专业、语言对沟通产生影响，特别是在国际工程

中，项目参与者来自不同国家，不同的社会制度、文化、法律背景和语言等均会产生沟通的障碍。

⑧在项目实施过程中，企业和项目的战略方针与政策应保持稳定性；否则会加大协调难度，造成人行为的不一致。而在项目全过程中这种稳定性是无法保证的。

⑨合同作为项目组织的纽带，是各项目参与者的最高行为准则，但项目相关的合同繁多。在一个项目中相关的合同有几十份、几百份，而通常一份合同仅对两个签约者（如业主与某一承包商）有约束力，因而项目组织缺少一个统一的、有约束力的行为准则，从而导致了组织行为不一致、界面划分困难、管理效率低下。这是工程项目组织管理的基本问题之一。

由于合同在项目实施前签订，不可能将所有问题都考虑到，而实际情况又千变万化，合同中常常存在矛盾和漏洞，而项目各参与方均站在自己的立场上分析和解释相关合同，决定自己的行为。因此，项目的组织争执通常都表现为合同争执，而合同常常又是解决组织争执的依据。

## 12.2 项目的组织行为问题

项目组织的特殊性，使得项目组织行为有其特点，同时带来了项目沟通的特殊性和复杂性。在现代项目管理中，对项目组织行为的研究是一个热点。

### 12.2.1 项目组织行为的主要影响因素

从前述分析可知，项目组织沟通存在许多障碍，其主要原因是项目的组织行为问题，如在项目组织中特别容易产生短期行为，项目组织摩擦大，在项目组织中人们的归属感和组织安全感不强及反对变更的态度等。此外，项目组织行为的主要影响因素还表现在以下四个方面：

1）项目参与者由所属企业派出，通常不仅承担本项目工作，而且同时承担原部门工作（特别是在项目初期和结束前），甚至同时承担几个项目的工作，则存在项目与原工作岗位之间或多项目之间的资源（还包括物资、时间和精力）分配和优先次序问题。这会影响其对一个项目的态度和行为。同时，项目参与者在工作中又不得不经常改变思维方式和工作方式，以适应不同的工作对象。

2）项目的组织形式影响项目的组织行为。人们在独立式项目组织中的组织行为与在矩阵式项目组织中的行为是不同的。

3）项目的实施运作必须得到高层的支持。项目组织的组织模式、管理机制及上层领导的管理风格等会影响项目的组织行为。

4）合同形式影响项目的组织行为。特别是承包商，对项目组织的积极性主要是由其与业主选用的合同形式决定的。

### 12.2.2 业主的行为问题

业主对工程项目承担全部责任，行使项目的最高权力，不直接、具体地管理项目，仅做宏观的、总体的控制和决策，通常不是工程管理专家。

1）许多业主希望或者喜欢较多地、较深入地介入工程项目管理，将许多项目管理的权力集中在自己手中，如明文限制项目管理者的权力，经常对项目管理者和承包商进行非程序干扰、干预和越级指挥，该行为的出发点可能出于以下四个原因：

①业主对项目经理信任程度不够，对项目经理的能力、责任心、职业道德和公正性等产生怀疑。

②业主主观上希望将工程做得更为圆满。

③业主自信有较强的项目管理能力，但其知识、能力、时间和精力等实际上常常不能满足需求，因此引发很多问题。

④业主追逐权力的心理，不了解责权利平衡的原则，主观上希望自己拥有较多的权力而又不想承担责任。

工程实践证明，业主干预项目过多、太具体，会对项目的实施产生负面的影响，将损害项目目标。这是我国工程项目中经常出现的现象。

2）在工程实施中许多业主过于随便地行使决策权力，随便改变主意，如修改设计、变更方案等。受经验和能力的限制，业主在做决策时常常不能顾及项目的整体和长远的利益，不能预测对其他参与者的影响和对工程实施过程中的冲击，因此容易造成工期延长和费用增加，引起合同争端。

3）在实际工作中，经常还存在项目所属企业（业主的企业）其他相关部门对项目的非程序化干预，而且合作或合资项目中各投资者都可能非程序化地干预项目的实施，从而造成项目的多业主状态，破坏了统一领导和指令唯一性原则。

4）由业主发包、选择项目经理和承包商并支付款项，且是买方市场，承包商竞争激烈，因此业主常常产生高人一等的气势，在工程中业主常常不能正确地对待项目经理和承包商，有时不能以平等、公平的态度，而是以雇主的身份，居高临下地对待合作者。业主的性格、能力、商业习惯、文化传统或偏见都会影响其组织行为。

## 12.2.3  承包商的行为问题

1）承包商的责任是圆满地履行合同，并获得合同规定的价款，而工程的最终效益（运行状态）与其没有直接的经济关系。其主要目标是完成合同责任，降低成本消耗，以争取更大的工程收益（利润）。因此，其较多考虑到节约成本的优化，而较少关注项目的整体的长远利益；一旦遇到风险或干扰，其首先考虑采取措施避免或降低自己的损失。

2）承包商项目目标控制的积极性与其所签订的合同类型和责任有关，具体如下：

①对工期控制的积极性是由合同工期及其拖延的罚款条款和提前奖励额度等因素决定的。

②对成本控制，若订立固定总价合同或目标合同，则承包商的积极性高；若订立成本加酬金合同，则其不仅缺乏积极性，而且会想方设法增加成本，以提高自己的收益。

③对质量控制的积极性通常由出现质量问题的处罚条款、保修期和保修条款等决定。

在工程中，承包商项目管理中的三大目标优先次序一般为成本、进度、质量。当目标产生矛盾时，承包商容易牺牲或放弃质量目标。

3）项目中各承包商之间存在着复杂的界面联系。各承包商为了各自的利益，推卸界面上的工作责任，极力寻找合同中的漏洞和不完备的地方，以及业主和项目经理的工作失误并进行索赔，以获取收益。

4）承包商一般同时承担多个项目，在这些项目中有自己的资源分配优先级别。因此，本项目的特点、在企业经营中的地位，以及与业主、项目经理的关系等都会直接影响其对本项目的重视程度和资源保证程度，而这一切直接影响项目能否顺利实施。

## 12.2.4　项目经理的行为问题

项目经理接受业主的委托管理工程、行使合同赋予的权利，通常除管理合同规定的价款（包括奖励）外，不应再从项目参与者任何一方获取其他利益。项目组织的特殊性使得项目经理的组织行为十分复杂，对整个项目组织和项目都有很大的影响。因此，常常从项目经理角色的特殊性和对项目经理的要求透视其组织行为。

1）对整个项目而言，项目经理首先具有参谋的职能，即做咨询、做计划、给业主提供决策的信息、分析研究、提供咨询意见和建议，这些工作属于咨询性质。但另一方面，其承担直接管理的职能，即执行计划，对工程项目直接进行控制、监督、下达指令、检查、做评价。因为其不仅是项目的导演者、策划者，而且是直接参与者，所以人们常常要求项目经理既是注重创新、敢冒风险、重视远景、挑战现状的领导者，又是勤恳敬业、重视成本、处事谨慎、按照规则办事的管理者。这两种角色往往是矛盾的。

2）项目管理属于咨询和服务工作，国外很多项目管理公司、监理公司被称为咨询公司。其工作很难量化，工作质量也很难评价。因为项目是一次性的、常新的，有特殊的环境和不可预见的干扰因素，所以项目管理绩效的可比性差。这给项目管理者的工作委托、监督和评价带来困难。实践证明，项目能否顺利实施，不仅依赖于项目管理者的水平和能力，更重要的是依靠其敬业精神和职业道德。

3）项目管理者本身责权利不平衡，按照管理的基本原则，任何组织单元应体现责权利平衡的原则，这是保证管理系统正常运行和有效控制的前提。但对项目管理者，特别是专业化、社会化的项目经理却存在以下问题：

①项目经理责任重大，在项目组织中扮演一个举足轻重的角色，工程项目最终经济效益的获取、工程项目的顺利实施及目标的圆满实现主要依靠其工作（计划、组织、协调等）的效果；但其又受雇于业主，没有决策权，只能提供方案论证资料、建议，由业主自行决策。

尽管项目经理享有一些具体工作（特别是实施中）的决策权，但在实际应用中常受到业主或业主代表的限制和干扰；有许多业主行使属于项目经理的权力，直接给承包商下达指令、付款，这使得项目经理和下层承包商的工作十分艰难。

②项目经理负责具体的工程管理工作，有很大的权力，如制订计划、调整计划、决定新增工程的价格，并直接给各项目参与者（承包商、供应商）下达指令，进行组织协调。但其不需要承担相应的经济责任，或承担的经济责任很小，甚至项目管理失误造成

的工程损失却由业主负责对承包商赔偿。通常只有出现以下情况，项目经理才在一定范围内承担责任：明显失职和犯罪行为，违法行为，侵犯第三方专利权、版权，明显的错误决策、指示造成损失。

③项目经理与项目的最终经济效益没有直接的经济联系，也不参与项目运行过程中的利益分配。

按照项目管理要求，项目经理不能与项目存在利益联系，否则容易产生徇私的嫌疑。因其在项目中没有自己的利益，则容易公正行事，但也容易产生不负责任的行为。

④项目经理领导项目工作，做指挥和协调，但对组织成员没有奖励和提升的权力。与企业领导相比，其吸引力、权威及所能采取的组织激励措施是有限的，使其缺乏足够的影响力，只能通过合同赋予的权力（如指令权、检察权、签发证书的权力）运作项目。

4）由于项目是一次性的，项目组织和项目管理组织也是一次性的，特别在社会化、专业化的项目管理中更是如此。因此出现了以下问题：

①业主对项目管理者（项目经理及项目小组）的委托是一次性的。

②项目管理者的管理对象（包括项目任务本身）、项目的各个参与单位都是一次性的。

③项目管理组织内部人员的职责也是一次性的。

因此，项目经理从所属的管理组织到管理对象都是一次性的，这就特别容易造成组织摩擦。

5）项目组织为临时性的短期组织，专业职能管理人员在项目中难以充分发挥作用，难以晋升和受到上层重视，会因经常性组织变动产生不安全感，更希望在职能部门中工作。通常情况下，隶属于职能部门比在项目中更有利于提高业务水平并受到重视。

## 12.3 项目中重要的沟通

在项目实施过程中，项目组织成员之间都有界面沟通问题。项目经理和项目经理部是整个项目组织沟通的中心。围绕着项目经理和项目经理部有几种最重要的界面沟通。

### 12.3.1 项目经理与业主的沟通

业主作为项目的所有者，行使项目的最高权力，对工程项目承担全部责任，但业主不直接、具体地管理项目，仅进行宏观决策和总体的控制。项目经理受业主委托管理项目，必须服从业主的决策、指令及其对工程项目的干预。要想取得项目的成功，使业主满意，项目经理必须加强与业主的沟通，取得业主的支持。但项目经理与业主的沟通可能存在诸多障碍，为此项目经理必须做好以下几方面工作：

1）项目经理首先应理解项目总目标、理解业主的意图、反复阅读合同或项目任务文件。对于未能参加项目决策过程的项目经理，必须了解项目构思的起因、出发点，了解目标设计和决策背景；否则对目标及完成任务可能产生不完整的甚至错误的理解，给其工作带来很大困难。如果项目经理和实施状况与投资者或业主的预期要求不同，业主将会干预，以改变这种状态。因此，项目经理必须花很大力气来研究业主，研究项目目标。

2）让业主一起参与项目全过程，而不仅仅是给他一个结果（竣工的工程）。尽管有预定的目标，但项目实施中项目经理必须执行业主的指令，使业主满意。而业主通常是其他专业或领域的人员，可能对项目懂得很少。解决这个问题的办法如下：

①项目经理向业主多做解释说明，帮助业主理解项目、项目过程，使他掌握项目管理方法，成为工程管理专家，减少其非程序的干预和越级指挥。特别应防止业主内部的其他部门人员随便干预和指令项目，或将企业内部的矛盾、冲突带入项目中。

许多项目经理不希望业主过多地介入项目，实质上这是不可能的。一方面，项目经理无法也无权拒绝业主的干预；另一方面，业主介入也并非是一件坏事。业主对项目过程的参与能加深对项目过程和困难的认识，使决策更为科学和符合实际，同时能赋予其成就感，从而积极地为项目提供帮助，特别是当项目与上层系统产生矛盾和争端时，更应充分依靠业主去解决问题。

②项目经理做决策时应考虑到业主的期望、习惯和价值观念，经常了解业主所面临的压力，了解业主意向及其对项目关注的焦点。

③尊重业主，随时向业主报告情况。在业主做决策时，项目经理向其提供充分的信息，让其了解项目的全貌、项目实施状况、方案的利弊得失，以及对目标的影响。

④项目经理应不断强化项目的计划性和预见性，让业主了解承包商、了解其非程序干预的后果。

业主和项目经理双方沟通越多，理解越深入，双方期望越清晰，则争执越少。否则，业主将成为项目的一个干扰因素。

3）业主在委托项目管理任务后，应将项目前期策划和决策过程向项目经理做全面的说明与解释，提供详细的资料。国际项目管理经验证明，在项目过程中，项目经理越早介入项目，项目实施越顺利，最好能让其参与到目标设计和决策过程中，在项目整个运作过程中始终保持项目经理的稳定性和连续性。

4）项目经理在工作过程中，有时会遇到业主所属企业的其他部门或合资者对项目的指导、干预。项目经理应很好地倾听这些人的意见，并对他们进行耐心的解释和说明，但不应当让其直接指导实施和指挥项目组织人员，否则会对整个工程产生巨大的危险。

## 12.3.2 项目经理与承包商的沟通

这里的承包商是指工程承包商、设计单位和供应商。他们与项目经理没有直接的合同关系，但他们必须接受项目经理的领导、组织、协调和监督。承包商是工程建设项目的实施者。项目经理与承包商沟通应注意以下几点：

1）应让各承包商理解总目标、阶段目标，以及各自的目标、项目的实施方案、各自的工作任务及职责等，应向他们解释清楚，做详细说明，增加项目的透明度。这不仅体现在技术交底和合同交底中，而且应贯穿于项目实施的全过程。

在实际工程项目中，许多技术型的总经理常常将精力放在追求完美的解决方案上进行各种优化。但实践证明，只有得到承包商充分的理解，才能发扬他们的创新精神，发挥积极性和创造性，否则即使有最优化的方案也不可能取得最佳的效果。

2）指导和培训各承包商与基层管理者，使其适应项目工作，向他们解释项目管理程序、沟通渠道与方法，指导他们并与他们一起商量如何开展工作，如何把事情做得更好，经常性地解释目标、合同和计划。发布指令后应做出具体说明，防止产生对抗情绪。

3）业主将具体的项目管理书委托给项目经理，赋予其很大的处置权力（如按照FIDIC工程施工合同）。但项目经理在观念上应该认为自己是提供管理服务，不能随便对承包商动用处罚权（如合同处罚），应经常强调自己的职责是提供服务、帮助，强调各方利益一致性和项目总目标。

4）在招标、商签合同、工程实施中应使承包商掌握信息、了解情况，以做出正确的决策。

5）为了减少对抗、消除争端，取得更好的激励效果，项目经理应欢迎并鼓励承包商将项目实施状况的信息、实施结果和遇到的困难、意见及建议向其汇报，以寻找和发现对计划、控制有误解，或有对立情绪的承包商，消除可能的干扰。对各方面了解得越多、越深刻，项目中的争执也就越少。

6）与承包商的沟通依据项目计划、有关合同和合同变更资料、相关法律法规，可采用交底会、协调会、协商会、恳谈会、例会、联合检查、项目进展报告等方式进行。

### 12.3.3　项目经理部内部的沟通

项目经理领导的项目经理部是项目组织的领导核心。通常项目经理不直接控制资源和完成具体工作，而是由项目经理部中的相关职能人员具体实施，特别是在矩阵式项目组织中，项目经理与职能人员之间及各职能人员之间要有良好的工作关系，应经常沟通。

在项目经理部内部的沟通中，项目经理起着核心作用，如何协调各职能工作，激励项目经理部成员，是项目经理的重要工作。

项目经理部成员的来源与角色是复杂的，有不同的专业目标和兴趣，承担着不同的职能管理工作。有的专职为本项目工作，有的同时承担多项目工作或原职能部门工作。

1）项目经理与技术专家的沟通是十分重要的，他们之间可能存在许多沟通障碍。技术专家对基层的具体施工了解较少，只注意技术方案的优化，对技术的可行性过于乐观，而且不注重社会和心理方面因素；项目经理应因势利导，发挥技术人员的作用，同时应注重方案实施的可行性和专业协调。

2）建立完备的项目管理系统，明确划分各自的工作职责，设计比较完备的管理与工作流程，明确规定项目中正式沟通的方式、渠道和时间，使大家按程序、规则办事。

许多项目经理（特别是西方国家的）对管理程序给予很大的希望，认为只要建立科学的管理程序，按程序工作，职责明确，就可以比较好地解决组织沟通问题，实践证明这是不全面的。其原因如下：

①管理过程过细，过分依赖程序容易使组织僵化。

②项目具有特殊性，实际情况千变万化，项目管理工作很难定量评价，主要依靠管

理者的能力、职业道德、工作热情和积极性。

③过分程序化会造成组织效率低下，组织摩擦增大，管理成本提高，工期延长。

国外有人主张不应将项目管理系统设计好并在项目组织中推广，应鼓励项目组织成员一起参与管理系统设计和运行的全过程，这样的管理系统更具实用性。

3）鉴于项目和项目组织的特点，项目经理更应注意从心理学和行为科学的角度激励组织成员的积极性。虽然项目管理工作富有创造性、有吸引力，但在有些企业（特别是采用矩阵式项目组织形式的企业）中，项目经理没有强制性的权力和奖励的权力，资源主要掌握在部门经理手中。项目经理一般不具有对项目组成员提升职位和提薪的权力。这会影响其权威和领导力，但其可采用自己的激励措施，具体如下：

①发扬民主，不独断专行。在项目经理部内适当放权，让组织成员独立工作，充分发挥他们的积极性和创造性。让职能人员制定方案和安排计划，使他们的工作富有成就感。项目经理应避免产生与职能部门的冲突，减少对项目经理部内部沟通产生消极的影响；多用专业知识、精神、品格、忠诚和挑战精神等影响、鼓舞其成员。

项目经理应懂得简明扼要地说明任务的性质，告知组织成员做什么、如何做，鼓励先进，与成员一起探讨问题，听取他们的意见，了解他们的感情，有效地委托任务并授予权责。

②改善工作关系，关心每个成员，礼貌待人。鼓励大家齐心协力，一起研究目标、制订计划，鼓励大家多提建议、设想，甚至质疑，营造相互信任、轻松和谐的工作氛围。

③公开、公平、公正地处理事务。例如，合理地分配资源；公平地进行奖励；客观公正地接受反馈意见；对上层指令、决策应清楚、快速地通知项目组织成员和相关职能部门；应经常召开会议，让大家了解项目的进展情况、遇到的问题或危机，鼓励大家同舟共济、精诚合作。

④在向上级和职能部门提交的报告中，应包括对项目经理部成员的考核、评价和鉴定意见，项目结束时应对成绩显著的成员予以表彰，使他们有自我实现的成就感。

4）处理好职能人员的双重忠诚问题。项目经理部是一个临时性的管理工作小组。特别在矩阵式项目组织中，项目经理部成员在原职能部门保持其专业职位，可能同时为多个项目提供管理和咨询服务。

有人认为，项目组织成员同其所属的职能部门关系密切会不利于项目经理部开展工作，这是不正确的。应鼓励项目组织成员同时忠诚于项目组织和职能部门，这是项目成功的必要条件。

5）建立公平、公正的考评工作业绩的方法、标准和易于考核的目标管理标准，对组织成员进行绩效考评，剔除运气、不可控制和不可预期的因素。

6）项目经理部内部可依据项目管理计划和项目手册，采用委派、授权、例会、培训、检查、项目进展报告、思想工作、考核与激励等方法，实现良好的沟通、协作。

## 12.3.4  项目经理与职能部门的沟通

项目经理与企业职能部门之间的界面沟通是十分重要同时又是十分复杂的，特别是在矩阵式项目组织中。职能部门必须对项目提供持续的资源和管理工作支持，项目才能够获得成功。职能部门之间具有高度的相互依存性。

1) 在企业组织设置中，项目经理与职能经理之间在权力和利益的平衡上存在许多内在的矛盾。项目的每个决策和行动都必须跨过该界面进行协调，而项目的许多目标与职能管理差别很大。项目经理靠自身只能完成很少的任务，必须依靠职能经理的合作和支持，因此在此界面上的协调是项目成功的关键。

2) 项目经理必须保持与职能经理良好的工作关系，这是工作顺利进行的保证。项目经理与职能经理间有时意见相左，甚至会出现矛盾。职能经理常常不了解或不同情项目经理的紧迫感；职能部门常会扩大自己的作用，以自己的意愿来管理项目，这有可能使项目经理陷入困境。

当与职能经理不协调时，有的项目经理可能会被迫到企业最高管理者处寻求解决途径，将矛盾上交，但这样常常会进一步激化两者之间的矛盾，使以后的工作更难进展。他们可以通过以下方式建立良好的工作关系：

①项目经理在制订计划时应与职能经理交换意见，就项目需要供应的资源或职能服务问题与职能经理达成共识。

②职能部门在给项目分配人员与资源时，应与项目经理商讨；如果在决策过程中不让项目经理参与商讨，必然会导致组织争执。

3) 项目经理与职能经理之间应有一个清楚的、便捷的信息沟通渠道。项目经理和职能经理不能发出相互矛盾的命令，必须每天交流沟通。

4) 职能经理对项目经理的项目目标的理解一般有局限性，通常按已建立的优先级工作。

5) 项目管理给原企业组织带来变化，必然干扰已建立的企业管理规则和组织结构，人们倾向于对组织变化进行抵制，建立项目组织并设项目经理，形成双重的组织机构。

6) 项目经理与职能经理之间应进行项目计划、企业的规章制度、项目管理目标责任书和控制目标等方面的沟通与交流。项目经理制订项目的总体计划后应取得职能部门资源支持的承诺，作为计划过程的一部分。一旦计划发生变动，首先应通知相关的职能部门。

## 12.3.5  项目经理与政府部门的沟通

在我国的许多工程项目中，项目经理经常要代表业主与政府相关管理部门沟通，按照管理部门的有关要求提供项目信息，及时办理与项目设计、采购、施工和试运行等相关的法定手续，获得审批或许可，并做好与项目实施有直接关系的社会公用性单位的沟通协调工作，及时获取和提交相关的资料，办理相关审批手续。

（1）项目经理与政府沟通的必要性

项目经理与政府的沟通在现代工程项目管理中越来越受到重视，对于国际工程更是如此。项目经理作为现场工程建设的直接领导者，不仅交融于由承包商、建设单位、分包商和监理单位等组成的内部环境，而且处于由政府、其他团体组织等形成的外部环境中。一般地，政府为了规范工程的接收过程，需要项目经理到当地政府相关部门办理有关证件，如劳务人员的就业证、安全施工许可证和项目经理安全生产许可证等，特别是对大型项目或文物较密集地区，在实施前应事先与市文物部门联系。同时，项目经理负责的项目必然会对社会的政治、文化、道德、经济生活等带来影响，这种影响可能是有益的，也可能是有害的。而政府作为维护整个社会正常运转的协调者和监督者，有义务、有权利促进有益的影响，削弱有害的影响，否则将会严重影响工程的顺利实施。对此，项目经理应通过请示、申请、报告等方式加强沟通，取得政府部门的指导和支持。

（2）项目经理做好沟通工作的素质要求

项目经理要取得沟通的成功，必须具备较强的沟通协调能力，具有较高的政治素质，一方面要有良好的思想觉悟、政治观点和道德品质，在项目管理中认真执行国家的方针、政策，遵守国家法律和地方法规，执行上级主管部门的有关决定，自觉维护国家的利益，保护国家财产，正确处理国家、企业和组织成员的关系；另一方面，应建立良好的外部沟通体系，及时了解政府有关部门颁布的政策、文件及关于工程施工的一些强制性规范或标准。这些均是沟通的基础。

（3）项目经理与政府沟通时应注意的问题

项目经理与政府的沟通不同于与其他团体组织或项目成员、企业的沟通，沟通时应特别注意以下几点：

①在与政府沟通时，要做到主动沟通。沟通的成效主要取决于双方的态度，项目经理作为项目组织的重要成员，应以一种积极和良好的态度与政府部门进行沟通，这种态度往往会得到沟通的一方的重视和支持，这将对项目带来积极的影响。

②明确沟通目的。在沟通前，项目经理应明确沟通目的，进行有针对性的准备，这将对整个沟通过程起到事半功倍的效果。这些准备包括资料的收集、分析，以及提出相应的解决措施，等等。

③注意沟通方式的选择。随着现代科学技术和文化的发展，沟通的形式多种多样。准确、有效的沟通形式将对整个沟通的成效起到关键的作用。这是因为与政府的沟通大多是比较官方的，一般采用书信、报告和会面等形式。另外还应该注意语言尽量简洁、明了、清晰，尽量避免产生不必要的误解。

# 12.4 项目沟通障碍和冲突管理

## 12.4.1 常见的沟通问题

在项目管理组织内部和施工组织界面之间存在的沟通障碍常会产生以下问题：

①项目组织和项目经理部中出现混乱。总体目标不明确，不同部门和单位的目标不同，各有各的打算和做法且尖锐、对立，而项目经理无法调解争端或无法解释。

②项目经理部经常讨论不重要的非事务性主题，协调会常被职能部门人员打断、干扰或偏离了议题。

③信息未能在正确的时间内以正确的内容和详细程度传达到正确位置；组织成员抱怨信息不够，或信息量过大，或不及时，或不着要领，或无反馈。

④项目经理部中存在或散布着不安全、气愤、绝望的气氛，特别是在上层系统准备对遇到危机的项目做重大变更，或指令项目不再进行，或对项目组织做调整，或项目即将结束时。

⑤实施中出现混乱，组织成员对合同、指令、责任书理解不一致或不能理解，特别是在国际工程及国际合作项目中，不同语言的翻译造成理解的混乱。

⑥项目得不到职能部门的支持，无法获取资源和管理服务，项目经理花大量的时间和精力在这上面，与外界不能进行正常的信息沟通。

### 12.4.2　沟通问题的原因分析

沟通问题普遍存在于许多项目中，其原因如下：

1）项目初期，项目决策人员或某些参与者刚介入项目组织，缺少对目标、责任、组织规则和过程等统一的认识与理解。项目经理在制定项目计划方案，做决策时未听取基层实施者和职能经理的意见，不了解实施者的具体能力和情况，等等，致使计划不符合实际。在制订计划时及计划后，项目经理未能和相关职能部门协商就指令执行。

项目经理与业主之间缺乏沟通，对目标和项目任务理解不完整，甚至失误。另外，项目前期沟通太少，如在招标阶段给承包商的做标期太短。

2）目标对立或表达上有矛盾，而各参与者又从自己的利益出发诠释目标，导致理解混乱，项目经理又未能及时做出解释而使目标透明。组织成员对项目目标的理解越不一致，越容易发生冲突。

参与者来自不同的国度、专业领域或专业部门，习惯不同，概念理解也不同，甚至存在不同的法律参照系，而在项目初期却未做出统一的解释。

3）缺乏对组织成员工作明确的结构划分和定义，组织成员不清楚自己的职责范围。项目经理部内工作模糊不清，职责冲突，缺乏授权。通常，职责越不明确，冲突越容易发生。

在企业中，同期的项目之间优先级不明确，导致项目之间资源争执，不同的职能部门对优先级的看法不同。有时，项目有许多投资者，他们对项目进行非程序干预，形成实质上的多业主状况。

4）管理信息系统设计功能不全，信息渠道不通，信息处理有故障，没有按层次、分级、分专业进行信息化和浓缩，当然也可能存在信息分析评价问题和不同的观察方式问题。

5）项目经理的领导风格欠佳，项目组织的运行风气不正。其主要表现在以下几个方面：

①业主或项目经理不允许提出不同意见和批评，内部言路堵塞。

②信息封锁、信息不畅，上级部门人员或职能部门人员故弄玄虚或存在幕后问题。

③项目经理部内有强烈的人际关系冲突，项目经理与职能经理之间互不信任、互不买账，使项目经理部成员无所适从。

④不愿意向上级汇报坏消息，不愿意倾听那些与自己观点相左的意见，采用封锁的办法处理争执和问题，盲目乐观。

⑤项目组织成员兴趣转移,不愿承担义务。

⑥做计划和决策时仅依靠报表与数据,不注重与实施者直接面对面的沟通。

6)下层单位滥用分权和计划的灵活性原则,随意扩大自由处置权,过于注重发挥自己的创造性,违背或不符合总体目标,并与其他同级部门造成摩擦,与上级领导产生权力纷争。

7)组织运作规则设计不好,项目组织使用矩阵式组织,而企业尚未从直线式或职能式组织的运作方式上转变过来。

8)项目经理缺乏管理技能、技术判断力,或缺少与项目相应的经验,没有威信。通常,项目经理的管理权力越小、威信越低,项目越容易发生冲突。

9)高级管理层对项目的实施战略不明,不断改变项目的范围、目标、计划、资源条件和项目的优先级。

10)项目出现重大变更、环境混乱、危机等,会激化矛盾,更显现沟通障碍。

### 12.4.3　组织争执

(1)组织争执的种类

沟通障碍常常会导致组织争执。项目组织是多争执的组织,这是由项目、项目组织和项目组织行为的特殊性决定的。项目组织和实施过程一直处于冲突的环境中,项目经理是组织争执的解决者。组织争执在项目中普遍存在,常见的争执如下:

1)目标争执。目标争执即出现项目目标系统的矛盾,如同时过度要求压缩工期,降低成本,提高质量标准;项目成本、进度、质量目标之间优先级不明确;项目组织成员各有自己的目标和打算,对项目的总目标缺乏了解和共识。

2)专业争执。如专业工程中系统存在技术上的矛盾,各专业对工艺方案、设备方案和施工方案的设计与理解存在不一致,建筑造型与结构之间存在矛盾。

3)角色争执。如企业任命总工程师为项目经理,其既有项目工作,又有原职能部门的工作。常常以总工程师的立场和观点看待项目,解决问题。

4)过程争执。如决策、计划、控制之间的信息、实施方式存在矛盾,管理程序存在冲突。

5)项目组织争执。如组织结构问题、组织间利益纷争、行为不协调、合同中存在矛盾和漏洞,项目组织内及项目组织与外界存在权力的争执和相互推诿责任,项目经理部与职能部门之间的界面争执,业主与承包商之间出现索赔和反索赔。

6)资源匮乏导致的项目在计划制订和资源分配上的争执等。

(2)正确对待组织争执

在实际工程中,组织争执普遍存在、不可避免,而且千差万别。在项目全过程中,项目经理需要花费大量的时间和精力处理与解决争执,这已成为项目经理的日常工作之一。

1)组织争执是一个复杂的现象,会导致人际关系紧张和意见分歧。通常争吵是争执的表现情形。若产生激烈的争执或尖锐的对立,就会造成组织摩擦、能量的损耗和低效率。

2）组织争执有积极性与消极性。组织争执（矛盾）处理得好，不仅可以解决矛盾，还可以尝试新的激励机制；处理得不好，会激化矛盾，不仅矛盾本身没解决，还可能引发更多冲突。

3）在现代管理中，没有争执不代表没有矛盾，有时表面上没有争执，但风险潜在，如果没有正确的引导，就会导致更激烈的冲突。对一个组织，适度的争执是有利的，没有争执，就没有生气和活力，可能导致竞争力丧失，不能优化。

不应宣布禁止争执或争执消亡，而应通过争执发现问题，让大家公开自己的观点，暴露矛盾、意见和分歧，获取新的信息，并通过积极的引导和沟通达成共识。成功的冲突管理可以提高管理效率，改善工作关系，推动项目实施。

4）对争执的处理取决于项目经理的性格和其对政治的认识程度，项目经理应有效地处理争执，必须有意识地做好引导工作，通过讨论、协商和沟通，以求顾及各方的利益，达到项目目标的最优实现。

（3）解决组织争执的措施

对组织争执有多种处理策略，具体如下：

1）通过回避、妥协、和解解决。

2）以双方合作的方法解决问题，即回避和妥协沟通方式的综合。

3）通过协商或调停的方式解决。

4）由企业或高层领导裁决。

5）采用对抗的方式解决，如进行仲裁或诉讼。

6）通过成熟的组织规则减少冲突。

## 12.5 项目沟通方式

### 12.5.1 沟通方式的分类

项目中的沟通方式多种多样，可从许多角度进行分类，具体如下：

1）双向沟通（有反馈）和单向沟通（不需反馈）。

2）按组织层次分为垂直沟通，即按照组织层次上、下之间的沟通；横向沟通，即同层次的组织单元之间的沟通；网络状沟通。

3）正式沟通和非正式沟通。

4）语言沟通和非语言沟通。

①语言沟通，即通过口头面对面沟通，如交谈、会谈、报告或演讲。面对面的语言沟通是最客观的，也是最有效的沟通。这是因为其可以进行即时讨论、澄清问题，理解和反馈信息。

人们可以更准确、便捷地获取信息，特别是软信息。

②非语言沟通，即书面沟通，包括项目手册、建议、报告、计划、政策、信件、备忘录，以及其他表达形式。

项目组织还可以在虚拟的环境下进行沟通。现代社会的沟通媒介有很多，如电话、电子邮件、网络会议及其他电子工具。

## 12.5.2　正式沟通

（1）正式沟通概述

正式沟通是通过正式的组织的过程来实现或形成的。它由项目的组织结构图、项目工程流程、项目管理流程、信息流程和确定的运行规则构成，并且采用正式的沟通方式。

正式沟通有固定的沟通方式、方法和过程。正式沟通的方式和过程必须经过专门的设计，有专门的定义。其一般在合同中或在项目手册中被规定，作为行为准则。

正式沟通的结果常具有法律效力，不仅包括沟通的文件，而且包括沟通的过程。例如，对会议纪要，若超过答复期不做反驳，则形成一个合同文件，具有法律约束力；对业主下达的指令，承包商必须执行，但业主也要承担相应的责任。

（2）正式沟通的方式

1）项目手册。项目手册的内容极其丰富，是项目和项目管理基本情况的集成，其基本作用就是便于项目参与者之间的沟通。一本好的项目手册会给项目各方带来诸多方便，其包括以下内容：

项目的概况、工程规模、业主、项目目标、主要工程量、各项目参与者、项目结构、项目管理工作规则等。其中应说明项目的沟通方法、管理程序，文档和信息应有统一的定义与说明，WBS 编码体系，组织编码，信息编码，工程成本细目划分方法和编码，报告系统。

项目手册是项目的工作指南。在项目初期，项目经理应将项目手册的内容和规定向项目参与者介绍，使大家了解项目目标、状况、参与者和沟通机制，让大家明了遇到什么事应该找谁，应按什么程序处理，以及向谁提交什么文件，等等。

2）书面文件。书面文件包括各种项目范围文件、计划、政策、过程、目标、任务、战略、组织结构图、组织责任矩阵图、报告、请示、指令和协议。

①在实际工程中应形成文本交往的风气，对工程项目问题的各种磋商结果（指令、要求）都应落实在文本上，项目参与各方都应以书面文件作为沟通的最终依据，这是法律和工程管理的基本要求，也可避免出现争执、遗忘和推诿责任等现象。

②实行定期报告制度，建立报告系统，及时通报工程的基本状况。

③对工程中的各种特殊情况及其处理，应做好记录并提出报告。特别是对一些重大事件、特殊困难或自己无法解决的问题，应呈具报告，使各方了解。

④工程过程中涉及的各方面的工程活动（如场地交接、图纸交接、材料和设备验收等），都应有相应的手续和签收的证据。

3）协调会议。

①协调会议的类型。协调会议是正规的沟通方式，包括以下两种类型：

a. 常规的协调会议。其一般在项目手册中规定每周、每半月或每月举办一次，在规定的时间和地点举行，由规定的人员参加。

b. 非常规的协调会议。其在特殊情况下根据项目需要举行，如解决作风问题的会议

（发生特殊的困难、事故时召开会议紧急磋商），以及决策会议（业主或项目经理对一些问题进行决策、讨论或磋商）。

②协调会议的作用。项目经理对协调会议应足够重视，亲自组织、筹划。协调会议是一个沟通的极好机会，其作用如下：

a. 可以获取大量的信息，以便对现状进行了解和分析。协调会议比通过报告文件能更好、更快、更直接地获得有价值的信息，特别是软信息，如各方的工作态度、积极性和工作秩序等。

b. 检查任务、澄清问题，了解各子系统的完成情况、存在的问题及影响因素，评价项目进展情况并及时跟踪。

c. 布置下阶段工作，调整计划，研究问题的解决措施，选择方案，分配资源。项目经理在这个过程中可以集思广益，听取各方意见，同时又可以贯彻自己的计划和思路。

d. 产生新的激励效果，动员并鼓励各参与者努力工作。

③协调会议的组织过程。协调会议也是项目管理活动，也应进行计划、组织和控制。组织好协调会议，使其富有成果，达到预定的目标，需要有相当的管理知识、艺术性和权威。在项目中应确定协调会议的规则和指南。

a. 会前筹划。在开会前，项目经理必须做好如下准备工作：

应分析召开会议的必要性，确定会议目的、议事日程、与会人员、时间地点和会议类型。

了解项目的状况、困难和各方的基本情况，收集数据。

准备好讨论的议题、需要了解的信息，期望会议的作用或效果。应有设计问题解决的方案，若有矛盾冲突，应有备选的方案或措施以达成共识。

做好准备工作，如时间安排、会场布置、人员通知，有时需要准备直观教具、分发的材料、仪器或其他物品，准备必要的文件、资料，会议日程应提前分发给参加人员。

对一些重大问题，为了更好地达成共识，避免会议上的冲突或僵局，或为了更快地达成一致，可以先将议程打印后发给各参与者，并就议程与一些主要人员进行预先磋商，进行非正式沟通，听取其修改意见。一些重大问题的处理和解决往往要经过许多回合、许多次协商才能得出结论，这些都需要进行很好的计划。

b. 会中控制。

会议应按时开始，指定记录员，简要介绍会议的目的和议程。

驾驭整个过程，鼓励讨论，防止不正常的干扰，如跑题，讲一些题外话，干扰主题；提出非正式议题进行纠缠；或争吵，影响会议的正常秩序。项目经理必须不失时机地提醒切入主题或过渡到新的主题。

善于发现和抓住有价值的问题，倾听他人的观点，集思广益，补充、完善解决方案。

创造和谐的会议气氛，鼓励参与者讲出自己的观点，反映实际情况、问题和困难，一起研究解决途径。

通过沟通、协调使大家意见统一，使会议富有成果。

当出现不一致甚至冲突时，项目经理必须不断地解释（宣传）项目的总体目标和整体利益，明确共同的合作关系，使大家相互认同。这样不仅使大家取得协调一致，而且要争取各方心悦诚服地接受协调，并以积极的态度完成工作。

项目经理在必要时应适当动用权威。如果项目参与者各执己见、互不让步，在总目标的基点上不能协调或达成一致，项目经理就必须动用权威做出决定，但必须向业主做解释。

记录会议过程和内容。

在会议结束时总结会议成果，做出决议，确认后期应采取的行动和责任、具体实施人员及实施约束条件，并确保所有参与者对所有的决策和行动有一个清楚的认识。

c. 会后处理。

回顾会议情形，评价会议进展情况和结论，努力完成会议安排的各项任务。

会后应尽快整理会议记录，并起草会议纪要或备忘录。

会议纪要或备忘录应在确定的时间内分发到有关各方进行核实并确认。一般各参与者在收到会议纪要后如有反对意见应在规定的时间内提出反驳，否则便作为同意会议纪要内容的情况来处理。这样，该会议纪要才能成为有约束力的合同文件。对重大的决议或协议常在新的协调会议上签署。

4）工作检查。

通过各种工作检查，特别是工程成果的检查验收，进行沟通。各种工作检查、质量检查和分项工程的验收等都是非常好的沟通方法，它们有项目过程或项目管理过程规定。通过这些工作不仅可以检查工作成果、了解实际情况，而且可以协调各方、各层次的关系。因为检查过程是解决存在的问题，使组织成员之间互相了解的过程，同时常常又是新的工作协调的起点，所以它不仅是技术性工作，而且是一项重要的管理工作。

5）其他沟通方法。其他沟通方法如指挥系统、建议制度、申诉和请求程序、申诉制度、离职交谈。有些沟通方式处于正式与非正式之间。

## 12.5.3 非正式沟通

非正式组织是指没有自觉的共同目标（即使可能产生共同的成果）的一些个人活动，如业余爱好者相聚。在项目组织和企业组织中，正式组织和非正式组织是共存的。

（1）非正式沟通的形式

非正式沟通是通过项目的非正式组织关系形成的。一个项目组织成员在正式的项目组织中承担着一个角色，同时又处于复杂的人际关系网络中，如非正式团体，由爱好、兴趣组成的小组，人之间非职务性联系，等等。在这些组织中，人们建立起各种关系来沟通信息、了解情况，影响着人的行为。非正式沟通的形式有以下几种：

1）通过聊天等了解信息、沟通感情。

2）在正式沟通前后和过程中，在重大问题处理和解决过程中形成非正式磋商，其形式可以是多样的，如聊天、非正式交谈或召开小组会议。

3）通过到现场进行非正式巡视和观察，与各种人接触、座谈、旁听会议，直接了解情况，通常能直接获取项目中的软信息，并可了解项目团队成员的工作情况和态度。

4）通过大量的非正式横向交叉沟通，能加速信息的流动，促进成员间的相互理解。

（2）非正式沟通的作用

非正式沟通的作用有正面的，也有负面的。项目管理者可以利用非正式沟通方式达到更好的管理效果，推动组织目标的实现。

1）非正式沟通更能反映人的态度。项目管理者可以利用非正式沟通了解参与者的真实思想、意图、看法及观察方式，了解事情内情，以获得软信息。

2）折射出项目的文化氛围。通过非正式沟通可以解决各种矛盾，协调好各方的关系。例如，事前的磋商和协调可避免矛盾激化，解决心理障碍；通过小道消息透风可以使大家对项目的决策有思想准备。

3）可以产生激励作用。由于项目组织的暂时性和一次性，大家普遍没有归属感，缺乏组织安全感，会感到孤独。而通过非正式沟通，能够满足大家的感情和心理的需要，使大家的关系更加和谐、融洽，也能使弱势人员获得自豪感和组织的温暖。人们能够打成一片，对项目组织产生认同感、满足感、安全感和归属感，对项目管理者有亲近感。

4）非正式沟通获得的信息具有参考价值，可以辅助决策，但这些信息没有法律效力，而且有时有人会利用其来误导他人，所以在决策时应正确对待、谨慎处置。

5）承认非正式组织的存在。有意识地利用非正式组织，可缩短管理层次之间的鸿沟，使大家亲近，增强合作精神，形成互帮互助的良好氛围；还能规范其行为，提高凝聚力。

6）更好地沟通。在做出重大决策前后采用非正式沟通方式，集思广益、通报情况、传递信息，以平缓矛盾；而且能及早地发现问题，使管理工作更加完美。

7）不少小道消息的传播会使人人心惶惶，特别当出现项目危机或项目要结束时，这会加剧人心的不稳定、困难和危机。对此，可采用公开信息的办法，使项目过程、方针、政策透明，从而减弱小道消息的负面影响。

8）非正式组织常要求组织平等，降低组织压力，反对组织变革，使组织惰性增加；也束缚了组织成员的能力和积极性，冲淡了组织中的竞争气氛，进而对正式组织目标产生损害。

## 12.6　项目手册

项目手册在项目的实施过程中具有重要作用，是项目组织成员之间沟通和项目管理的依据。

一份好的项目手册应能使项目的基本情况透明，有利于程序化、规范化施工，使各参与者，特别是刚进入该项目的参与者很快熟悉项目的基本情况和工作过程，方便与各方进行沟通。项目手册的内容可以按需要设计。对工程建设项目，项目手册通常包括如下信息：

（1）项目概况

项目概况主要说明项目名称、地点、业主、项目编号。

（2）项目总目标和说明

1）项目的特征数据。

①工程规模，如工程的生产能力、建筑面积、使用面积、面积的总体分配、体积、工程预算、总投资、预算平方米造价和总平面布置图。

②主要工程量，如土方量、混凝土量、墙体面积、装饰工作量、安装工程吨位数等。

2）项目工作分解结构图及表。

3）总工期计划（横道图及其说明）。

4）成本（投资）目标与计划。按成本项目、时间、工程分布等列出计划成本表并简要说明。这表明总成本（投资）的分配结构。

5）工程说明。按工程部分和各专业说明设计及实施要求、质量标准、规模等，说明建筑面积的分配，如各科室所占面积和各专业功能面积。

（3）项目参与者

项目参与者主要说明各项目参与者的基本情况，如名称、地点、通信、负责人。其具体有业主、业主企业的相关各职能部门和单位、官方审批部门（如城建部门，环保部门，水、电部门，社会监督机构等）、项目管理者（监理公司或项目管理公司）、设计单位、施工企业和供应单位等。

（4）合同管理

合同管理的内容有有效合同文表，有效合同文本、附件、目录及合同变更和补充，合同结构图、合同编号及相关图纸编码方法，各合同主要内容分析，各合同工程范围、有效期限，业主的主要合作责任、应完成的工作，合同及工程中的常用缩写和专有名词解释，合同管理制度。

（5）信息管理

1）报告系统。报告系统包括项目内部和向外部正规提交的各种报告的目录及标准格式。

2）项目信息编码体系。项目信息编码体系包括所采用的项目工作编码（WBS）、合同编码（CBS）、组织编码（OBS）、成本编码（CBS）、资源编码（RBS）、文件编码等。

3）项目资料及文档管理。

①各种资料的种类，如书信、技术资料、商务资料和合同资料。

②文档系统描述。

③资料的收集、整理、保管责任体系。

（6）项目管理规程

项目参与者之间的责权利关系是通过合同规定的。在项目实施中，项目参与者之间的信息流通、沟通、协调方式由业主和各项目参与者共同确认后执行。

项目管理规程一般分为设计阶段和施工阶段两部分。某办公楼建设工程项目管理规程基本内容如下：

1）引言。引言简要介绍该工程的地点、名称。

2）项目参与者。项目参与者分别介绍项目及项目管理各方，包括业主、业主单位的相关部门、项目管理（咨询）单位、建筑师、各专业设计师（包括结构、供暖、空调、通风、卫生设备工程、电气工程、运输设施、厨房设施、地面交通设施、其他专业工程）、技术鉴定单位、各施工企业（包括总包和分包及其他施工单位）、供应单位、其他相关单位（如城建部门、水电供应单位、邮政局、环保局等）。

3）项目参与各方的责任。

①业主。工程的业主及其授权代表做出与本项目相关的一切决策，特别是关于项目目标、成本、财产、工期及工程招标。

②业主单位的相关部门。

a. 组织部门负责为业主提供办公楼空间分配计划要求（如各办公室房间面积）、布置方案和办公设备要求，经业主确认后作为设计的基础。

当项目管理者与业主的其他部门商谈时，应通知组织部门，其有权参加会谈。

b. 其他部门。当业主或项目管理者遇到新办公楼的设计和施工相关专业领域问题时，可以向相关部门提出，由他们负责解释。与这些部门会谈的记录、纪要应送达这些部门。

③项目管理者。

a. 项目管理者直接服从业主领导，在与承包商、政府机关、水电供应部门的交往中代表业主。

b. 项目管理者从内容、质量、时间和费用方面负责在设计与施工过程中进行具体的计划、组织、监督、控制。项目手册中应明确规定项目管理者的工作任务、职责和权利，如与业主一起确定项目目标及目标的执行和跟踪；从事信息工作，协调业主委托的各承包商之间的工作，行使协调的职能；与业主的相关专业部门、批准机关和水电供应部门合作；为业主决策提供准备和建议，并执行这些决策；工期和费用的计划与控制；代表业主进行现场管理，对承包商具有指令权，负责现场工程的协调和总体质量控制；主持经常性协调会议；向业主提交项目月报表；检查承包商提交的账单并递交业主；等等。

项目管理者在上述范围内对承包商有指令权，特别是当工期、成本与计划相违背而需要采取特别措施时。为了保证协调任务的完成，各项目参与者应向项目管理者传递大量的信息，所有与项目有关的会谈、会议都应在事前及时通知。项目管理者向业主提交报告，同时应能获得设计、施工所必需的信息。

c. 项目经理部部门的划分及责任矩阵表。

④建筑师。在设计工作中，建筑师处于中间位置，对设计和施工有特殊的协调责任。

a. 按建筑设计合同及业主和项目管理者提出的设计要求完成设计任务。

b. 与其他专业设计者一起提供相关专业问题的建议。

c. 其他各专业设计的协调应服从建筑师的要求。

d. 应参加经常性协调会议。

e. 为了实现项目总目标，所有与第三方（如其他设计者、主管部门、水电供应单位等）的会谈都应事先向项目管理者通报并一起商定，并向项目管理者递交会议纪要或文件；设计文件在交业主审批前先交项目管理者。

f. 如出现阻碍、中断和其他拖延，应直接向项目管理者报告，以采取措施。

g. 应将设计进展通报项目管理者。

h. 审查与其专业相关的施工单位的施工图设计，并应在 5 天内完成。

i. 在施工阶段应与项目管理者一起研究工程变更决定。

⑤专业设计工程师。对专业设计工程师的规定与建筑师相似，专门的规定如下：

a. 应配合建筑师，设计和专业协调应符合建筑师的要求。

b. 专业工程师在完成专业设计后，应先交建筑师做建筑相关方面的审查，后交项目管理者，再转交业主。

⑥施工企业。

a. 总包。总包按总承包合同进行工程施工，直接受项目管理者和业主领导。总包企业的分包商由总包负责协调。工程中如果出现障碍、中断或其他干扰，应直接通知项目管理者，以便及时采取措施。总包应将工程进度向项目管理者做报告。其负责的设计文件应按设计任务归属送项目管理者。为了赶工期，允许将设计图纸直接交建筑师或结构工程师审查，转交应按要求记档。总包对施工期间的工地安全负责。

b. 其他施工单位由项目管理者协调，工程由业主委托。

4）项目组织及协调关系。列出项目组织结构图和工程中的主要协调关系图。

5）事务性管理。

①协调会议。项目手册中应规定常规协调会议的日期、时间、地点、参加人员。特别的协调会议时间由项目管理者按需要通知。

协调会议由项目管理者做记录，会议纪要应在 1 周内送达业主，会议参与者和其他相关项目参与者如果有反对意见，必须在收到会议纪要 3 天内将意见送达项目管理者；否则，该会议纪要对所有参加者有约束力。

②给业主的报告。业主可收到项目管理者每月项目情况报告，报告中应包括项目状况、设计和施工进度、成本、支出、批准过程、特殊情况说明。对具有重大意义的事件，项目管理者应及时报告业主。项目管理者应为业主做出决策准备所需资料，并于决策前 14 天送达业主。

③图纸的递交和签发。其包括设计图纸提供和审批的程序，图纸上必须包括建设项目、说明（平面图、剖面图等）、建筑物分部、内容（装饰、电气、安装等）、序号、作者、审查印记、设计阶段（初步设计和技术设计）。图纸只有在项目管理者盖上印章后才允许使用或继续深入设计；所有施工详图、图纸虽经项目管理者签发，但设计者仍承担合同规定的义务和责任。

④账单的提交和审查程序。设计单位或施工单位按规定时间向项目管理者提交付款账单，项目管理者在规定时间内做出审核并递交业主，由业主在规定时间内支付。

⑤材料、设备、工程等验收程序。

## 复习思考题

1. 工程项目组织沟通中有哪些困难？
2. 业主的组织行为有什么问题？
3. 承包商的组织行为有哪些问题？
4. 列出项目经理的几种主要沟通方式。
5. 正式沟通有哪些形式？
6. 非正式沟通有哪些形式？
7. 如何利用非正式组织进行沟通和协调？
8. 组织一个协调会应进行哪些准备工作？
9. 为你所参与的工程项目编制一份项目手册大纲。

# 13　工程建设项目信息管理

## 13.1　工程建设项目信息管理概述

工程建设项目信息管理是在工程项目全生命周期内,对工程项目信息的搜集、加工整理、传递、存储、检索、输出和反馈等一系列工作的总称。

### 13.1.1　项目中的信息流

(1) 工程建设项目实施中的流动过程及其相互关系

在工程建设项目的实施过程中产生了以下四种主要流动过程:

1) 工作流。由项目工作的结构分解得到项目的所有工作,通过任务书(委托书或合同)确定了这些工作的实施者,再通过项目计划具体安排他们的实施方法、实施顺序、实施时间及实施过程中的协调。这些工作在一定时间和空间内实施,便形成了项目的工作流。工作流构成项目的实施过程和管理过程,其主体是工程实施人员和管理人员。

2) 物流。工作的实施需要各种材料、设备、能源,它们由外界输入,经过处理转换成工程实体,最终得到具备使用功能的工程。由工作流引起物流,表现出工程的物质生产过程。

3) 资金流。资金流是工程实施过程中价值的运动。例如,从外部投入资金,通过采购变为库存的材料和设备,支付工资和工程款,再转变为已完工程,工程投入运行后作为固定资产,通过工程的运行取得收益。

4) 信息流。工程建设项目的实施过程需要并不断地产生大量信息。这些信息伴随着上述几种流动过程按一定的规律产生、转换、变化和被使用,并被传送到相关部门或单位,形成项目实施过程中的信息流。项目管理者设置目标,做决策,做各种计划,组织资源供应,领导、激励、协调各项目参与者的工作,控制项目的实施过程,都是依靠信息实施的。

以上四种流动过程之间相互联系、相互依赖又相互影响,共同构成项目实施的管理过程。在这四种流动过程中,信息流对项目管理有特别重要的意义,它将项目的工作流、物流、资金流,各个管理职能和项目组织,以及项目与环境结合在一起。它不仅反映而且控制、指挥着工作流、物流和资金流。例如,在项目实施过程中,各种工程文件、报告、报表反映了工程项目的实施情况,反映了工程实物进度、费用、工期状况,各种指令、计划、协调方案又控制和指挥着项目的实施。在项目实施全过程中,项目组织人员之间及项目其他相关者之间都需要进行充分、准确、适时的信息沟通,及时采取相应的组织协调措施，以减少冲突，保证工程项目目标的顺利实现。因此，信息流是项目的神经系统，只有信息流通畅、有效率，才会有顺利、有成效的项目实施过程。

（2）工程上的信息交换过程

工程建设项目中的信息流通方式多种多样，可以从多个角度进行描述。项目中的信息流包括以下两个最主要的信息交换过程。

1）项目与外界的信息交换。项目作为一个开放系统，与外界环境有大量的信息交换，主要包括以下内容：

①由外界输入的信息，如物价信息、市场状况信息、周边情况信息及上层组织（如企业、政府部门）给项目的指令、对项目的干预，项目相关者的意见和要求，等等。

②项目向外界输出的信息，如项目状况的报告、请示、要求等。

在现代社会中，工程项目对社会的各个方面都有很大影响，其大量信息必须对外公布，项目相关各方有知情权。同时项目相关者、市场（如工程承包市场、材料和设备市场等）和政府管理部门、媒体也需要项目信息，如项目的需要需求信息、项目实施状况的信息、项目结束后的各种统计信息等。

对于政府项目、公共工程项目，更需要让社会各方了解项目的信息，使项目在"阳光"下运作。

2）项目内部的信息交换。项目内部的信息交换即项目实施过程中项目组织成员和项目管理各部门因相互沟通而产生的大量信息流。项目内部的信息渠道有以下两种：

1）正式的信息渠道。信息通常在组织机构内部按组织程序流通，属于正式的沟通，一般有以下三种信息流：

①自上而下的信息流。通常，决策、指令、通知和计划是由上向下传递的，但这个传递过程并不是一般的翻印，而是进行逐步逐项细化、具体化，直到基层成为可执行的操作指令。

②由下而上的信息流。各种实际工程的情况信息由下逐渐向上传递，这个传递过程并不是一般的叠合（装订），而是经过逐渐归纳、整理形成的逐渐浓缩的报告。项目经理要做好浓缩工作，以保证信息虽经浓缩但不失真。通常，信息若过于详细容易造成处理量大、重点不突出，且容易遗漏；而过度浓缩又容易产生对信息的曲解，或解释出错的问题。

③横向或网络状信息流。项目组织结构和管理工作流程设计的各职能部门之间存在着大量的信息交换。例如，技术人员与成本员、成本员与计划师、财务部门与计划部门、计划部门与合同部门等之间都存在着信息流。

在矩阵式组织中，以及在现代高科技状态下，人们越来越多地通过横向和网络状的沟通渠道获得信息。

2）非正式的信息渠道。如通过闲谈、小道消息或非组织渠道了解情况。

## 13.1.2 项目中的信息

信息的定义有很多，通常是指经过加工处理形成的对人们各种出行活动有参考价值的数据资料。在现代工程项目中，信息也作为一种资源。

（1）信息的种类

项目中的信息有很多，一个稍大的项目结束后，作为信息载体的资料就浩如烟海。项目中的信息大致包括如下几种：

1）项目基本状况的信息。它主要存在于项目建议书、可行性研究报告、项目手册，以及各种合同、设计和策划文件中。

2）现场工程实施的信息。如实际工期、成本、质量、资源消耗情况的信息等。它主要存在于各种报告，如日报、月报、重大事件报告、资源（设备、劳动力、材料）使用报告和质量报告中。其还包括对问题的分析、计划和实际情况的对比，以及趋势预测的信息等。

3）各种指令、决策方面的信息。

4）其他信息。例如，外部进入项目的环境信息，如市场情况、气候、外汇波动、政治动态等。

（2）信息的基本要求

信息必须符合管理的需要，应有助于项目管理系统的运行，不能造成信息泛滥和污染。一般其必须符合如下基本要求：

1）适用性，专业对口。不同的项目管理职能人员、不同专业的项目参与者在不同时间对不同工作任务有不同的信息要求。信息首先应专业对口，按专业的需要提供和流动。

2）准确性、可靠性，反映实际情况。信息必须符合实际应用的需要，符合目标要求，这是开展正确、有效管理的前提。其包括以下两个方面的含义：

①各种工程文件、报表、报告应实事求是，反映客观事实。

②各种计划、指令、决策应以实际情况为基础。不反映实际情况的信息容易造成决策、计划、控制的失误，进而损害项目目标。

3）及时提供。信息应满足接收者的需要，严格按规定时间提出并分发。只有及时提供信息才能实现即时反馈，管理者也才能及时地控制项目的实施过程。信息一旦过时，管理者就会错失决策良机，造成不应有的损失。

4）简单明了，便于理解。信息应使使用者易于了解情况，分析问题。所以信息的表达形式应符合人们日常接收信息的习惯，而且对于不同的人应有不同的表达形式。例如，对于不懂专业、不懂项目管理的业主，宜采用直观明了的表达形式，如模型、表格、图形、文字描述等。

## 13.1.3　信息管理的作用和任务

信息管理就是对项目的信息进行搜集、整理、储存、传递与应用的总称。信息管理作为项目管理的一项重要职能，通常在项目组织中要设置信息管理人员。现在一些大型工程项目或项目型的企业中均设有信息中心。信息管理又是一项十分普遍的、基本的项目管理工作，是每个参与项目组织成员或职能管理人员的一项常规工作，即他们都要担负搜集、提供和传递信息的任务。

（1）信息管理的作用

信息管理是为工程项目的总目标服务的。其目的是通过有效的信息沟通保证项目的成功，保证项目管理系统高效率地运行，信息管理的具体作用如下：

1）使上层决策者能及时、准确地获得决策所需的信息。

2）实现组织成员之间的高度协调。

3）能有效地控制和指挥项目的实施。

4）让外界和上层组织了解项目实施状况，更有效地获得各方对项目实施的支持。

5）在项目组织中，实现信息资源的共享，消除组织中的信息孤岛现象，防止信息堵塞。信息的共享能提高管理效率。

（2）项目信息管理的主要任务

项目经理部承担着项目信息管理的任务，是整个项目的信息中心，负责搜集项目实施情况的信息，做各种信息处理工作，并向上级、外界提供各种信息。其信息管理的主要任务如下：

1）建立项目信息管理系统，设计项目实施和项目管理中信息流与信息描述体系。

①按照项目实施过程、项目组织、项目管理组织和工作过程建立项目的信息流程。

②按照项目各方和环境组织的信息需求，确定与外界的信息沟通方式。

③制定项目信息的搜集、整理、分析、反馈和传递等规章制度。

④将项目基本情况的信息系统化、具体化，编制项目手册，制定项目信息分类和编码规则与结构，确定资料的格式、内容和数据结构要求。

2）在项目实施过程中通过各种渠道搜集信息，如现场调查问询、观察、试验，阅读报纸、杂志和书籍等。

3）项目信息的加工处理。

①对信息进行数据处理、分析与评估，确保信息的真实、准确、完整和安全。

②编制项目报告。

4）项目信息的传递。向相关方提供信息，保证信息渠道畅通。

5）信息的储存和文档管理工作。

## 13.2 项目管理信息系统

### 13.2.1 项目管理信息系统概述

在项目管理中，管理信息系统是将各种管理职能和管理组织相互沟通并协调一致的神经系统。项目管理信息系统是由项目的信息、信息流通和信息处理等各方面综合而成的，包括项目实施过程中信息管理的组织（人员）、相关的管理规章、管理工作流程、软件、信息管理方法（如储存、沟通和处理方法），以及各种程序和信息的载体等。

项目经理作为项目的信息中心和控制中心，需要一个强有力的项目管理信息系统的支持。建立项目管理信息系统并使其顺利地运行，是项目经理的责任，也是其完成项目管理任务的前提。

项目管理信息系统有一般信息系统所具有的特性，其总体模式如图13-1所示。

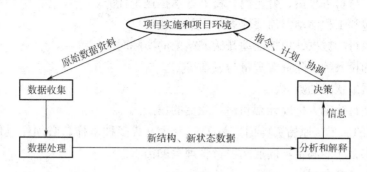

图13-1　项目管理信息系统的总体模式

项目管理信息系统包括如下主要功能：

1）在项目进程（包括前期策划、设计和计划过程、实施过程）中，不断搜集项目实施状况和环境的信息，特别是项目实施状况的原始资料和各种数据。

2）对数据进行整理，得到各种报告。

3）对数据进行分析研究并得到供决策的信息。

4）将项目的实施状况和环境状况的信息作为对项目实施过程调整的决策，发出指令，或调整计划，或协调各方的关系，以控制项目的实施过程。

## 13.2.2　项目管理信息系统的建立过程

项目管理信息系统必须经过专门的策划和设计，在项目实施中控制它的运行。设计项目管理信息系统应考虑项目组织及业主的需要。

项目管理信息系统是在项目组织模式、项目实施流程和项目管理流程的基础上建立的，它们之间既互相联系，又互相影响。它的建立要明确以下几个基本问题。

（1）信息的需要

按照项目组织结构和相关者分析，确定项目相关者的信息和沟通需求，即通过调查确定信息系统的输出。

1）分析项目相关者各方及社会其他方在项目实施过程中的各个阶段的信息需求，并考虑如何及时地将信息提供给他们。特别应该注意向项目上层组织和投资者提供所需要的信息与可能的信息渠道，以帮助他们决策、计划和控制。

2）项目组织的各个层次和各个职能部门的信息需求是按照其在组织系统中的职责、权利和任务设计的，即其要完成工作、行使权利所需要哪些信息，当然其职责还包括对其他方提供信息。

3）不同层次的管理者对信息的内容、精度和综合性有不同的要求。

（2）信息的搜集和加工

1）信息的搜集。在项目实施过程中，每天都要产生大量的数据，如记工单、领料单、任务单、图纸、报告、指令、信件等，必须确定这些原始数据记录的负责人，以及这些资料、数据的内容、结构、准确程度，获得这些原始数据、资料的渠道。由责任人对原始资料收集、整理，并对其正确性和及时性负责。通常由专业班组的班组长、记工员、核算员、材料管理员、分包商、秘书等承担这个任务。

对工作包和工程活动，需要搜集如下数据或信息：

①实际执行的数据，包括活动开始或结束的实际时间。

②使用和投入的实际资源数量与成本等。

③反映质量状况的数据。

④有关项目范围、进度计划和预算变更的信息。

2）信息的加工。原始资料面广量大，表达方式多种多样，必须经过信息加工才能符合管理需求，才能满足不同层次项目管理者的需求。

信息加工的概念很广，包括以下几个方面：

①一般的信息处理方法，如排序、分类、合并、插入、删除等。

②数学处理方法，如数学计算、数值分析、数理统计等。

③逻辑判断方法，包括评价原始资料的置信度、来源的可靠性、数据的准确性，进行项目诊断和风险分析，等等。

原始资料经过整理后形成不同层次的报告，必须建立规范化的项目报告体系。

（3）编制索引和存储，建立文档系统

许多信息作为工程项目的历史资料和实施情况的证明，不仅在项目实施过程中要被经常使用，有些还应作为工程资料程序保存到项目结束，而有些则要做长期保存。这就要求必须按不同的使用和储存要求，将数据和资料储存于一定的信息载体上，做到既安全可靠又使用方便。为此，要建立文档系统，将所有信息分解、编目。

1）信息存档的有关规定。

①文档组织形式。文档组织形式有以下两种：

a. 集中管理。即在项目或企业中建立信息中心，集中储存资料。

b. 分散管理。即由项目组织各成员及项目经理部的各个部门保管资料。

②监督要求。监督要求包括对外公开和不对外公开。

③保存期。保存期有长期保存和非长期保存。有些信息暂时有效，有些则在整个项目期有效，有些需要长期保存，如竣工图等必须一直在工程的运行中保存。

2）信息载体。

①信息载体的种类。

a. 纸张，如各种图纸、说明书、合同、信件、表格等。

b. 磁盘、磁带，以及其他电子文件。

c. 照片、微型照片、X光片。

d. 其他，如录像带、电视唱片、光盘等。

②选用信息载体时，受多方面因素的影响。

a. 随着科学技术的发展，新的信息载体不断涌现，不同的信息载体有不同的介质技术和信息存取技术要求。

b. 项目信息系统运行成本的限制。不同的信息载体需要不同的投资，运行成本也不相同。在符合管理要求的前提下，尽可能降低信息系统运行成本，是信息系统设计的目标之一。

c. 信息系统运行速度要求。例如，气象、地震预防、国防、宇航类的工程项目要求信息系统运行速度快，因此必须采用相应的信息载体和处理、传输手段。

d. 特殊要求。例如，合同、备忘录、变更指令、会谈纪要等必须以书面形式，由双方或一方签署才有法律证明效力。

e. 信息处理技术、传递技术和费用的限制。

（4）信息的使用和传递渠道

信息的传递（流通）是信息系统的主要特征之一，即指令信息流通到需要的地方。信息传递的特点是不仅传输信息的内容，而且保证信息结构不变。在项目管理中，应设计好信息的传递路径。按不同的要求选择快速的、误差小的、成本低的传输方式。

1）信息使用的目的。

①决策，如各种计划、批准文件、修改指令、执行指令等。

②证明，如描述工程的质量、工期、成本实施情况的各种信息。

2）信息的使用权限。对不同的项目组织成员和项目管理人员，应明确规定其不同的信息使用和修改权限，权限混淆容易造成混乱。通常需具体规定在某一方面（专业）的信息权限和综合（全部）信息权限，以及查询权、使用权、修改权等。

（5）信息搜集和保存

信息的搜集和保存，以及传递过程中组织责任的落实，必须由专门人员负责，并将其作为项目管理系统的一部分。

## 13.2.3　项目管理信息系统总体描述

项目管理信息系统是为项目的计划和控制服务的，并在项目的计划和控制中运行。因此，它是在项目管理组织、项目工作流程和项目管理工作流程基础上设计的，并全面反映它们之间的信息流。项目管理信息系统的有效运行要求信息标准化、工作程序化和管理规范化。

项目管理信息系统可以从以下角度进行总体描述。

（1）项目管理信息系统的总体结构

项目管理信息系统的总体结构描述了项目管理信息的子系统构成。例如，某工程管理信息系统由编码子系统、合同管理子系统、物资管理子系统、财会管理子系统、成本管理子系统、设计管理子系统、质量管理子系统、组织管理子系统、计划管理子系统、文档管理子系统等构成，如图 13-2 所示。

（2）项目参与者之间的信息流通

项目的信息流就是信息在项目参与者之间的流通，通常与项目的组织形式相关。在信息系统中，每个参与者均为信息系统网上的一个节点。他们都负责具体信息的搜集（输入）、传递（输出）和处理工作。项目管理者要具体设计这些信息的内容、结构、传递时间和准确程序等。例如，在项目实施过程中，业主需要如下信息：

1）项目实施情况月报，包括工程质量、成本、进度总报告。

2）项目成本和支出报表，一般按分部工程和承包商做成本和支出报表。

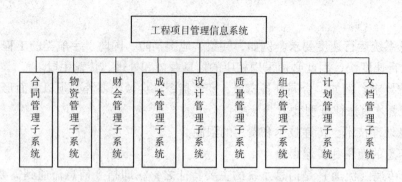

图 13-2 某工程项目管理信息系统的总体结构

3）供审批用的各种设计方案、计划、施工方案、施工图纸、建筑模型等。

4）决策前所需要的专门信息、建议等。

5）各种法律、规定、规范，以及其他与项目实施有关的资料等。

业主提供的信息如下：

1）各种指令，如变更工程、修改设计、变更施工顺序、选择承（分）包商等。

2）审批各种计划、设计方案、施工方案等。

3）向投资者或董事会提交工程项目实施情况报告等。

项目经理通常需要的信息如下：

1）各项管理职能人员的工作情况报表、汇报、报告和工程问题请示。

2）业主的各种口头和书面的指令，以及各种批准文件。

3）项目环境的各种信息。

4）工程各承包商、供应商和各种工程情况报告、汇报以及工程问题的请示。

项目经理通常提供的信息如下：

1）向业主提交各种工程报表、报告。

2）向业主提出决策中的信息和建议。

3）向社会其他方提交工程文件。这些文件通常是按法律必须提供的，或为审批用的。

4）向项目管理职能人员和专业承包商下达各种指令，答复各种请示，落实项目计划，协调各方的工作，等等。

（3）项目管理职能之间的信息流通

项目管理系统是一个非常复杂的系统。它由许多子系统构成，可以建立各个项目管理信息子系统。例如，在计划管理工作流程中，可以认为它不仅是一个工作流程，而且反映了一个管理信息的流程，反映了各个管理职能之间的信息关系；每个节点不仅表示各个项目管理职能的工作，而且代表着一定的信息流通过程。

按照管理职能划分，对项目管理系统可以建立各个项目管理子系统，如成本管理信息系统、合同管理信息系统、质量管理信息系统、材料管理信息系统等。它们是为专门的职能工作服务的，用来解决专门信息的流通问题。它们共同构成项目管理系统。例如，成本计划信息流通过程可由图 13-3 表示，图 13-3 中的合同分析工作的信息流通过程可由图 13 - 4 表示。

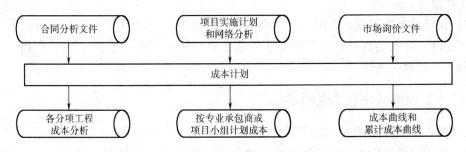

图 13 - 3　成本计划信息流通过程

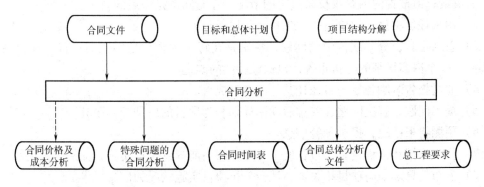

图 13 - 4　合同分析工作的信息流通过程

在此必须对各种信息的结构、内容、负责人、载体及完成时间等做专门的设计和规定。

（4）项目实施过程的信息流通

项目实施过程中的工作程序既可表示项目的工作流，又可以从一个侧面表示项目的信息流。它涵盖了各工作阶段的信息输入、输出和处理过程及信息的内容、结构、要求、负责人等。按照项目生命期过程，项目管理还可以划分为可行性研究信息子系统、计划管理信息子系统、施工管理信息系统等。

## 13.3　工程项目报告系统

### 13.3.1　工程项目中报告的种类

在工程项目中报告的形式和内容丰富多彩，它是沟通的主要工具。报告的种类有很多，具体有以下几种：

1）日常报告。日常报告是有规律地报告信息，按控制期、里程碑事件、项目阶段提出报告，按时间可分为日报、周报、月报、年报及主要阶段报告等。

2）针对项目工作结构的报告，如工作包、子项（标段）、整个工程项目报告。

3）专门内容报告，即为项目管理决策提供专门信息的报告，如质量报告、成本报告和工期报告。

4）特殊情况的报告，常用于宣传项目取得的特别成果，或是对项目实施中发生的一些问题进行特别的评述，如风险分析报告、总结报告、特别事件（如安全和质量事故）报告、比较报告等。

### 13.3.2 工程项目中报告的作用

工程项目中报告的作用有以下几个方面：

1）作为决策的依据，通过报告可以使人们对项目计划和实施状况及目标完成程度深入了解，由此可以预测未来，使决策迅速且准确。报告首先是为决策服务的，特别是上层的决策；但报告的内容仅反映过去的情况，在时间上是滞后的。

2）用来评价项目，评价过去的工作及阶段成果。

3）总结经验，分享项目中的问题，特别是在每个项目阶段结束后、整个项目结束时都应有一个内容详细的分析报告，以保证持续的改进。

4）通过报告激励各参与者，让其了解项目成果。

5）提出问题，解决问题，安排后期的计划和为项目的后期工作服务。

6）预测将来情况，提供预警信息。

7）作为证据和工程资料。报告便于保存，因而能提供工程实施状况的永久记录。

8）公布信息。如向项目相关者、社会公布项目实施状况的信息报告。

不同的参与者需要不同的内容、频率、描述、详细程度的信息，因此必须确定报告的形式、结构、内容和处理方式。

### 13.3.3 工程项目报告的要求

为了使项目组之间顺利沟通和起到报告的作用，报告必须符合如下要求：

1）与目标一致。报告的内容和描述必须与目标一致，主要说明目标的完成程度和围绕目标存在的问题。

2）符合特定的要求。这里包括各层次的组织成员对项目信息需要了解的程度。

3）规范化、系统化。在管理信息系统中应完整定义报告系统的结构和内容，对报告的格式、数据结构进行标准化，并在项目中要求各参与者采用统一形式的报告。

4）真实有效。应确保工程项目报告的真实性、有效性和完整性。

5）清晰明确。应确保项目内容完整、清晰，不模棱两可，各类人员均能正确接收并完整理解，尽量避免造成理解和传输过程中的错误。

6）报告的侧重点要求。报告通常包括概况说明、重大的差异说明、主要的活动和事件的说明，而不是面面俱到。其内容较多的是考虑实际效用（如可信度、易于理解），而较少地考虑信息的完整性。

### 13.3.4 工程项目报告的形成

在项目初期建立的项目管理系统必须包括项目报告系统。这主要解决以下两个问题：

1）罗列项目过程中应有的各种报告并系统化。

2）确定各种报告的形式、结构、内容、数据、信息采集和处理方式，尽量标准化。

报告的设计事先应向各层次的有关人员列表询问需要什么信息，信息从何处来，怎样传递信息，怎样标识信息的内容，最终建立表13－1所示的报告目录。

表13－1　报告目录

| 报告名称 | 报告时间 | 提供者 | 接收者 | | | |
| --- | --- | --- | --- | --- | --- | --- |
| | | | A | B | C | D |
| | | | | | | |

图13－5　金字塔形的报告系统

在编制工程计划时，应考虑需要的各种报告及其性质、范围和频次，并在合同或项目手册中予以确定。

原始资料应一次性收集，以保证相同的信息有相同的来源。资料在归纳整理进入报告前，应对其进行可信度检查，并将计划值引入以便对比分析。

原则上，报告应从最底层开始，其资料最基础的来源是工程活动，包括工程活动（如工程活动的完成程度、工期、质量、人力消耗、费用等情况）的记录，以及试验、验收、检查记录。上层的报告应由各职能部门总结归纳，按照项目分解结构和组织结构层层归纳、浓缩，进行分析和比较，形成金字塔形的报告系统，如图13－5所示。

这些报告是自下而上传递的，其内容不断浓缩，如图13－6所示。

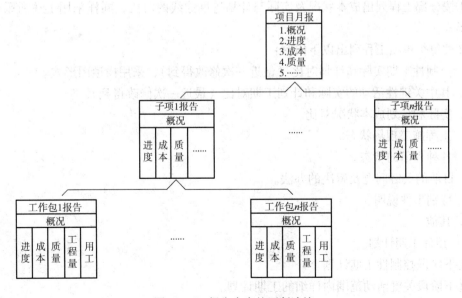

图13－6　报告内容的不断浓缩

项目月报是最重要的项目总体情况报告，它的形式可以按要求设计，但内容比较固定。其内容通常包括以下几个方面：

1）项目概况。

①简要说明在本报告期中项目及主要活动的状况，如设计工作、批准过程、招标、施工、验收状况。

②计划总工期与实际总工期的对比一般可以在横道图上用不同颜色和图例进行比较，或采用前锋线方法。

③总的趋向分析。

④项目形象进度。用图描述建筑和安装的进度，体现已经完成与尚未完成的可交付成果，显示已经开始与已经完成的计划活动，形成工程进展情况报告。它通常包括项目的进展情况、项目实施过程中存在的主要问题及其解决办法、计划采取的措施、项目的变更，以及项目进展与其目标等。

⑤成本状况和成本曲线。其包括如下层次：

a. 整个项目的成本总结分析报告。

b. 各专业工程（或各标段）或合同的成本分析。

c. 各主要部门的费用分析。在此应分别说明原预算成本、工程量调整的结算成本、预计最终总成本、偏差原因及责任，工程量完成状况、支出等。同时，可以采用对比分析表、柱形图、直方图和累计曲线的形式进行描述。

⑥对质量问题、工程量偏差、成本偏差和工期偏差的主要原因进行说明。

⑦下一个报告期的关键活动。

⑧下一个报告期必须完成的工作包。

⑨工程状况照片。

2）项目进度详细说明。

①按分部工程列出成本状况及实际与计划进度曲线的对比，同样采用上述所采用的表达形式。

②按每个单项工程列出以下内容：

a. 控制性工期实际和计划对比（最近一次修改得到），采用横道图形式。

b. 其中关键性活动的实际和计划工期对比（最近一次修改得到）。

c. 实际和计划成本状况对比。

d. 工程施工现场状态。

e. 各种界面的状态。

f. 目前的关键问题及解决的办法。

g. 特别事件说明。

h. 其他。

3）预计工期计划。

①下阶段控制性工期计划。

②下阶段关键活动范围内详细的工期计划。

③以后几个月内关键工程活动表。

4）按分部工程罗列出各个负责的施工单位。

5）项目组织状况说明。

## 13.4　工程项目文档管理

### 13.4.1　文档管理概述

在实际工程中，许多信息在文档系统中储存，由文档系统输出。文档管理是指对作为信息载体的资料进行有序的收集、加工、分解、编目、存档，并为项目各参与者提供专用和常用的信息的过程。文档系统是管理信息系统的基础，是管理信息系统高效率运行的前提条件。在项目中需要建立像图书馆一样的文档系统，对所有文件进行有效的管理。

（1）文档管理的要求

文档管理应满足以下要求：

1）系统性。文档管理的内容包括项目相关的、应进入信息系统运行的所有资料，需要事先应罗列各种资料并进行系统化。项目部应按照有关档案管理的规定，将项目设计、采购、施工、试运行和项目管理过程中形成的所有文件进行归档。

2）各文件应有单一标志，能够互相区别，这通常是通过编码实现的。应随项目进度及时收集、整理相关文件，并按项目的统一规定进行标识。

3）文档管理责任的落实，即应有专门的人员或部门负责资料管理工作。

（2）文档管理需要确定的要素

文档管理需要确定的要素如图 13-7 所示。即谁负责资料工作，什么资料，针对什么问题，什么内容和要求，何时收集、处理资料，向谁提供资料。

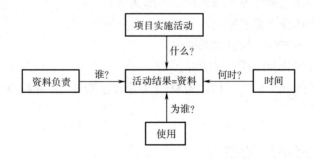

图 13-7　文档管理需要确定的要素

（3）文档的形式

通常文件的资料是集中保存、处理和提供的。在项目实施过程中文档一般有三种形式：

1）企业保存的关于项目的资料。其是在企业文档系统中的，如项目经理提交给企业的各种报告、报表，这是上层系统需要的信息。

2）项目集中管理的文档。其是关于全项目的相关文件，必须有专门的地方并由专门人员负责管理，应匹配专职或兼职的文件资料管理人员。

3）各部门专用的文档。其仅为保存本部门专门的资料。

当然这些文档在内容上可能有重复。例如，一份重要的合同文件可能复制三份，部门一份、项目一份、企业一份。对此应注意信息的安全，做好保密工作。应保证文档内容正确、实用，在文档管理过程中不失真。

## 13.4.2 项目文件资料的特点

资料是数据或信息的载体。在项目实施过程中资料中的数据有以下两种，如图 13-8 所示。

（1）内容性数据

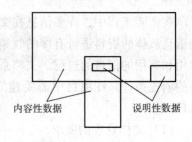

内容性数据是资料的实质性内容，如施工图纸上的图、信件的正文等。其内容丰富，形式多样，通常有一定的专业意义，在项目过程中可能发生变更。

图 13-8 两种数据资料

（2）说明性数据

为了方便资料的编目、分解、存档、查询，必须对各种资料进行说明和解释，通过一些特征加以区别。该内容一般在项目过程中不改变，由文档管理者设计，如图标、各种文件说明、文件的索引目录等。

通常文档按内容性数据的性质分类，而文档管理（如生成、编目、分解、存档等）以说明性数据为基础。

在项目实施过程中，文档资料面广量大，形式多样。为了便于进行文档管理，首先要对其分类，通常的分类方法如下：

1）按照重要性分为必须建立文档、值得建立文档和不必存档。

2）按照资料的提供者分为外部文档和内部文档。

3）按照登记责任分为必须登记、存档和不必登记。

4）按照特性分为书信、报告和图纸等。

5）按照产生方式分为原件和复印件。

6）按照内容范围分为单项资料、资料包（综合性资料），资料包如综合索赔报告、招标文件等。

# 13.5 项目管理中的软信息

## 13.5.1 软信息概述

前面所述的在项目系统中运行的一般都可定量化的、可量度的信息，如工期、成本、质量、人员投入、材料消耗、工程完成程度等，可以用数据表示，可以写入报告中，通过报告和数据即可获得信息，了解情况。

但另有许多信息是很难用上述信息形式表达和通过正规的信息渠道沟通的，其主要反映项目参与者的心理行为、项目组织状况的信息。例如，项目参与者的心理动机、期望，管理者的工作作风、爱好、习惯、对项目工作的兴趣和责任心；各工作人员的积极性，特别是项目组织成员之间的冷漠甚至分裂状态；项目的软环境状况；项目的组织程度及组织效率；项目组织与环境，项目小组与其他参与者，项目小组内部的关系融洽程度（友好或紧张、软抵抗）；项目经理领导的有效性；业主或上层领导对项目的态度、信心和重视程度；项目小组精神，如敬业、互相信任；组织约束程度（项目文化通常较难建立，但应有一种工作精神）；项目实施的持续程度；等等。这些情况无法或很难定量化，甚至很难用具体的语言表达，但同样作为信息反映着项目的情况。

许多项目经理对软信息不重视，认为其不能定量化、不精确。在1989年的国际项目管理学术会议上，曾对653位国际项目管理专家进行调查，94%的专家认为在项目管理中很需要那些不能在信息系统中储存和处理的软信息。

### 13.5.2 软信息的作用

软信息在管理决策和控制中起着很大的作用，这是管理系统的特点。它能更快、更直接地反映深层次的、根本性的问题。它也有表达能力，主要是对项目组织、项目参与者行为状况的反映，能够预见危机，可以说它对项目未来的影响比硬信息更大。

如果工程项目实施中出现问题，如工程质量不好、工期延长、工作效率低下等，则软信息对于分析现存的问题是十分有帮助的。它能够直接揭示问题的实质、根本原因，而通常的硬信息只能说明现象。

在项目管理的决策支持系统和专家系统中，必须考虑软信息的作用和影响，通过项目的整体信息体系来研究、评价项目问题，做出决策；否则这些系统是不科学的，也是不适用的。

软信息还可以更好地帮助项目管理者研究和把握项目组织，造成对项目组织的激励。在趋向分析中应考虑硬信息和软信息，描述必须与目标系统一致，符合特定的要求。

### 13.5.3 软信息的特点

软信息的特点主要表现在以下方面：

1）软信息尚不能在报告中反映或完全正确地反映（尽管现在强调在报告中应包括软信息），缺少表达方式和正常的沟通渠道。所以只有管理人员亲临现场，参与实际操作和小组会议时才能发现并收集到软信息。

2）因为软信息无法准确地描述和传递，所以其状况只能各自领会，仁者见仁、智者见智，不确定性很大，这便会导致决策的不确定性。

3）软信息由于很难表达，不能传递，很难进入信息系统，因而软信息的使用是局部的。真正有决策权的上层管理者（如业主、投资者）由于不具备条件（不参与实际操作），无法获得和使用软信息，因而容易造成决策失误。

4）软信息目前主要通过非正式沟通来影响人们的行为。例如，对项目经理的作风有意见和不满而互相诉说，以软抵抗对待项目经理的指令、安排。

5）对软信息必须通过模糊判断、思考来处理，常规的信息处理方式是不适用的。

## 13.5.4 软信息的获取

目前在正规的报告中较少涉及软信息，其又不能通过正常的信息流过程取得，而且即使获得也很难是准确、全面的。软信息的获取方式通常有以下几种：

1）观察。通过观察现场及人们的举止、行为、态度，分析其动机，分析组织状况。

2）正规地询问、征求意见。

3）闲谈、非正式沟通。

4）要求下层提交的报告中必须包括软信息内容并定义其说明范围。这样上层管理者能获得软信息，同时让各级管理人员有软信息的概念并重视它。

## 13.5.5 软信息需要解决的问题

项目管理中的软信息对决策有很大的影响。但目前对它的研究还远远不够，有许多问题尚未解决，具体如下：

1）在项目管理中，分析软信息的范围和结构，即有哪些软信息因素及它们之间有什么联系，进一步将它们结构化，建立项目软信息系统结构。

2）软信息如何表达、评价和沟通。

3）软信息的影响和作用机理。

4）如何使用软信息，特别是在决策支持系统和专家系统中软信息的处理方法和规则，以及如何对软信息量化，如何将软信息由非正式沟通变为正式沟通，等等。

## 复习思考题

1. 简述信息流的作用。

2. 试起草一个索赔文件的索引结构。

3. 简述工程项目报告的主要内容。

4. 简述工程项目管理中软信息的范围。

5. 上层领导如何获得软信息？

# 参考文献

［1］明杏芬，李臻，孟秀丽．工程项目管理［M］．成都：西南交通大学出版社，2014.

［2］宋伟香．建设工程项目管理［M］．北京：清华大学出版社，2014.

［3］丁士昭．工程项目管理：第2版［M］．北京：中国建筑工业出版社，2014.

［4］美国项目管理协会．项目管理知识体系指南：第5版［M］．北京：电子工业出版社，2013.

［5］徐猛勇，刘先春．建设工程项目管理［M］．北京：中国水利水电出版社，2011.

［6］刘伊生．建设工程项目管理理论与实务［M］．北京：中国建筑工业出版社，2011.

［7］克洛彭博格．项目管理：现代方法［M］．北京：清华大学出版社，2010.

［8］中国建筑业协会工程项目管理专业委员会．建设工程项目管理规范：GB/T 50326—2006［S］．北京：中国建筑工业出版社，2006.